高职高专机械系列教材

冷冲压工艺及模具设计

（第三版）

◎主　编　冯小明　梁熠葆
◎副主编　周　珸　庞祖高

重庆大学出版社

内 容 简 介

本书主要叙述了各种冷冲压工艺基本工序的成形原理、冷冲压工艺及模具的基本设计方法，并用具体实例介绍了冷冲压工艺及模具设计的方法和步骤。同时，对冷冲压模具 CAD/CAM 进行了简要介绍。

本书适合作为机械类专业高职高专教材，亦可供从事冷冲压工作的技术人员和管理人员参考。

图书在版编目(CIP)数据

冷冲压工艺及模具设计 / 冯小明，梁熠葆主编. --
3 版. -- 重庆 ：重庆大学出版社，2022.12
高职高专机械系列教材
ISBN 978-7-5624-3129-9

Ⅰ.①冷… Ⅱ.①冯… ②梁… Ⅲ.①冷冲压—生产
工艺—高等职业教育—教材②冲模—设计—高等职业教育
—教材 Ⅳ.①TG38

中国版本图书馆 CIP 数据核字(2022)第 245363 号

冷冲压工艺及模具设计
(第三版)
主　编　冯小明　梁熠葆
副主编　周　珸　庞祖高
责任编辑：杨粮菊　　版式设计：曾显跃
责任校对：何建云　　责任印制：张　策
*
重庆大学出版社出版发行
出版人：饶帮华
社址：重庆市沙坪坝区大学城西路 21 号
邮编：401331
电话：(023) 88617190　88617185(中小学)
传真：(023) 88617186　88617166
网址：http://www.cqup.com.cn
邮箱：fxk@cqup.com.cn (营销中心)
全国新华书店经销
重庆升光电力印务有限公司印刷
*
开本：787mm×1092mm　1/16　印张：12.75　字数：318 千
2022 年 12 月第 3 版　　2022 年 12 月第 11 次印刷
ISBN 978-7-5624-3129-9　定价：38.00 元

第3版前言

本书根据国家教育部高职高专培养目标和对本课程的基本要求，结合编者多年来从事专业教学和生产实践的经验编写而成。

在本书的修订过程中，我们征求多方的意见，力求体现“定位准确、注重能力、内容创新、结构合理和叙述通俗”的编写原则。理论以“必须、够用”为度，着眼于解决实际问题，突出实用性；积极吸收新的技术，体现教材的先进性；将冲压成形原理、冷冲压成形工艺及模具设计和制造等相关内容有机地结合起来，用通俗易懂的文字和丰富的图表，系统地分析、介绍各种冷冲压成形工艺及模具的设计方法。

全书分为8章，主要介绍冷冲压工艺基本工序的成形原理、冷冲压工艺及模具的基本设计方法，并用具体实例介绍冷冲压工艺及模具设计的方法和步骤。同时，对冷冲压模具CAD/CAM进行了简要地介绍。为便于自学和深入钻研，每章均附有练习题。

本书适合作为机电类、模具设计及制造等相关专业的高职高专教材，也可供从事冷冲压工艺的技术人员和管理人员参考。

本书由陕西理工大学冯小明和陕西工业职业技术学院梁熠葆担任主编，冯小明负责全书的统稿并撰写前言、第1章；梁熠葆撰写第2章、第3章；陕西理工大学周珸和广西大学庞祖高担任副主编，周珸撰写第4章、第8章；庞祖高撰写第6章、第7章；广西机电职业技术学院黄尚猛撰写第5章。

在本教材编写的过程中,得到了兄弟院校同仁们的大力支持和帮助,在此一并表示衷心的感谢。

由于编者水平有限,书中缺点和错误在所难免,恳请广大读者批评指正。

编　者

2022 年 10 月

目录

第 1 章 冷冲压成形工艺基础

1.1 冷冲压成形工艺概述

1.1.1 冷冲压成形工艺的概念

冲压是建立在金属塑性变形的基础上,利用安装在冲压设备上的模具对材料施加压力,使其产生塑性变形或分离,从而获得所需零件(冲压件)的一种压力加工方法。冲压通常是在常温下对材料进行冷变形加工,且主要采用板料来加工成所需零件,所以也叫冷冲压或板料冲压。

冲压成形属质量不变过程,材料的状态为固态(板料),主要的基本过程为机械过程——塑性变形,能量类型可为机械能、电能,能量传递介质一般为刚性介质——冲压模具,形状信息由冲压模具(含有一定的形状信息)和加工材料与冲压模具的相对运动共同产生。因此,冲压工艺与模具、冲压设备和冲压材料构成冲压加工的三要素。

冷冲压是一种先进的金属加工方法,与机械加工及塑性加工的其他方法相比较,它有以下特点:

1)生产效率高,且操作方便,易于实现机械化和自动化。冲压一次一般可以得到一个零件,用普通冲床进行冲压加工,每分钟可达几十件;用高速冲压机生产每分钟可达数百件或千件以上。

2)产品尺寸精度稳定,互换性好。冲压时由模具保证了冲压件的尺寸和形状精度,且一般不破坏冲压材料的表面质量,制得的零件一般不进一步加工,可直接用来装配,而且有一定的精度,互换性好。

3)适应性广。冲压可加工出尺寸范围大,形状复杂的零件,而这些零件,用其他的方法是不可能或者很难得到的,如汽车驾驶室的车门、顶盖和翼子板等具有流线型的零件。

4)材料利用率高,一般为 70% ~85%。且冲压一般没有切削碎料生成,材料的消耗较少。

5)在大批量生产条件下,产品成本低。

冷冲压的缺点是模具要求高,制造复杂,周期长,制造费昂贵,因而在小批量生产中受到限制。此外,冲压件的精度决定于模具精度,如零件的精度要求过高,用冷冲压生产就难以达到要求。

综上所述,冷冲压具有生产率高,加工成本低,材料利用率高,产品尺寸精度稳定,操作简单,易于实现机械化和自动化等一系列优点,因而在批量生产中得到了广泛的应用,在现代化工业生产中占有十分重要的地位,是国防工业及民用工业生产中必不可少的加工方法。在电子产品中,冲压件约占 80% ~85%,在汽车、农业机械产品中,冲压件约占 75% ~80%,在轻工业产品中,冲压件约占 90% 以上。此外,在航空及航天工业生产中,冲压件也占有很大的比例。

1.1.2 冷冲压工序分类

冷冲压工艺大致可区分为分离工序与成形工序两大类。分离工序是指坯料在模具刃口作用下,沿一定的轮廓线分离而获得冲压件的加工方法。分离工序主要有落料、冲孔和切割等,如表 1.1 所示。成形工序是指坯料在模具压力作用下,使坯料产生塑料变形,但不产生分离而获得具有一定形状和尺寸的冲压件的加工方法。成形工序可分为弯曲、拉深、翻孔、翻边、胀形、扩口、缩口和旋压等,如表 1.2 所示。根据产品零件的形状、尺寸精度和其他技术要求,可分别采用各种工序或复合工序对板料毛坯进行加工,以获得所需要的零件。

表 1.1 分离工序

工序名称	简　　图	特点及应用范围
落　料	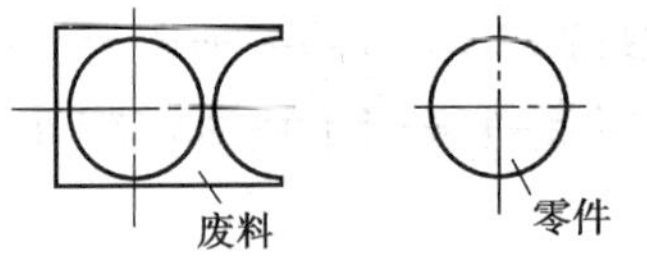	用冲模沿封闭轮廓曲线冲切,冲下部分是零件。用于制造各种形状的平板零件
冲　孔	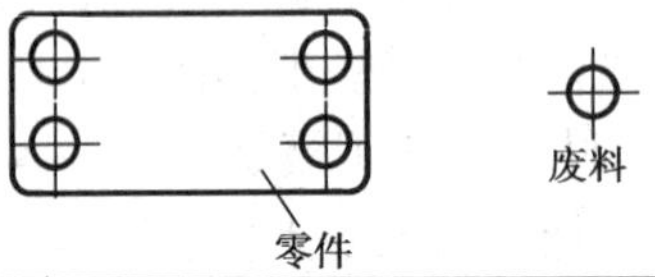	用冲模按封闭轮廓曲线冲切,冲下部分是废料
切　断	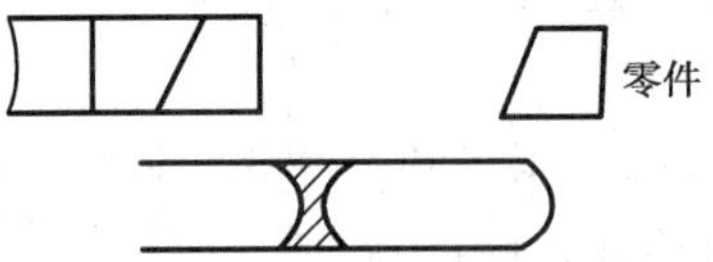	用剪刀或冲模沿不封闭曲线切断,多用于加工形状简单的平板零件
切　边	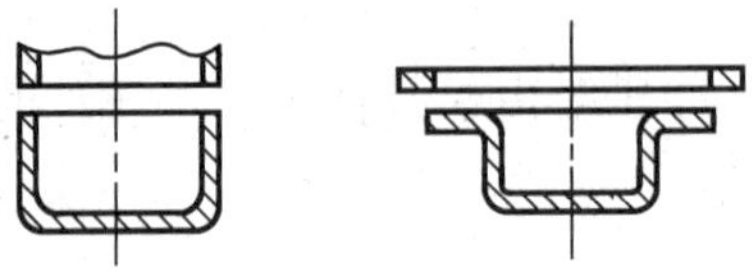	将成形零件的边缘修切整齐或切成一定形状
剖　切	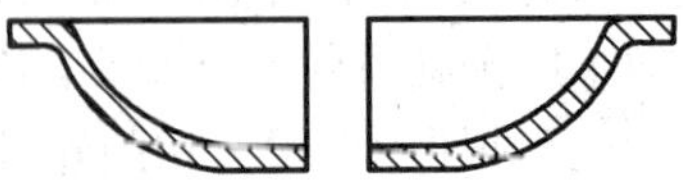	把冲压加工成的半成品切开成为两个或数个零件,多用于不对称零件的成双或成组冲压成形之后

表1.2　成形工序

工序名称	简　　图	特点及应用范围
弯　曲	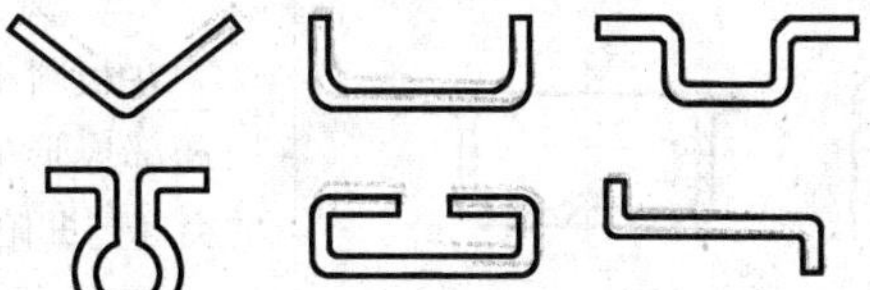	把板料沿直线弯成各种形状，可以加工形状极为复杂的零件
卷　圆	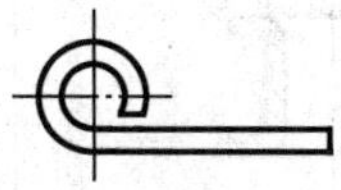	把板料端部卷成接近封闭的圆头，用以加工类似铰链的零件
扭　曲	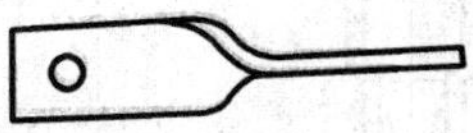	把冲裁后的半成品扭转成一定的角度
拉　深	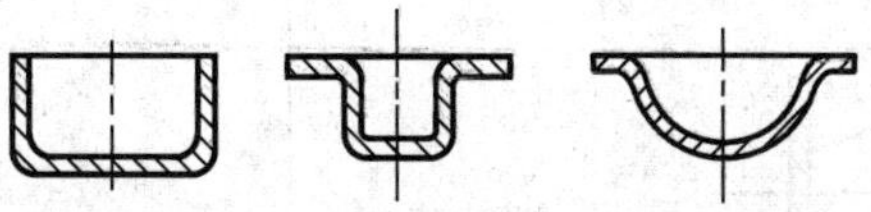	把板料毛坯成形制成各种空心的零件
变薄拉深	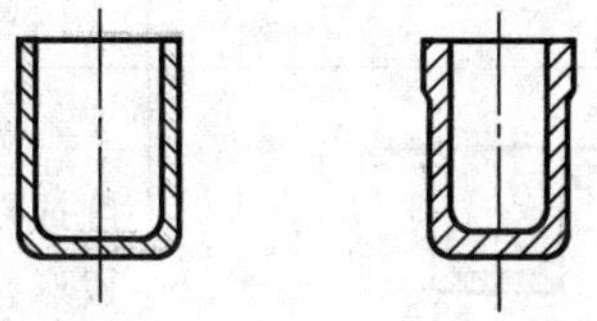	把拉深加工后的空心半成品进一步加工成为底部厚度大于侧壁厚度的零件
翻　孔	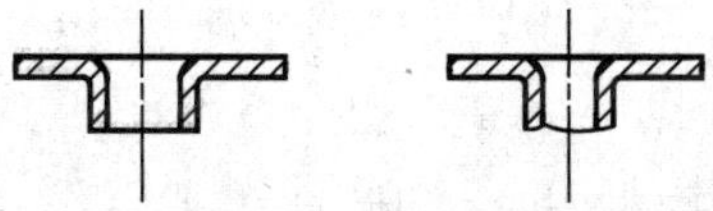	在预先冲孔的板料半成品上，或未经冲孔的板料上，冲制成竖立的边缘
翻　边		把板料半成品的边缘按曲线或圆弧成形成竖立的边缘
拉　弯	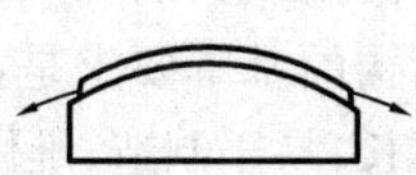	在拉力与弯矩共同作用下实现弯曲变形，可得精度较好的零件
胀　形	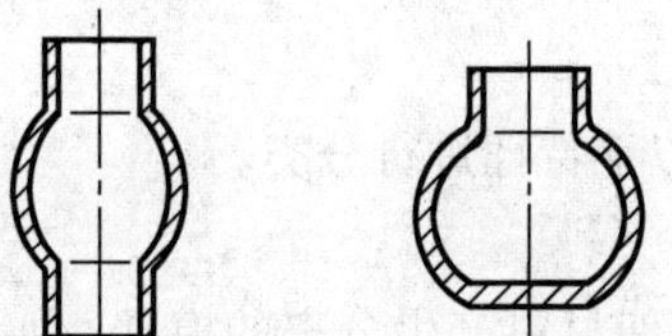	在双向拉应力作用下实现的变形，将空心件或管状件沿径向向外扩张，形成局部直径较大的零件

续表

工序名称	简　　图	特点及应用范围
起　伏	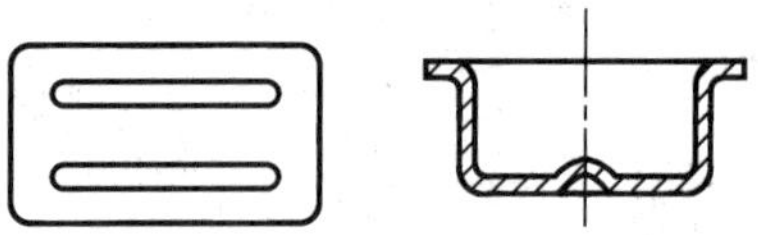	在板料毛坯或零件的表面上用局部成形的方法制成各种形状的突起与凹陷
扩　口	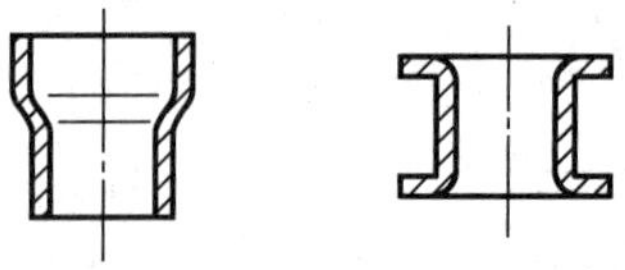	在空心毛坯或管状毛坯的某个部位上,使其径向尺寸扩大的变形方法
缩　口	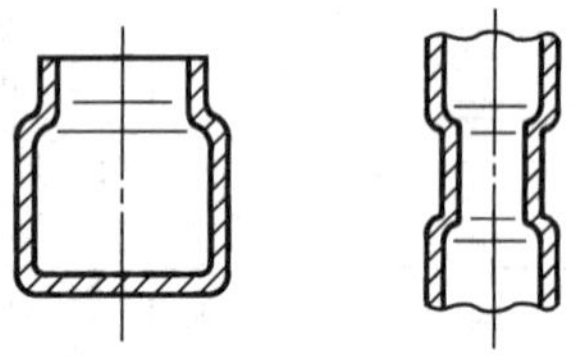	在空心毛坯或管状毛坯的某个部位上,使其径向尺寸减小的变形方法
旋　压	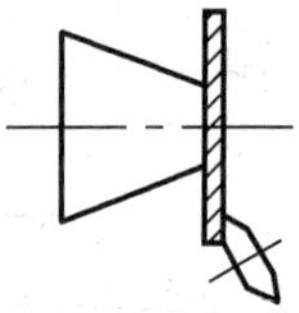	在旋转状态下用辊轮使毛坯逐步成形的方法
校　形	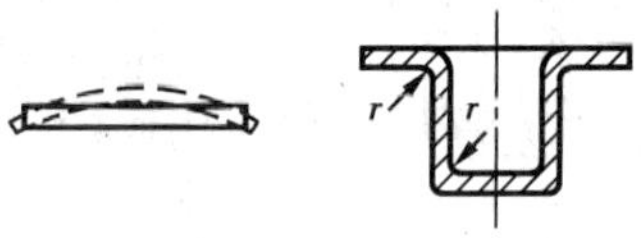	为了提高成形零件的尺寸精度或获得小的圆角半径而采用的成形方法

1.2　冷冲压模具

冷冲压模具是实现冷冲压生产的主要工艺装备。冲压件的表面质量、尺寸精度、生产率以及生产成本等与模具类型及其结构设计有直接的关系。冲压模具的结构性能直接反映了冲压技术水平的高低。因此,了解模具结构,研究和提高模具的各项技术指标,对于模具设计和发展冲压技术是十分必要的。冲压生产对模具结构的基本要求是:在保证冲出合格零件的前提下,应具有结构简单,操作方便、安全,使用寿命长,易于制造、维修,成本低廉等特点。

1.2.1　冷冲压模具分类

冷冲压模具的形式很多,可以根据以下特征进行分类。

(1)根据冲压工序性质分类

1)冲裁模　沿封闭或敞开的轮廓线使材料产生分离的模具。如落料模、冲孔模、切断模、切边模、剖切模。

2)弯曲模　使平板坯料沿着直线产生弯曲变形,从而获得一定角度和形状的零件的模具。

3)拉深模　把平板坯料制成开口空心件,或使空心件进一步改变形状和尺寸的模具。

4)成形模　将坯料或工序件按凸、凹模的形状直接复制成形,而材料本身仅产生局部塑性变形的模具。如胀形模、缩口模、扩口模、起伏模、翻边模、整形模等。

(2)根据工序组合程序分类

1)单工序模　一般只有一对凸、凹模,在压力机的一次行程中只完成一道冲压工序的模具。

2)复合模　压力机一次行程中,在模具的一个工位上,同时完成几道不同工序的模具,称为复合模。它属于多工序模。

3)连续模　连续模又称级进模,它是在压力机一次行程中依一定顺序在同一模具的不同工位上完成两道以上工序的模具。连续模也属于多工序模。

(3)按模具的结构形式分类

根据上、下模的导向方式,分为有无导向模和导板模,导柱模、滚动导柱模;

根据卸料装置,可分为带固定卸料板和弹性卸料板冲模;根据挡料形式,可分为固定挡料钉、活动挡料销、导正销和侧刃定距冲模。

(4)按模具材料分类

有金属冲模、硬质合金冲模、非金属冲模(如橡胶冲模和聚氨脂冲模等)。

此外,还有按模具轮廓尺寸大小分为大型和中小型模具等。

1.2.2　冷冲压模具的基本结构组成

不同的冲压零件,不同的冲压工序所使用的模具是不一样的,但不论何种类型的冲模,都可以看成是由上模和下模两部分组成,上模被紧固在压力机滑块上,可随滑块做上、下往复运动,是冲模的活动部分;下模被固定在压力机工作台或垫板上,是冲模的固定部分。工作时,坯料在下模面上通过定位零件定位,压力机滑块带动上模下压,在模具工作零件(凸模、凹模)的作用下坯料便产生分离或塑性变形,从而获得所需形状与尺寸的冲压件。上模回升时,模具的卸料与出件装置将冲压件或废料从凸、凹模上卸下或推、顶出来,以便进行下一次冲压循环。几种常见冷冲压模具的结构简图如图 1.1 所示。其基本结构由以下几部分组成:

(1)工作部分

直接对坯料、板料进行冲压加工的冲模零件。如凸模 1 和凹模 5。

(2)定位部分

确定坯料或条料在冲模中正确位置的零件。如定位板 3 和挡料销 4。

(3)卸料及压料部分

将冲切后的零件或废料从模具中卸下来的零件。如卸料板 2、推件杆 6 和压料板(顶件板)7。

(4)导向部分

用以确定上下模的相对位置,保证运动导向精度的零件。如导柱、导套等。

(5)连接固定部分

把模具上所有零件固定和连接成为一完整整体的零件。如凸模固定板、上模板等。

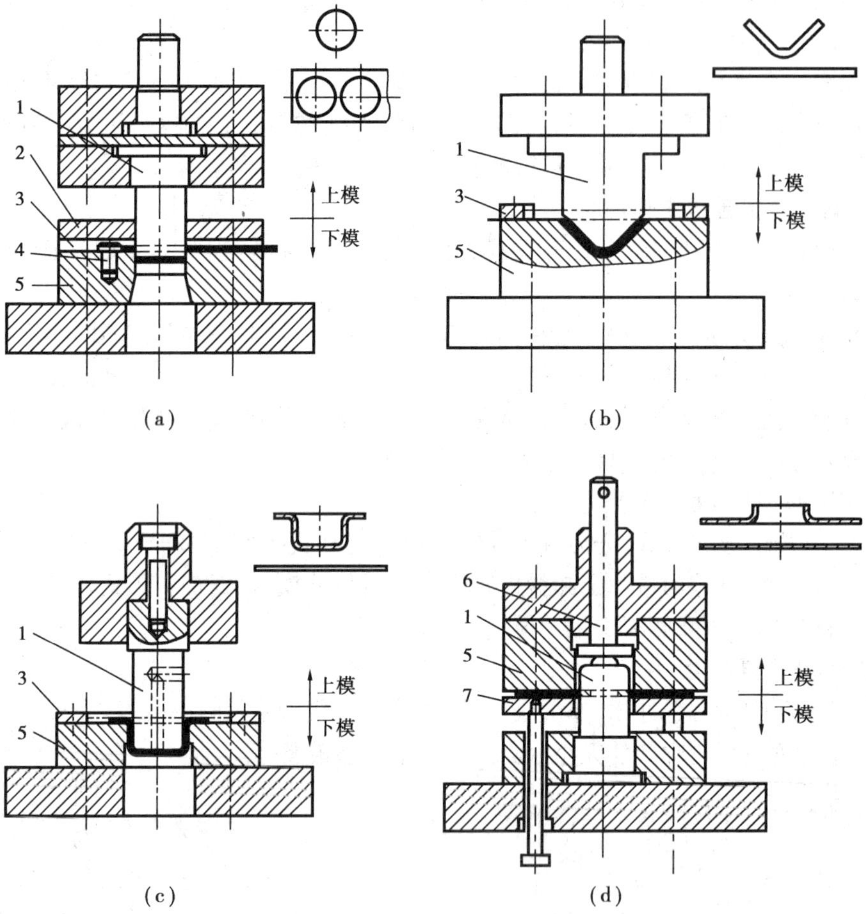

图 1.1　几种常见冲模的结构简图

(a)冲裁模　(b)弯曲模　(c)拉深模　(d)成形模

1—凸模　2—卸料板　3—定位板　4—挡料销　5—凹模　6—推件杆　7—压料板

1.2.3　常用冷冲压模具的类型

常用冷冲压模具的类型有简单冷冲压模、连续冷冲压模和复合冷冲压模。几种简单冷冲压模如图 1.1 所示，表 1.3 为连续冷冲压模的结构类型，表 1.4 为复合冷冲压模的结构类型。

表 1.3　常用连续冷冲压模具的结构类型

工序组合方式	模具结构简图	工序组合方式	模具结构简图
冲孔、落料	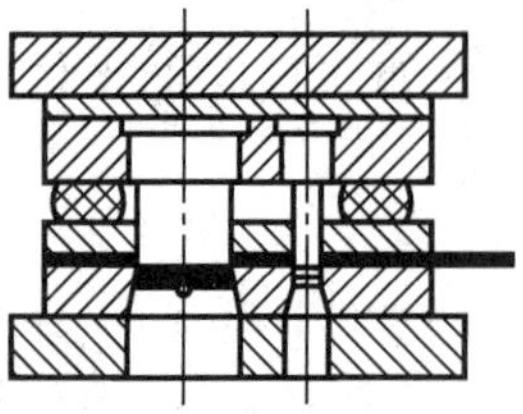	冲孔、切断	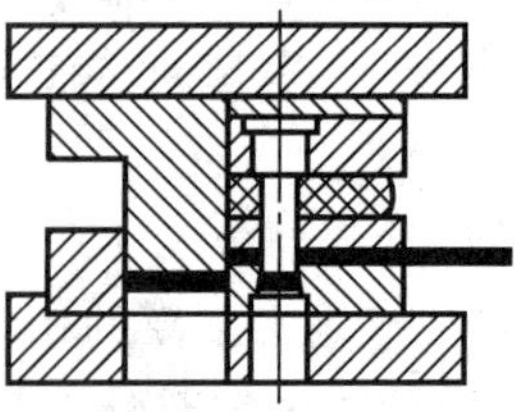

续表

工序组合方式	模具结构简图	工序组合方式	模具结构简图
冲孔、切断	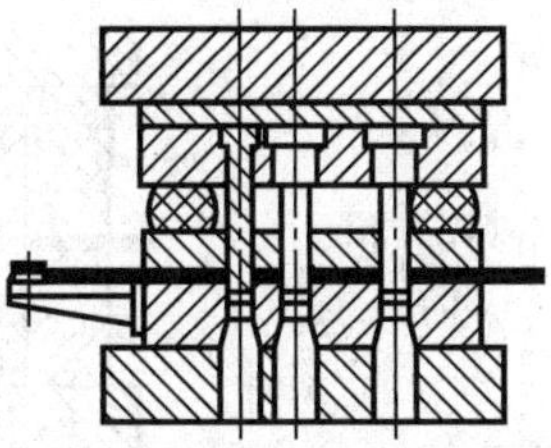	连续拉深、落料	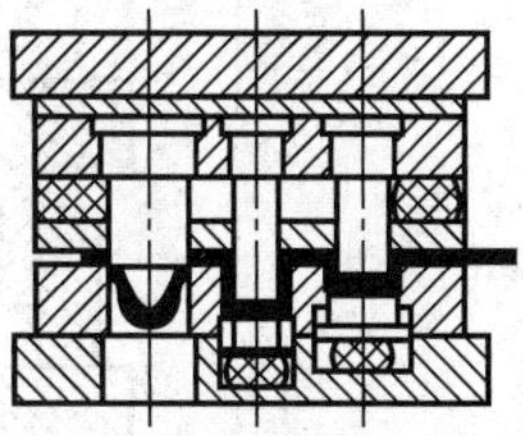
冲孔、弯曲、切断	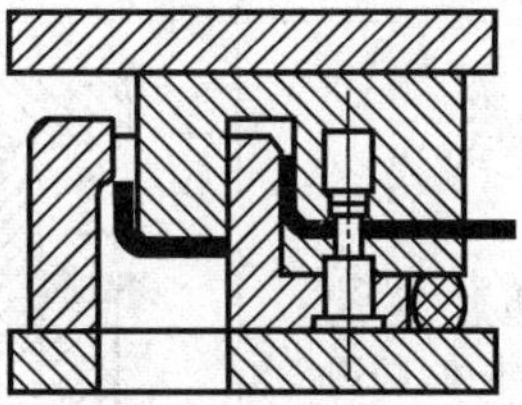	冲孔、翻边、落料	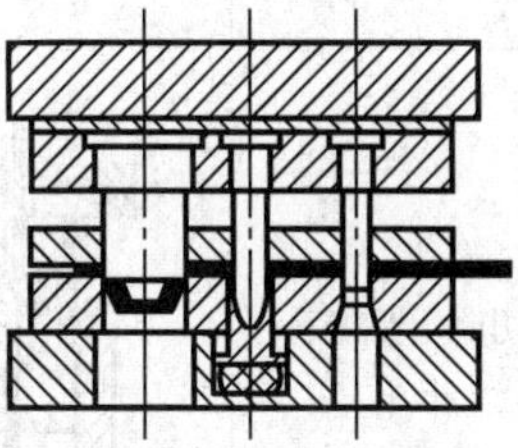
冲孔、切断、弯曲	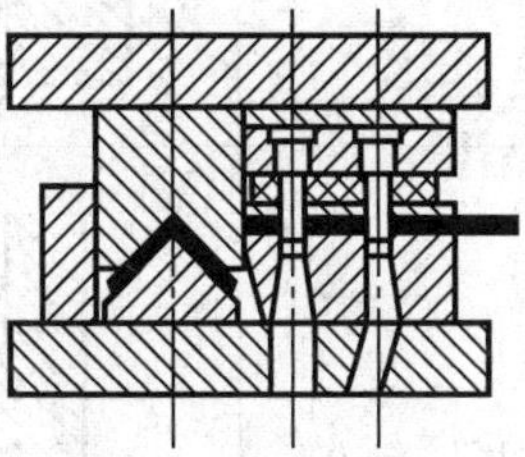	冲孔、压印、落料	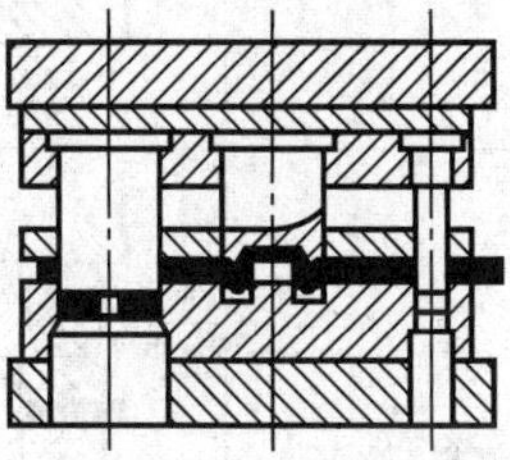
冲孔、翻边、落料	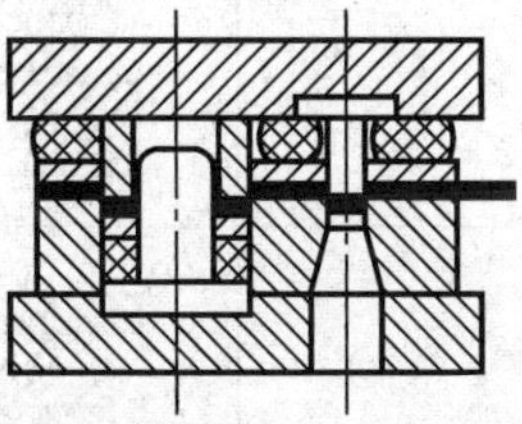	连续拉深、冲孔、落料	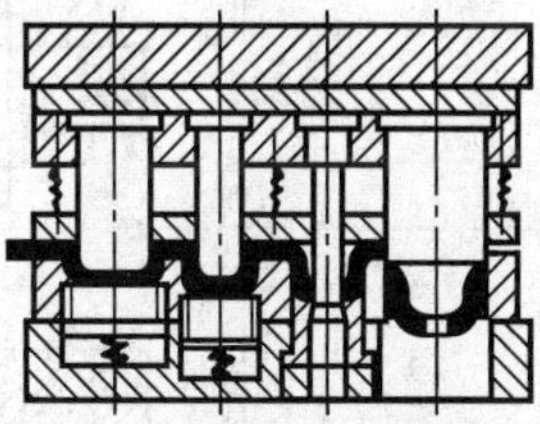

表 1.4　常用复合冷冲压模的结构类型

工序组合方式	模具结构简图	工序组合方式	模具结构简图
落料、冲孔	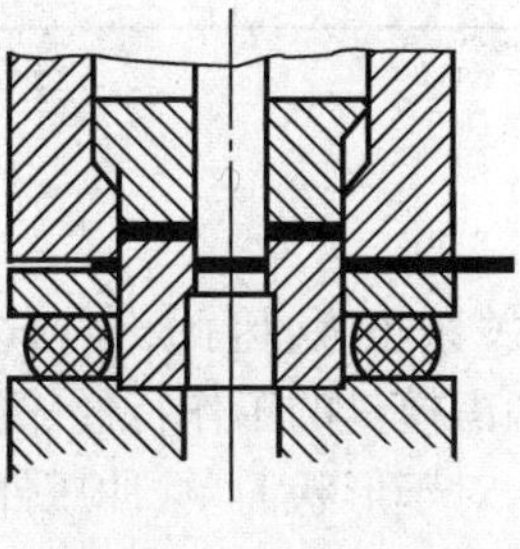	冲孔、切边	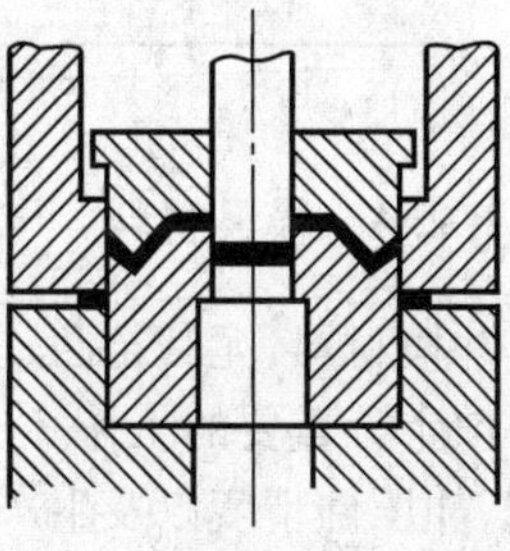

续表

工序组合方式	模具结构简图	工序组合方式	模具结构简图
切断、弯曲	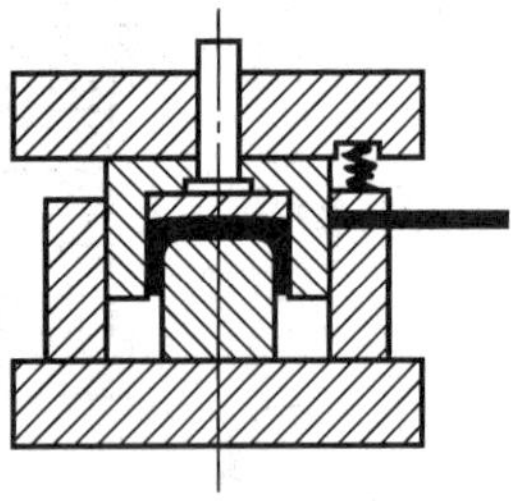	落料、拉深、冲孔	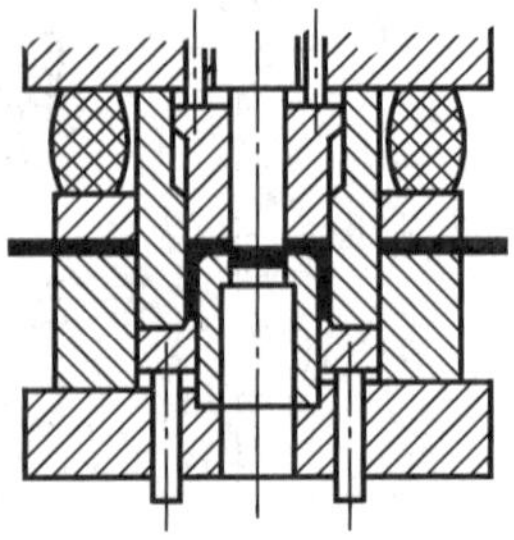
切断、弯曲、冲孔	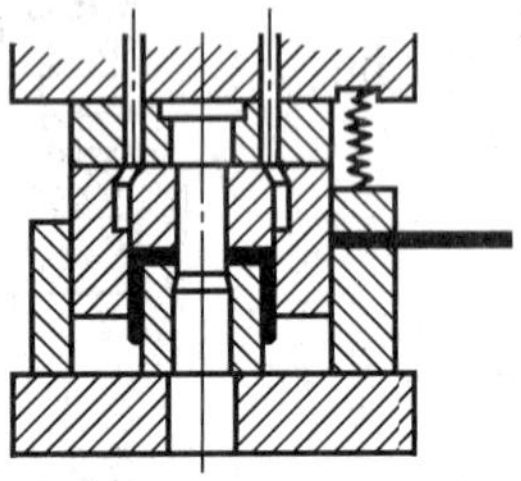	落料、拉深、冲孔、翻边	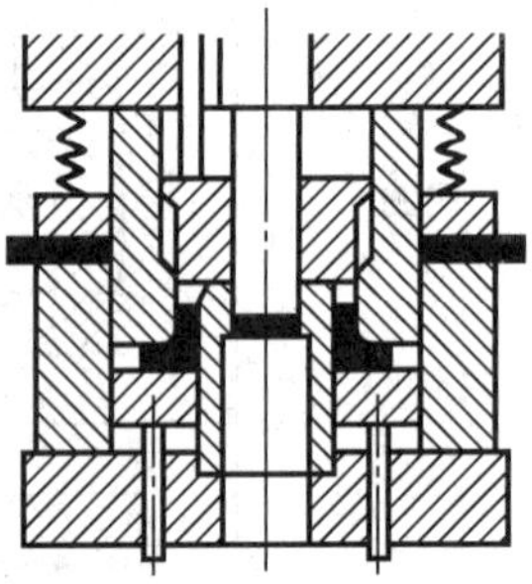
落料、拉深	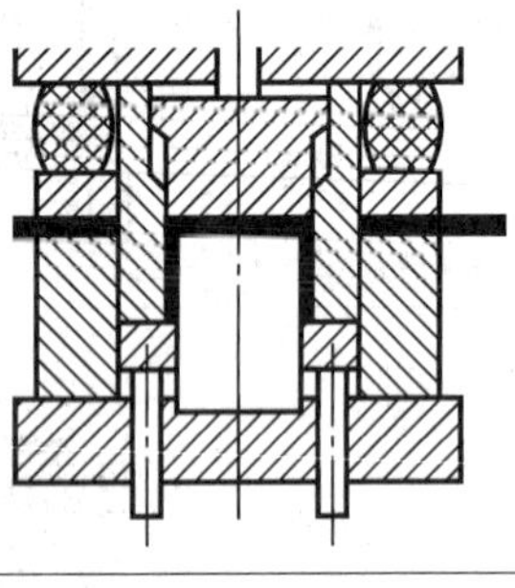	冲孔、翻边	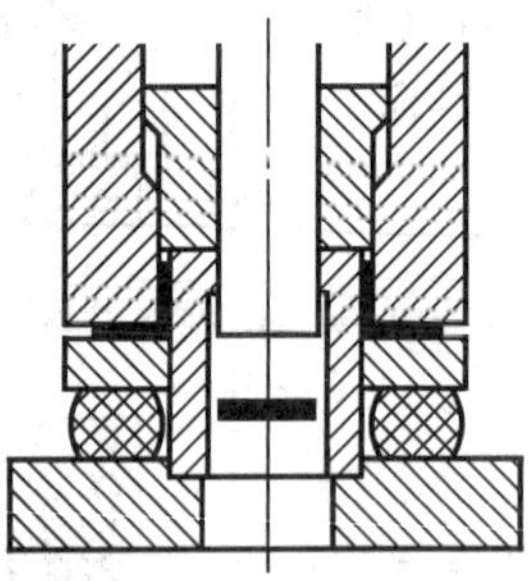
落料、拉深、切边	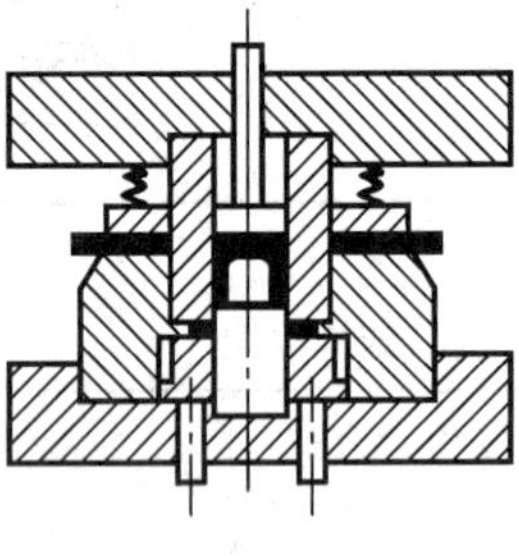	落料、胀形、冲孔	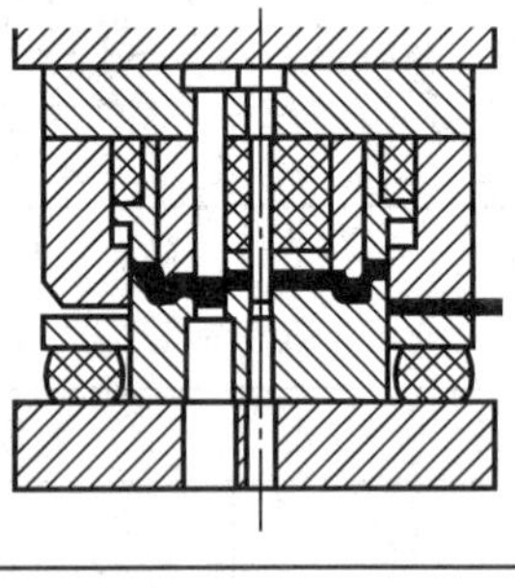

1.2.4　模具材料

冲模材料，尤其是凸、凹模材料，与模具寿命的关系很大，因此，合理选用材料是模具设计的一项十分重要的工作。选用凸、凹模材料时，应考虑模具的工作特性、受力情况，冲压件材料性能、冲压件精度以及生产批量等因素。一般来说，对于形状简单、冲压件尺寸不大的模具，采用高碳工具钢制造，形状较复杂、冲压件尺寸较大的模具，选用合金钢或高速钢制造，而冲压件精度或寿命要求较高的高速冲压件或精密冲压模具,常选用硬质合金等材料制造。表 1.5 为凸、凹模常用材料及热处理要求,可供设计者选用时参考。

表 1.5　凸模与凹模零件的材料选用及热处理要求

类别	模具名称	使用条件	推荐使用钢号	代用钢号	工作硬度 HRC
冲裁模	轻载冲裁模(料厚 $t<2$ mm)	$t<0.3$ mm 软料箔带	T10A	T8A	56~60(凸模)
		硬料箔带	MnCrWV	CrWMn	37~40(凹模)
		小批量简单形状	T10A	Cr2	62~64(凹模)
		中小批量	MnCrWV	9Mn2V	48~52(凸模)
		复杂形状	Cr2	CrWMn	58~62
				9CrWMn	58~62
		高精度要求	MnCrWV	CrWMn	(易碎断件 56~58)
		大批量生产		9CrWMn	58~62
		高硅钢片(小型)	Cr12MoV	Cr4W2MoV	58~62
		(中型)	Cr6WV		58~62
		各种易损小冲头	Cr12	Cr12MoV	59~61
			Cr12MoV		
			W6Mo5Cr4V2	W18Cr4V	
	重载冲裁模	中厚钢板及高强度薄板(易损小尺寸凸模)	Cr12MoV	Cr6WV	54~56(复杂)
			Cr4W2MoV		56~58(简单)
			W6Mo5Cr4V2	W18CrV	58~61
	精密冲裁模		Cr12MoV	Cr12	61~63(凹模)
			Cr4W2MoV	W6Mo5Cr4V2	60~62(凹模)
拉深模 弯曲模 成形模	轻载拉深模	简单圆筒浅拉深	T10A	Cr2	60~62
		成形浅拉深	MnCrWV	9Mn2V	60~62
		大批量用落料拉深复合模		CrWMn	
		(普通材料薄板)	Cr12MoV	Cr6WV	58~60
	重载拉深模	大批量小型拉深模	SiMnMo	Cr12	60~62
		大批量大、中型拉深模	Ni-Cr 合金铸铁	球墨铸铁	45~50
		耐热钢、不锈钢拉深模	Cr12MoV(大型)		65~67(氮化)
			CrW5(小型)	YE65	64~66
	弯曲、翻边模	轻型、简单	T10A		57~60
		简单易裂	T7A		54~56
		轻型复杂	MnCrWV	9CrWMn	57~60
		大量生产用	Cr12MoV		57~60
		高强度钢板及奥氏体钢板	Cr12MoV	—	65~67(氮化)

1.3 冲压设备及其选用

1.3.1 压力机的型号及技术参数

曲柄压力机是冲压加工中应用最广泛的一种冲压设备。能完成各种冲压工序,如冲裁、弯曲、拉深、成形等。本节以曲柄压力机为例来讨论冲压设备及其选用。

(1)曲柄压力机的型号

曲柄压力机是以曲柄连杆机构作为主传动结构的机械式压力机。尽管种类繁多,但它一般都由工作机构、传动系统、操纵系统、支撑零件和辅助系统组成。图 1.2 是开式双柱可倾压力机的结构简图。

按照 JB/GQ2003—84 型谱,曲柄压力机的型号用汉语拼音字母、英文字母和数字表示。例如:

JA21—35 曲柄压力机的型号意义是:

J——机械压力机

A——参数与基本型号不同的第一种变型

2——第三列

1——第一组

35——公称压力为 350 kN

现将型号的表示方法叙述如下:

第一个字母为类的代号,"J"表示是机械压力机。

第二个字母代表同一型号产品的变形顺序号,凡主参数与基本型号相同,但其他某些次要参数与基本型号不同的称为变型。"A"表示第一种变型产品。

第三、四个数字为列、组代号,"2"代表开式双柱压力机,"1"代表固定台式。

横线后的数字代表主参数。一般用压力机的公称压力作为主参数。

有的压力机在数字后面还有一个字母,它代表产品的重大改进顺序号,凡型号经确定的锻压机械,若结构和性能上与原产品有显著的不同时,称为改进型。如"A"代表第一次改进。

(2)压力机的技术参数

压力机的技术参数反映了压力机的工艺能力,加工零件的尺寸范围及有关生产效率等指标。主要是:

1)公称压力　公称压力是压力机的主参数,又叫额定压力或名义压力。公称压力是指滑块距下死点前某一特定距离 S_P(称为公称压力行程)或曲柄旋转到距下死点前某一特定角度 α_P(公称压力角)时,滑块所允许承受的最大作用力。例如 J31—315 型压力机的公称压力为 3 150 kN,它是指滑块离下死点前 10.5 mm 或曲柄旋转到离下死点前 20°时,滑块上所允许承受的最大作用力。

2)滑块行程　滑块行程指滑块从上死点到下死点所经过的距离,其大小随工艺用途和公称压力的不同而不同。它的大小反映了压力机的工作范围。

3)滑块行程次数　指滑块每分钟从上死点到下死点,然后再回到上死点所往复的次数。

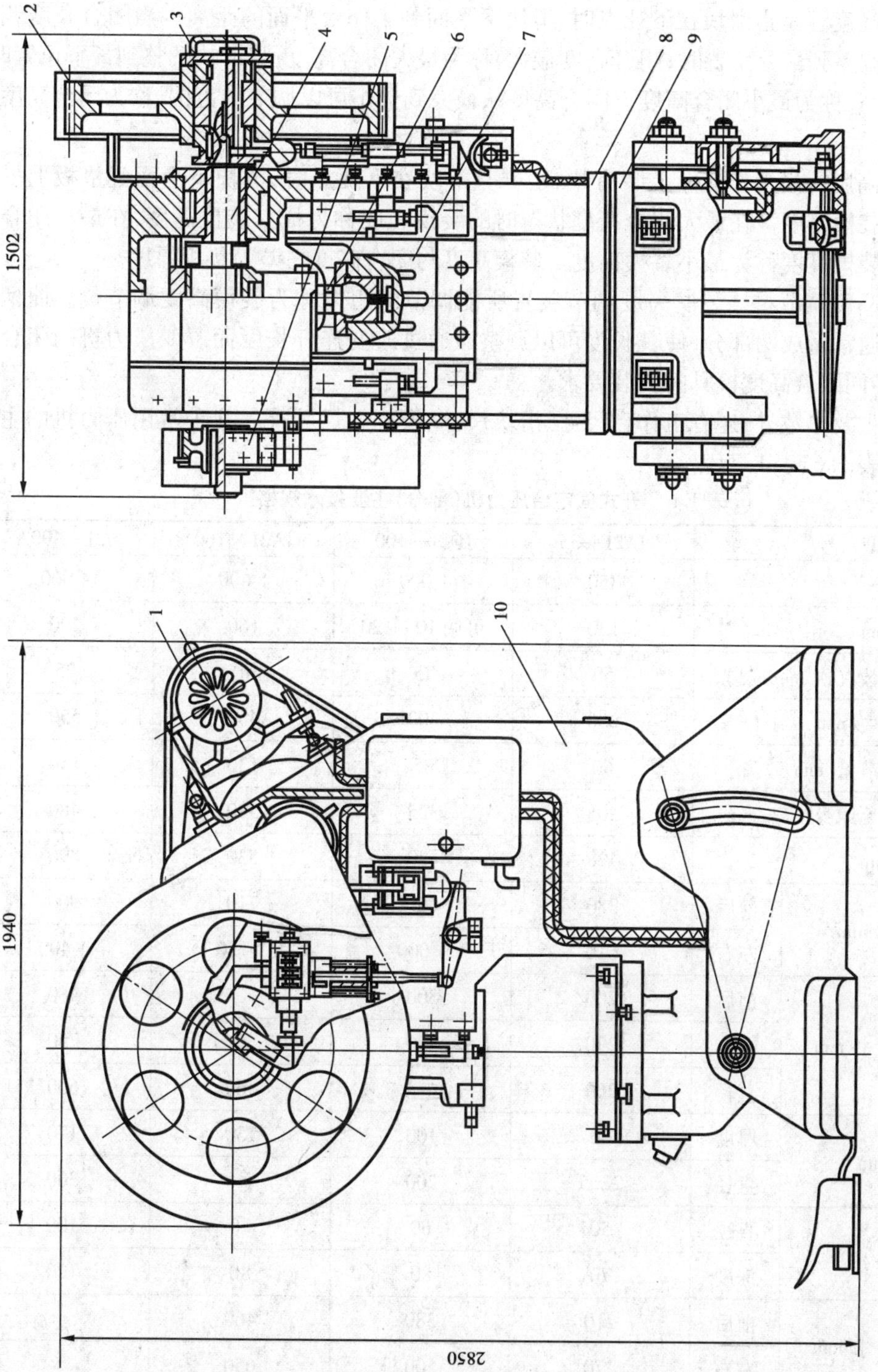

图 1.2　开式双柱可倾压力机结构图

1—电机　2—大 V 带轮　3—离合器　4—曲轴　5—制动器

6—连杆　7—滑块　8—垫板　9—工作台　10—床身

一般小型压力机和利用于冲裁的压力机行程次数较多,大型压力机和利用于拉深的压力机行程次数较少。行程次数越多,则生产效率越高。

4)闭合高度　是指滑块在下死点时,滑块下平面到工作台平面的距离。当闭合高度调节装置将滑块调整到最上位置时,闭合高度最大,称为最大闭合高度;将滑块调整到最下位置时,闭合高度最小,称为最小闭合高度。闭合高度从最大到最小可以调节的范围,称为闭合高度调节量。

5)装模高度　当工作台面上装有垫板,并且滑块在下死点时,滑块下平面到垫板上平面的距离称为装模高度。在最大闭合高度状态时的装模高度称为最大装模高度,在最小闭合高度状态时的装模高度称为最小装模高度。装模高度与闭合高度之差为垫板厚度。

6)装模高度调节量　装模高度调节装置所能调节的距离称为装模高度调节量。曲柄压力机的连杆通常做成两部分,使其长度可以调整。通过改变连杆长度而改变压力机的闭合高度,以适应不同闭合高度模具的安装要求。

除上述主要参数外,还有工作台尺寸、滑块尺寸、模柄孔尺寸等。几种常用压力机的主要技术规格见表1.6、表1.7。

表1.6　开式固定台压力机(部分)主要技术规格

型　号		JA21—35	JD21—100	JA21—160	J21—400A
公称压力/kN		350	1 000	1 600	4 000
滑块行程/mm		130	可调 10~120	160	200
滑块行程次数/(次·min^{-1})		50	75	40	25
最大闭合高度/mm		280	400	450	550
闭合高度调节量/mm		60	85	130	150
滑块中心线至床身距离/mm		205	325	380	480
立柱距离/mm		428	480	530	896
工作台尺寸/mm	前后	380	600	710	900
	左右	610	1 000	1 120	1 400
工作台孔尺寸/mm	前后	200	300		480
	左右	290	420		750
	直径	260		460	600
垫板尺寸/mm	厚度	60	100	130	170
	直径	22.5	200		300
模柄孔尺寸/mm	直径	50	60	70	100
	深度	70	80	80	120
滑块底面尺寸/mm	前后	210	380	460	
	左右	270	500	650	

表1.7　开式双柱可倾式压力机(部分)主要规格

型　号		J23-6.3	J23-10	J23-16	J23-25	JC23-35	JG23-40	JB23-63	J23-80
公称压力/kN		63	100	160	250	350	400	630	800
滑块行程/mm		35	45	55	65	80	100	100	130
滑块行程次数/(次·min^{-1})		170	145	120	55	50	80	40	45
最大闭合高度/mm		150	180	220	270	280	300	400	380
闭合高度调节量/mm		35	35	45	55	60	80	80	90
滑块中心线至床身距离/mm		110	130	160	200	205	220	310	290
立柱距离/mm		150	180	220	270	300	300	420	380
工作台尺寸/mm	前后	200	240	300	370	380	420	570	540
	左右	310	370	450	560	610	630	860	800
工作台孔尺寸/mm	前后	110	130	160	200	200	150	310	230
	左右	160	200	240	290	290	300	450	360
	直径	140	170	210	260	260	200	400	280
垫板尺寸/mm	厚度	30	35	40	50	60	80	80	100
	直径					150			200
模柄孔尺寸/mm	直径	30	30	40	40	50	50	50	60
	深度	55	55	60	60	70	70	70	80
滑块底面尺寸/mm	前后					190	230	360	350
	左右					210	300	400	370
床身最大可倾角		45°	35°	35°	30°	20°	30°	25°	30°

1.3.2　冲压设备的选用

冲压设备的选用主要是确定冲床的类型和规格两项内容。

(1)冲床类型的选择

冲床类型的选定依据是冲压的工艺性质、生产批量的大小、冲压件的尺寸大小和精度要求等。具体参见本书第6章。

(2)压力机规格选用

确定压力机的规格时应遵循的基本原则是：

1)压力机的公称压力必须大于冲压工序所需压力。一般对于施力行程较小的冲压工序(如冲裁、浅弯曲、浅拉深等)

$$P \geq (1.1 \sim 1.3)Fg \tag{1.1}$$

对于施力行程较大的冲压工序(如深弯曲、深拉深等)

$$P \geq (1.6 \sim 2.0)Fg \tag{1.2}$$

式中　P——压力机的公称压力kN；Fg——冲压工艺总力kN。

2)压力机滑块行程应满足冲压件在高度上能获得所需尺寸,并在冲压工序完成后能顺利地从模具上取出来。对于拉深件,行程应大于制件高度两倍以上。

3)压力机的行程次数应符合生产率和材料变形速度的要求。

4)压力机的闭合高度,工作台面尺寸、滑块尺寸、模柄孔尺寸等都能满足模具的正确安置要求。

对于曲柄压力机,模具的闭合高度与压力机闭合高度之间要符合以下公式:

$$H_{max} - 5\ \text{mm} \geqslant H + H_1 \geqslant H_{min} + 10\ \text{mm} \tag{1.3}$$

式中 H——模具的闭合高度(mm);

H_{max}——压力机的最大闭合高度(mm);

H_{min}——压力机的最小闭合高度(mm);

H_1——压力机的垫板厚度(mm)。

工作台尺寸一般应大于模具下模座 50 ~ 70 mm,以便于安装;垫板孔径应大于制件或废料的投影尺寸,以便于漏料;模柄尺寸应与模柄孔尺寸相符。

1.4 冲压成形理论基础

1.4.1 金属塑性变形概述

(1)塑性及变形抗力

所谓塑性,是指金属材料在外力作用下产生永久变形而不破坏其完整性的能力。它是金属材料的一种重要的加工性能。塑性越好,预示着金属塑性成形的适应能力越强,允许产生的塑性变形量越大;反之,如果金属一受力便发生断裂,则塑性加工也就无从进行。因此,从工艺角度出发,人们总是希望变形金属具有良好的塑性。特别是随着生产和科技的发展,有越来越多的低塑性、高强度的难变形材料需要进行塑性加工,如何改善其塑性就更具有重要的意义。

金属塑性的高低通常用塑性指标来衡量。塑性指标是以材料开始破坏时的变形量表示,它可借助于各种试验方法测定。目前广泛应用的是拉伸试验,对应于拉伸试验的塑性指标为断后延伸率 δ 和断面收缩率 ψ。需要指出的是金属材料的塑性指标,都是在特定的受力状况和变形条件下测定的,因此,塑性指标的高低仅具有相对比较意义。

所谓变形抗力,是指在一定的变形条件下,金属材料产生塑性变形的单位变形力。变形抗力反映了金属在外力作用下抵抗塑性变形的能力。

塑性和变形抗力是两个不同的概念。通常说某种材料的塑性好坏是指受力后临近破坏时的变形程度大小,而变形抗力是从力的角度反映塑性变形的难易程度。如奥氏体不锈钢允许的塑性变形程度大,说明它的塑性好,但其变形抗力也大,说明它需要较大的外力才能产生塑性变形。

(2)影响金属塑性和变形抗力的因素

金属的塑性不是固定不变的,影响因素很多,除了金属本身的内在因素(晶格类型、化学成分、金相组织等)以外,外部因素——变形方式(应力与应变状态)、变形条件(变形温度与变形速度)的影响也很大。

1）金属的成分和组织结构　金属本身的晶格类型，杂质的性质、数量及分布情况，晶粒大小、形状及晶界强度等不同，金属的塑性就不同。一般而言，组成金属的元素越少（如纯金属和单相固熔体）、晶粒越细小，组织分布愈均匀，则金属的塑性愈好，变形抗力愈小。

2）变形时的应力状态　质点的受力情况即应力状态对金属的塑性有很大影响。实践表明，金属在三向压应力状态下的挤压，比两向压缩一向拉伸的拉拨时表现出更好的塑性；而同样是具有三向压应力的镦粗（不考虑由不均匀变形引起的附加应力），其塑性都不如挤压时的好。这些现象表明，在应力状态中，压应力的个数越多，数值越大，则其金属的塑性越好。在塑性加工中，人们通过改变应力状态，来提高金属的塑性。如轴向加压剪切、精密冲裁等，就是通过增大剪切区的压应力，来提高金属的塑性，抑制剪裂纹的产生，从而获得光滑的切面。

3）变形温度　在冲压工艺中，有时也采用加热冲裁，加热成形的方法。其目的是软化金属，提高塑性；降低材料的变形抗力，减小冲压力。此外，在有些工序（如差温拉深）中也有采用局部冷却的方法，增强变形区的变形抗力，提高坯料危险断面的强度，使变形转移到其他区域，从而达到延缓破坏增大变形程度的目的。

就大多数金属而言，其总的趋势是：随着温度的升高，塑性增加，但这种增加并非简单的线性上升；在加热过程的某些温度区间，往往由于相变或沿晶粒边界状态的变化而出现脆性区，使金属的塑性降低。如碳钢加热到200～400 ℃之间时，塑性降低，变形抗力增加，脆性增大，这个温度范围称为蓝脆区。在800～950 ℃范围内，又会出现热脆，使塑性降低。因此，选择温度时，碳钢应避开蓝脆区和热脆区。

4）变形速度　变形速度是指单位时间内应变的变化量，但在冲压生产中应用不便，故以压力机滑块的移动速度近似地反映金属的变形速度。变形速度对金属塑性的影响比较复杂，对大多数金属来说，塑性随变形速度变化的一般趋势如图1.3所示。

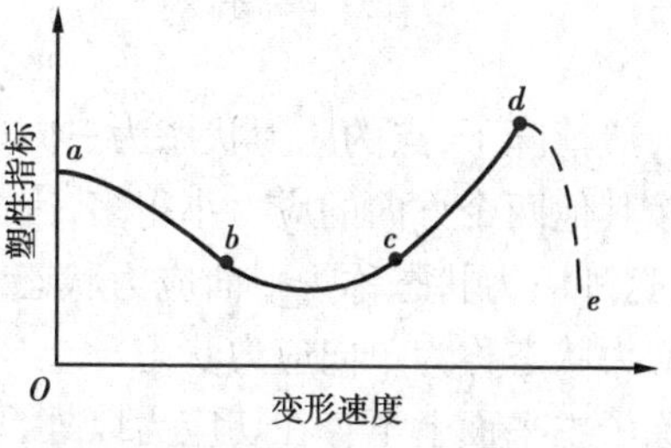

图1.3　变形速度对塑性的影响示意曲线

目前，常规冲压使用的压力机工作速度较低，对金属塑性变形的影响不大。而考虑变形速度因素，主要基于冲压件的尺寸和形状。对于小型件的冲压，一般可以不考虑速度因素；对于大型复杂件，由于冲压成形时坯料各部位的变形极不均匀，易于局部拉裂或起皱，为了便于控制金属的流动情况，宜采用低速成形。此外，对于不锈钢、耐热钢、钛合金等对变形速度敏感的材料，也宜低速成形，加载速度可控制在0.25 m/s以下。

1.4.2　冲压成形的应力与应变

冲压成形时，外力通过模具作用于金属材料，使之产生塑性变形，同时在材料内部引起内应力。在一般情况下，变形区内各处的应力和应变都不尽相同。为了了解变形规律，就必须研究材料内各点的应力和应变状态以及它们之间的关系。

（1）点的应力状态

在外力的作用下，材料内各质点间就会产生相互作用力，称为内力，单位面积上内力的大小称为应力。材料内某一点的应力大小和分布称为该点的应力状态。

在变形物体上任意点周围截取一个微小六面体(称为单元体),该单元体上的应力状态可取相互垂直表面上的应力来表示,沿坐标方向可将这些应力分解为9个应力分量,其中,包括3个正应力和6个切应力,如图1.4(a)所示。根据单元体处于平衡,绕单元体各轴的力矩必然相等,可得出相互垂直平面上的切应力互等,即 $\tau_{xy}=\tau_{yx}$,$\tau_{yz}=\tau_{zy}$,$\tau_{zx}=\tau_{xz}$。因此,若已知3个正应力和3个切应力,那么该点的应力状态就可以确定了。改变坐标轴所取的方位,这6个应力分量的大小也不一样。对任何一种应力状态,总存在这样一组坐标系,使得单元体各表面上只有正应力而无切应力,如图1.4(b)所示。这3个坐标轴就称为主轴,3个坐标轴的方向称为主方向,这3个正应力就称为主应力,3个主应力的作用面称为主平面。

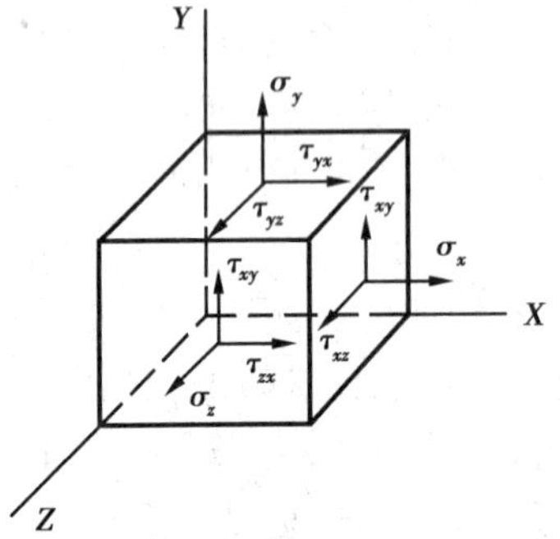

(a)任意坐标系

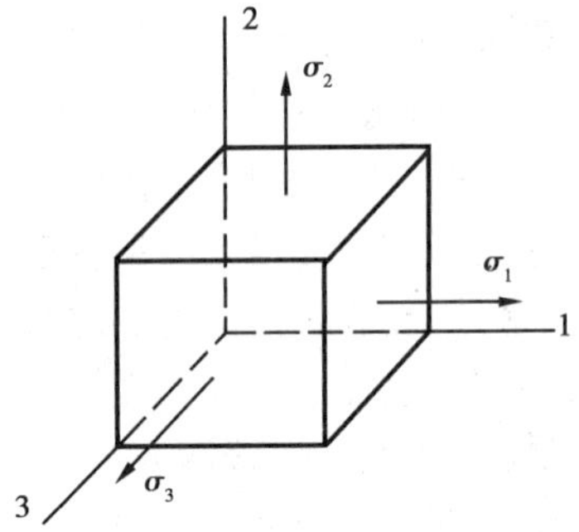

(b)主轴坐标系

图1.4 点的应力状态

一般情况下,点的应力状态为三向应力状态。但在大多数板料成形中,其厚度方向的应力往往较其他两个方向的应力小得多,因此可把厚度方向的应力忽略不计,如拉深、翻孔、胀形变形等,这种应力状态称为平面应力状态。3个主应力有两个为零,只在一个方向上有主应力,这种应力状态称为单向应力状态。

除了主平面上不存在切应力以外,单元体其他方向的截面上,都有切应力,而且在与主平面成45°的截面上切应力达到最大值,称为主切应力。主切应力的作用面称为主切应力面。可以证明,如果 $\sigma_1\geqslant\sigma_2\geqslant\sigma_3$,则最大切应力为 $\tau_{\max}=\pm(\sigma_1-\sigma_3)/2$,最大切应力与金属的塑性变形有着十分密切的关系。

(2)点的应变状态

变形体内存在应力必伴随着应变,点的应变状态也是通过单元体的变形来表示的。与点的应力状态一样,当采用主轴坐标系时,单元体就只有3个主应变分量 ε_1、ε_2 和 ε_3,而没有切应变分量。

金属材料在塑性变形时,物体主要是发生形状的改变,而体积的变化很小,可以忽略不计,即认为

$$\varepsilon_1+\varepsilon_2+\varepsilon_3=0 \tag{1.4}$$

这就是塑性变形体积不变定律。它反映了3个主应变值之间的相互关系。根据体积不变定律可知:塑性变形时只可能有三向应变状态和平面应变状态,而不可能有单向应变状态,即(1.4)式中 $\varepsilon_2=\varepsilon_3=0$ 时,ε_1 必然为零;在平面应变状态时(若 $\varepsilon_1=0$),则另外两个应变的绝对值必然相等,而符号相反(即 $\varepsilon_2=-\varepsilon_3$)。

1.4.3　金属塑性变形的基本规律

(1)加工硬化和硬化曲线

对于一般的金属材料,随着塑性变形程度的增加,其强度、硬度和变形抗力也将提高,而塑性和韧性下降,这种现象称为加工硬化。材料不同,变形条件不同,其加工硬化的程度也不同。材料的加工硬化对塑性变形的影响很大,不仅使所需的变形力增加,而且限制了材料进一步的变形,甚至要在后续变形工序前增加中间退火工序以消除加工硬化。但也有其有利的一面,板料硬化能够减小过大的局部变形,使变形趋于均匀,增大成形极限,同时也提高了材料的强度。由此可见,在处理冲压生产中许多实际问题时,必须研究和掌握材料加工硬化和硬化规律,以及它们对冲压工艺的影响。

材料的硬化规律可以用硬化曲线表示。硬化曲线实际上就是材料变形时的应力随应变变化的曲线,可以通过拉伸、压缩等试验方法测得。图 1.5 所示为拉伸试验获得的两条应力——应变曲线,其中曲线 2 的应力是按各加载瞬间的载荷 F 与变形试样的原始截面积 A_0 之比 F/A_0 来表示的,它没有考虑变形过程中材料截面积的变化,因此,应力 F/A_0 并不能反应材料在各变形瞬间的真实应力,故称为条件应力。同样,应变也是用延伸率 $\delta[\delta=(L-L_0)/L_0]$ 表示,称之为条件应变,它只考虑了变形前和变形后两个状态试样的尺寸。而考虑材料变形是一个逐渐积累的过程,所以曲线 2 称为条件应力应变曲线,这种曲线多用于材料力学中,以描述变形程度极小时的应力应变曲线。曲线 1 的应力是以各加载瞬间的载荷 F 与该瞬间试样的截面积之比 F/A 来表示的,它考虑了变形过程中材料截面积的变化,真实反映了硬化规律,故称之为实际应力应变曲线(又称硬化曲线)。

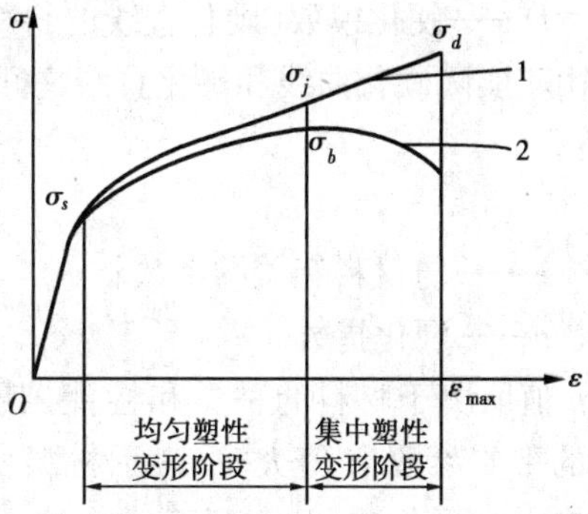

图 1.5　金属的应力——应变曲线

金属的塑性变形是大变形,在这种情况下,研究应变只能取变形过程中某微量时间间隔 $\mathrm{d}t$ 来考察。在 $\mathrm{d}t$ 时间内,物体上某线段增长了 $\mathrm{d}l$,其应变便会有一个增量 $\mathrm{d}\varepsilon$,且 $\mathrm{d}\varepsilon=\mathrm{d}l/L$,因此,线段由 L_0 变为 L 时,其真实应变 ε 应为变形全过程应变增量的总和,即为:

$$\varepsilon=\int_{L_0}^{L}\frac{\mathrm{d}l}{l}=\ln\frac{L}{L_0} \tag{1.5}$$

几种材料的硬化曲线如图 1.6 所示。从曲线的变化规律可以看出,在塑性变形的开始阶段,随着变形程度的增加,实际应力剧烈增加,但当变形程度达到某些值后,变形的增加不再引起实际应力的显著增加,也就是说,随着变形程度的增大,材料的硬化速率($\mathrm{d}\sigma/\mathrm{d}\varepsilon$)逐渐降低。

一般来说,硬化曲线所表达的应力—应变关系不是简单的函数关系,这给解决板料成形问题带来了困难。为了实际上的需要,常用硬化直线或指数曲线来近似代替实际硬化曲线。

硬化直线制作简单,只需知道产生缩颈时的应力与应变即可确立,不需要测量其他数据。如图 1.7 所示表示真实应力与真实应变的硬化直线。以缩颈时的 δ_u 和 ε_u 之值定出 b 点,在轴的负方向量取$(1-\varepsilon_u)$得 c 点,联 bc 线即为硬化直线。该直线方程为:

$$\sigma=\sigma_0+D\varepsilon \tag{1.6}$$

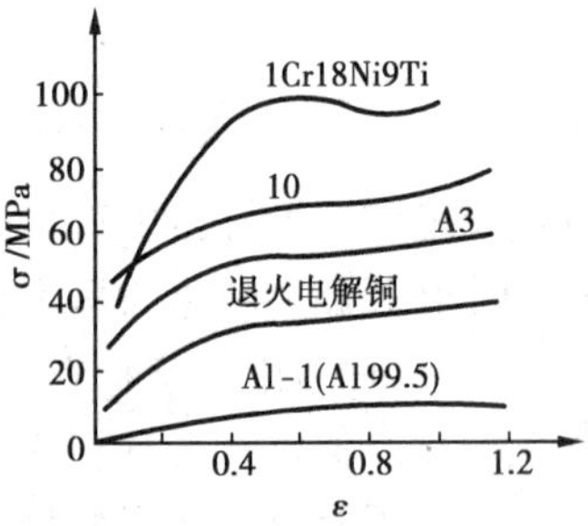

图 1.6 几种金属材料在室温下的硬化曲线

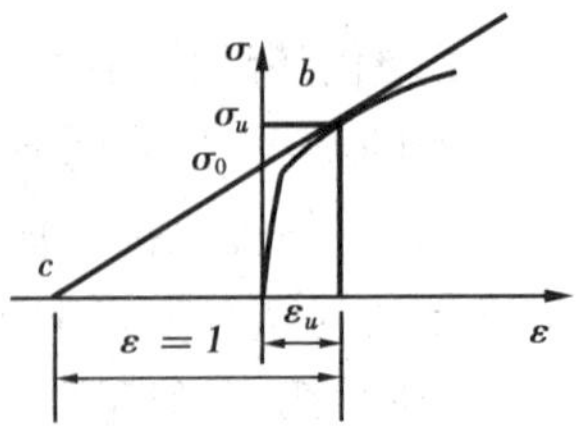

图 1.7 硬化直线

式中 σ_0——近似屈服极限(MPa)(硬化直线在纵坐标的截距上);

D——硬化模数(硬化直线的斜率)。

由于实际硬化曲线和硬化直线之间差异很大,所以板料成形中经常采用指数曲线,其表达式为:

$$\sigma = A\varepsilon^n \tag{1.7}$$

式中 A——与材料有关的系数;

n——硬化指数。

A 和 n 值取决于材料的种类和性能,其数值如表 1.8 所示。n 值是表示材料冷变形时硬化性能的重要参数,n 值大时,表示材料变形抗力随变形的进展而迅速增加,同时不易出现局部的集中变形与破坏,有利于增大伸长类变形的成形极限,对板料的冲压成形性能有着重要的影响。

表 1.8 各种材料的 A 与 n 值

材料	A/MPa	n
软钢	710 ~ 750	0.19 ~ 0.22
黄铜(60/40)	990	0.46
磷青铜	1 100	0.22
银	470	0.31
铜	420 ~ 460	0.27 ~ 0.34
硬铝	320 ~ 380	0.12 ~ 0.13
铝	160 ~ 210	0.25 ~ 0.27

(2)屈服条件(塑性条件)

决定受力物体内质点由弹性状态向塑性状态过渡的条件,称为塑性条件或屈服条件。当物体中某点处于单向应力状态时,只要该点的应力达到材料的屈服极限,该点就进入塑性状态。但是,对于复杂的三向应力状态,就不能仅根据一个应力分量来判断该点是否达到塑性状态,而要同时考虑其他应力分量的作用。只有当各个应力分量之间符合一定的关系时,该点才开始屈服。对于各向同性材料,经实践检验并被普遍接受的屈服准则有两个:屈雷斯加(H · Trasca)屈服准则和密席斯(Vonmises)屈服准则。

1)屈雷斯加屈服准则 该准则可表述如下:当材料(质点)中的最大切应力达到某一临界

值时,则材料发生屈服,该临界值取决于材料在变形条件下的性质,而与应力状态无关。通过单向拉伸试验可以得出,此临界值等于材料屈服极限的一半,即 $\sigma_s/2$。设 $\sigma_1 \geqslant \sigma_2 \geqslant \sigma_3$,则屈雷斯加屈服准则可表达为:

$$\tau_{max} = \left|\frac{\sigma_1 - \sigma_3}{2}\right| = \frac{\sigma_3}{2} \quad 或 \quad |\sigma_1 - \sigma_3| = \sigma_3 \tag{1.8}$$

该准则又称为最大切应力准则,它形式简单,在事先知道主应力大小的情况下使用方便。但该准则显然忽略了中间主应力 σ_2 的影响,实际上在一般三向应力状态下,σ_2 对于材料的屈服也是有影响的。

2)密席斯准则　该准则可表述为当材料(质点)中的等效应力达到某一定值时,材料就开始屈服。同样,通过单向拉伸试验可以确定该值就是材料的屈服极限 σ_3。

其表达式为:

$$\sigma_i = \sqrt{\frac{1}{2}(\sigma_1 - \sigma_2)^2 + (\sigma_2 - \sigma_3)^2 + (\sigma_3 - \sigma_1)^2} = \sigma_3$$

或

$$(\sigma_1 - \sigma_2)^2 + (\sigma_2 - \sigma_3)^2 + (\sigma_3 - \sigma_1)^2 = 2\sigma_3^2 \tag{1.9}$$

实践表明,对于绝大多数金属材料,应用密席斯准则更符合实际情况。这两个屈服准则实际上相当接近。为了使用上的方便,密席斯准则可以改写成接近于屈雷斯加准则的形式:

$$\sigma_1 - \sigma_3 = \beta\sigma_s \tag{1.10}$$

上式中,β 是与应力状态有关的参数,反映了中间主应力的影响系数,其范围为 1 ~1.155。

(3)塑性变形时应力与应变的关系

物体弹性变形时,其变形可以恢复,变形过程是可逆的,与物体的加载过程无关,应力和应变之间的关系可以通过广义虎克定律来表示。而进入塑性变形阶段,情况就不同了,应力应变关系则是非线形的、不可逆的,应力应变不能简单叠加。如图 1.8 为材料单向拉伸加载曲线。材料屈服后,应力应变不再是线性关系。加载时应力应变沿 *ABC* 曲线变化,当在 *C* 点卸载时,则应力应变沿 *CD* 线变化。卸载后再加载时,此时应力应变沿 *CD* 线上升,而与初始加载时所经历的 *OABC* 路线不同,因此变形过程是不可逆的。且在同一应力 σ 时,因为加载历史不同,应变也不同,可能是 ε',也可能是 ε''。因而,在塑性变形时,应变不仅与应力大小有关,而且与加载历史有着密切的关系,这就难以在应力和应变之间找到一种确定的关系。

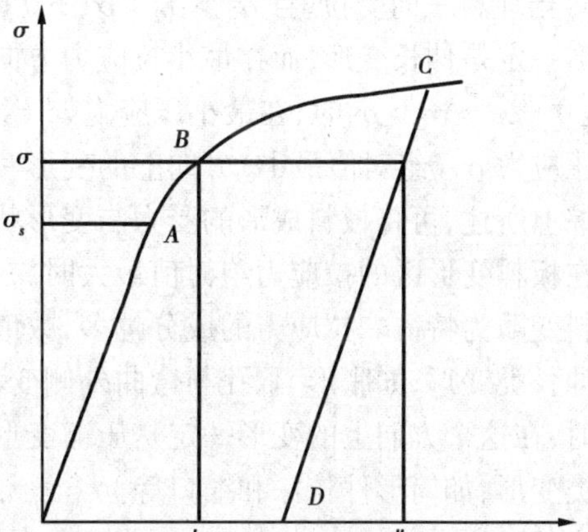

图 1.8　拉伸加载过程图

如果在加载过程中,所有的应力分量均按同一比例增加,这种状况称为简单加载,在简单加载情况下,应力应变关系得到简化,可得出全量理论公式,其表达式为:

$$\frac{\varepsilon_1 - \varepsilon_2}{\sigma_1 - \sigma_2} = \frac{\varepsilon_2 - \varepsilon_3}{\sigma_2 - \sigma_3} = \frac{\varepsilon_3 - \varepsilon_1}{\sigma_3 - \sigma_1} = C \tag{1.11}$$

式中　C——比例常数,为一非负数,与材料及变形程度有关,而与变形物体所处的应力状态无关;

σ_1、σ_2、σ_3——主应力;

ε_1、ε_2、ε_3——主应变。

在板材成形中,要严格满足简单加载条件是不现实的。实践证明,工程问题的分析计算,只要近似满足简单加载条件,使用全量理论分析是容许的,这将大大简化分析计算过程。

利用全量理论分析可以得出:

1)当 $\varepsilon_3=0$ 时,称平面应变,由式(1.11)可得出 $\sigma_2=(\sigma_1+\sigma_3)/2$。宽板弯曲就属于这种情况。

2)当 $\sigma_1=\sigma_2=\sigma_3$时,由式(1.11)和利用体积不变定律 $\varepsilon_1+\varepsilon_2+\varepsilon_3=0$,可得 $\varepsilon_1=\varepsilon_2=\varepsilon_3=0$,即当材料上 3 个主应力相等,即三向等拉或三向等压时,材料不产生塑性变形,仅有弹性变形。

3)当 $\sigma_1>0$,且 $\sigma_2=\sigma_3=0$ 时,材料受单向拉应力作用,由式(1.11)可得 $\varepsilon_1>0$,且 $\varepsilon_2=\varepsilon_3=-(1/2)\varepsilon_1$,也就是说,当单向拉伸时,在拉应力作用方向为伸长变形,其余两方向上的应变为压缩变形,且为拉伸变形之半。翻孔变形材料边缘属于此类变形。当 $\sigma_3<0$,且 $\sigma_1=\sigma_2=0$,材料受单向压缩变形,可得 $\varepsilon_3<0$,$\varepsilon_1=\varepsilon_2=-(1/2)\varepsilon_3$,即压应力作用方向为压缩变形,其余两方向为伸长变形,且为压缩变形之半。如缩口、拉深时,坯料边缘的变形即属于此种变形。

4)坯料受双向等拉的平面应力作用,即 $\sigma_1=\sigma_2>0$,且 $\sigma_3=0$ 时,由式(1.11)得 $\varepsilon_1=\varepsilon_2>0$ 和 $\varepsilon_3=-2\varepsilon_1=-2\varepsilon_2$,即材料受两向等拉时,拉应力方向上为拉伸变形,而在另一个没有主应力作用方向(即厚向)上为压缩变形,其值为伸长变形的两倍。板料胀形时的中心部位就属于这种变形情况。

5)当坯料三向受拉,且 $\sigma_1>\sigma_2>\sigma_3>0$ 时,由式(1.11)分析可知,最大拉应力 σ_1 方向上的变形一定是伸长变形,而在最小拉应力方向上的变形一定是压缩变形。同样,当坯料三向受压,且 $0>\sigma_1>\sigma_2>\sigma_3$时,在最小压应力 σ_3(绝对值最大)方向上的变形一定是压缩变形,而在最大压应力 σ_1(绝对值最小)方向上的变形一定是伸长变形。

综上所述,可将板料成形的受力与变形状况概括为两大类:伸长类变形与压缩类变形。当作用在板料变形区的拉应力绝对值最大时,在这个方向上的变形一定是伸长变形,一般以变形区坯料变薄为特征。拉应力的成分越多,数值越大,材料的伸长与厚度减薄就越严重,这类变形称伸长类变形,如胀形、翻孔与弯曲外侧变形。同理,当作用在板料变形区的压应力绝对值最大时,在这个方向上的变形一定是压缩变形,一般以变形区板厚增加为特征,这类变形称为压缩类变形,如筒形件拉深和缩口等。

1.5　冲压用材料

1.5.1　板料的冲压成形性能

板料对冲压成形工艺的适应能力叫做材料的冲压成形性能。板料在成形过程中可能出现两种失稳现象,一种叫做拉伸失稳;表现为:板料在拉应力作用下局部出现缩颈或断裂;另外一种叫做压缩失稳,表现为:板料在压应力作用下出现皱皮。板料发生失稳之前可以达到的最大变形程度叫做成形极限。对于不同的冲压工序,成形极限是采用不同的极限变形系数来表示的,如弯曲时为最小相对半径,拉深时为极限拉深系数,翻孔时为极限翻孔系数等。很显然,在不同的成形方式下,需要不同的参数表示与该成形方式对应的成形极限,板料的成形极限越高,说明板料的冲压性能越好。

板料的冲压成形性能包括抗裂性,贴模性和定形性。

抗裂性涉及板料在各种冲压成形工艺中的最大变形程度,即成形极限。为了提高成形极限,从材料方向看,必须提高材料的抗拉和抗压性能;从冲压工艺参数的角度看,必须严格限制坯料的极限变形系数。

板料的贴模性是指板料在冲压过程中取得与模具形状一致性的能力,成形过程中发生的起皱、塌陷等缺陷,均会降低零件的贴模性。而定形性是指零件脱模后保持其在模内既得形状的能力。影响定形性的主要因素是回弹,零件脱模后,回弹会造成零件形状与尺寸的误差。板料的贴模性和定形性是决定零件形状和尺寸精度的重要因素。但由于材料抗裂性差,会导致零件严重破坏,难于修复,因此在冲压生产中,主要用抗裂性作为评定板料冲压成形性能的指标。

1.5.2　板料机械性能与冲压成形性能的关系

对板料冲压成形性能影响较大的机械性能指标有以下几项:

(1)屈服极限 σ_s

屈服极限 σ_s 小,材料容易屈服,成形后回弹小,贴模性和定形性好。屈服极限对零件表面质量也有影响。如果板料的拉伸曲线不连续,在屈服阶段出现台阶,它的长度——屈服伸长 δ_y 较大时,板料在屈服伸长之后,表面会出现明显的滑移线痕迹,导致零件表面粗糙。

(2)屈强比 σ_s/σ_b

屈强比对板料成形性能有很大的影响。一般屈强比愈小,则 σ_s 与 σ_b 之间的差值愈大,表示材料允许的塑性变形区间愈大,因而有利于提高极限变形程度,减小工序次数。因此,σ_s/σ_b 愈小,材料的冲压性能愈好。

(3)延伸率

单向拉伸试验时,试样出现颈缩之前的延伸率叫做均匀延伸率 δ_u;试样拉断之前的延伸率叫做总延伸率 δ。一般来讲,δ_u 和 δ 大,板料允许的塑性变形程度也大,抗破裂性较好。实验还表明,延伸率大时,扩孔性能和"拉深——胀形"复合成形性能也好。

(4)硬化指数 n

硬化指数表示材料在塑性变形中的硬化程度。n 值大的材料,硬化效应就大,这对于伸长类变形来说是有利的。因为 n 值愈大,在变形过程中材料局部变形程度的增加会使该处变形抗力增大,这样就可以补偿该处因截面积减小而引起的承载力的减弱,阻止了局部集中变形的进一步发展,具有扩展变形区,使变形均匀化和增大极限变形程度的作用。

(5)板厚异向性系数

板厚异向性系数是板料试样单向拉伸时,试样的宽度方向和厚度方向应变的比值即:

$$r = \varepsilon_b/\varepsilon_t \tag{1.12}$$

式中　r——厚度异向性系数;

ε_b——宽度方向的应变；

ε_t——厚度方向的应变。

r 值反映了板厚方向和板料平面方向之间变形难易程度的差异，由于板料平面上存在各向异性，故常用加权平均值 $\bar{r}$ 表示板厚异向性系数

$$\bar{r} = 1/4(r_0 + 2r_{45} + r_{90}) \tag{1.13}$$

式中　r_0、r_{90}和 r_{45}——分别为板料的纵向（轧制方向），横向和45°方向上的板厚异向性系数。

$\bar{r}$ 值对拉深成形性能影响很大，$\bar{r}$ 值大，板料平面方向比板厚方向容易变形，拉深毛坯的径向收缩时不容易起皱，并且拉深力小，传力区不容易拉破，故有利于板料的拉深成形性能。

(6)板平面各向异性系数 Δr

由于板料在不同方位上各向异性系数不同，在板平面内形成各向异性，用 Δr 表示板平面各向异性系数。

$$\Delta r = 1/2(r_0 + r_{90} - 2r_{45}) \tag{1.14}$$

Δr 越大，表示板平面内各向异性越严重，拉深时在零件端部出现不平整的凸耳现象，既浪费材料又要增加一道修边工序。

1.5.3　对冲压材料的基本要求

冲压所用的材料，不仅要满足冲压件的使用要求，还应满足冲压工艺的要求和后续加工（如切削加工、电镀、焊接等）的要求。主要是：

(1)具有良好的冲压成形性能

如前所述，材料应具有良好的塑性，小的屈强比 σ_s/σ_b和板厚异向性系数 $\bar{r}$，大的板平面各向异性系数 Δr。

(2)具有较高的表面质量

材料的表面应光洁平整，无氧化皮、裂纹、划伤等缺陷，表面质量好的材料，成形时不易破裂，不易擦伤模具，零件表面质量好。

(3)对材料厚度公差的要求

在一些成形工序中，凸、凹模之间的间隙是根据材料厚度来确定的，其中，尤其是校正弯曲和整形工序，板料厚度公差对零件的精度与模具寿命有很大的影响。

1.5.4　冲压常用材料

冲压最常用的材料是金属材料，分黑色金属和有色金属两种，有时也用非金属材料。其中，黑色金属有普通碳素钢、优质碳素结构钢，合金结构钢、碳素工具钢、不锈钢、电工钢等，有色金属有纯铜、黄铜、青铜、铝等；非金属材料有纸板、胶木板、橡胶板、塑料板等。

此外还发展了一系列新型材料，如高强度钢板、耐腐蚀钢板、涂层板、复合板等。

冲压用材料的形状，最常用的是板料，常见规格如 710 × 1420 和 1000 × 2000 等。对大量生产可采用专门规格的带材。特殊情况下用块料。

对于厚度在 4 mm 以下的轧制钢板，根据国家标准 GB/T70—1991 规定，钢板厚度的精度分为 A（高级精度）、B（较高级精度）、C（普通级精度）3 级，对优质碳素钢冷轧薄钢板，钢板的表面质量可分为Ⅰ（特别高级精整面）、Ⅱ（高级的精整表面）、Ⅲ（较高级的精整表面）、Ⅳ（普通的精整表面）4 组，每组按拉深级别分为 Z（最深拉深）、S（深拉深）、P（普通拉深）3 级。

板料供应状态可为:退火状态、淬火状态、硬态、半硬态等。

板料有冷轧和热轧两种轧制状态。

材料的具体牌号、规格和性能,可查阅有关设计资料和标准。

1.6　冲压技术的现状及发展方向

随着科学技术的不断进步和工业生产的迅速发展,许多新技术、新工艺、新设备、新材料不断涌现,因而促进了冲压技术的不断革新与发展。冲压产品朝着复杂化、多样化、高性能、高质量方向发展;冲压模具也正朝着复杂化、高效率、高精度、长寿命方向发展。

(1)在大批量生产中向高速化、自动化发展

主要表现在以下几方面:

1)发展高速自动压力机　普通压力机的行程次数一般为每分钟几十次或上百次,而目前发展的高速压力机,小型的其行程次数高达2 000～3 000次/min,中型的也有600～800次/min。这样一台高速压力机,其生产率相当于5～10台普通压力机。发展高速压力机并不单纯是设备本身的问题,行程次数高不一定生产率就高。要实现生产高速化还需解决一系列配套问题,如送料、出样、废料处理,模具寿命及检测保护、减振降噪等。

2)发展多工位压力机　一个冲压件的生产总是包含多道工序,如落料、拉深、冲孔、翻边、切边等。这些工序一般是由几台设备和几套模具分别完成的,而多工位压力机则将多道工序,在压力机的各个工位上用滑块的一次行程同时完成。各工位之间用送料夹钳或机械手传递坯件。在压力机的连续运转下,一次行程即可生产一个冲压件。目前多工位压力机吨位高达62 MN,它每分钟可生产14个汽车车身件。

3)发展冲压自动线　由多台压力机配上自动装料、送料、出件、传递翻转、检测、保护等辅助装置,组成一条冲压自动线,这种冲压自动线在汽车工业中得到了普遍应用。例如,日本某株式会社的一条由6台压力机组成的汽车车门冲压自动线,每小时可生产近800个汽车车门零件,整条线由一人管理。

(2)在小批量生产中,多朝简易化、通用化和万能化发展,尽量做到一机多能,一模多用,提高加工的“柔性”

在这方面可有两种基本途径,一是提高设备系统的功能,如多自由度加工机床,快速换模系统和数控系统;二是从成形方法和模具着手,如采用单模、点模、自适应软件模甚至无模成形等。

由日本某公司研制的冲压柔性加工单元,是由1 500 kN开式双柱宽台面压力机、机器人、模具自动仓库、供料装置、成品零件传递带,操纵台等组成,可加工150种左右的电器控制零件,最小批量20件,最大批量是4 000件,工件板厚范围0.5～8 mm,工件长度为30～200 mm,宽度为10～200 mm。可完成落料、冲孔、拉深和弯曲等工序。生产率相当于7台小型机械压力机。

用液体、橡胶、聚氨脂等作为柔性凸模或凹模来代替刚性凸模或凹模的软模成形工艺,能加工出用普通加工方法难以加工的材料和复杂形状的零件。无模多点成形工艺是用高度可调的凸模群代替传统模具进行板料曲面成形的一种先进工艺方法,我国已设计制造了具有国际领先水平的无模多点成形设备,解决了多点压力机成形方法,从而可随意改变路径与受力状态,提高了材料的成形极限,同时利用反复成形技术可消除材料内的残余应力,实现无回弹成形。无模多点成形系统以 CAD/CAM/CAT 技术为主要手段,能快速经济地实现三维曲面的自动化成形。

(3) 工艺过程的计算机模拟和模具的计算机辅助设计与制造(CAD/CAM)

冲压成形的计算机模拟大多采用有限应变弹塑性有限元法。作为这方面的一个突出成就,就是在 20 世纪 80 年代末实现了对汽车覆盖件成形过程的计算机模拟。通过计算机模拟,可以求出成形板坯的位移场、应力场、应变场、成形力,合理的原始毛坯,预测成形缺陷和成形质量等。模具的加工和整配图纸由计算机绘制,代替了手工设计的繁琐劳动。随着模具 CAD/CAM 一体化的完成,作为模具设计和制造之间的联系手段——图纸,将逐渐失去其作用;由 CAD 系统输出的信息直接输入 CAM 系统,形成数控加工机床所需的信息,从而大大缩短产品的设计、制造周期、显著提高产品的质量。

(4) 冲压成形件向精密化发展

在普通冲裁中,冲裁件的尺寸精度较低,断面粗糙度较大;改用精冲工艺,其断面粗糙度可达 0.8 ~0.2 μm,尺寸公差等级可达 IT8 ~ IT6。板料的超塑性气压成形,可以生产形状复杂尺寸精确的壳体零件,如与扩散连接工艺相结合,还可以生产形状复杂的板材结构件,用于航空航天器上,使器件质量减轻。

习 题

1. 什么是冲压?它与其他加工方法相比有什么特点?
2. 冲压工序可分为哪两大类?它们的主要区别和特点是什么?
3. 如何选择冲压设备?
4. 什么是伸长类变形?什么是压缩类变形?板料成形中哪些是伸长类变形?哪些是压缩类变形?如何划分两类变形?
5. 什么叫加工硬化和硬化指数?加工硬化对冲压成形有何影响?
6. 简单叙述冲压技术的发展趋势?

第 2 章 冲裁工艺及模具设计

冲裁是冲压生产中的主要工艺方法之一。冲裁后所得制件,可以作为成品零件,也可以作为弯曲、拉深等其他工序的坯料,还可以在已成形的工件上进行再加工(切边、切口、冲孔等工序)。

根据冲裁变形机理的不同,冲裁工艺可以分为普通冲裁和精密冲裁两大类。所谓普通冲裁是由凸凹模刃口之间产生剪裂的形式实现板料分离。而精密冲裁则是以变形的形式实现板料的分离。前者冲出的工件断面比较粗糙,精度较低。后者冲出的工件不但断面比较光洁而且精度也较高,但需要有专门的精冲设备及精冲模具。本章主要讨论普通冲裁。

2.1 冲裁变形原理及概念

2.1.1 冲裁变形时板料变形区受力情况分析

如图 2.1 所示。在冲裁过程中,材料受到凸、凹模端面的压力 F_1 及 F_2 的作用,使凸、凹模刃口间的材料产生剪切变形。而凸、凹模间存在的间隙使材料产生弯曲变形,故模具与板料仅在刃口附近的狭小区域内保持接触,接触面宽度约为板料厚度的 0.2~0.4 倍。由于力矩 M 使材料向凸模侧面靠近,凸模端面下的材料被强迫压进凹模,材料受模具的横向侧压力 N_1、N_2 作用,产生横向挤压变形。另外,材料在模具端面和侧面还受到摩擦力 μF_1、μN_1、μF_2、μN_2 作用。μF_1、μF_2 的方向与间隙大小有关,间隙很小时,与模具接触的材料均向远离刃尖的方向移动,此时摩擦力的方向均指向刃尖。当间隙很大或刃口被磨钝

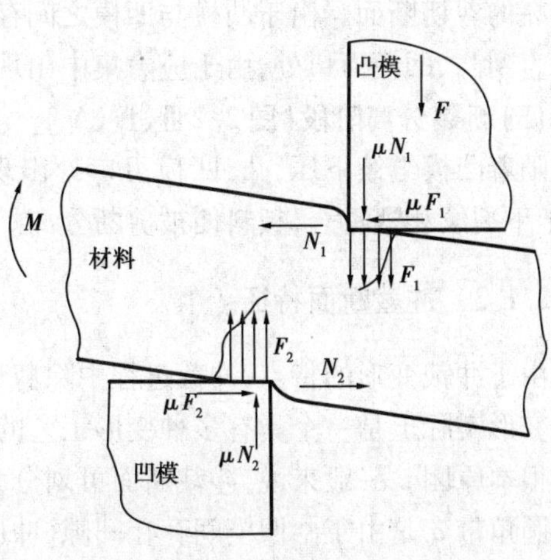

图 2.1　冲裁时作用于材料上的力

时,材料被拉入凹模,摩擦力的方向均背向刃尖。通常将 μF_1 和 μF_2 的方向看做指向刃尖比较恰当。而 μN_1、μN_2 的方向则始终是指向刃尖的。

通过以上分析可知,冲裁时由于冲裁间隙的存在,材料受有垂直方向压力(剪切力)、横向挤压力、摩擦力、弯矩和拉应力的作用。变形不是纯剪切过程,除了主要的剪切变形外,还要产生弯曲、拉深、挤压等附加变形。

2.1.2　冲裁变形过程

从凸模接触材料到材料被一分为二的过程即板料的冲裁过程。

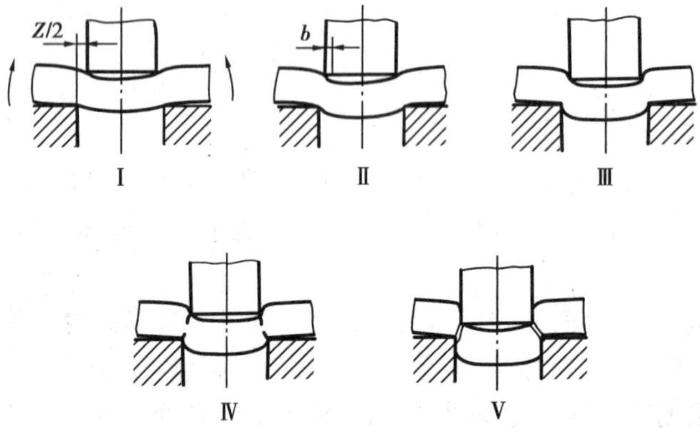

图 2.2　冲裁变形过程

冲裁过程可分为 3 个阶段。

(1)弹性变形阶段(图 2.2Ⅰ)

在凸模压力作用下,板料首先产生弹性压缩、拉伸和弯曲,并略有挤入凹模洞口的情况。板料与凸、凹模接触处形成很小的圆角。此时板料内应力尚未超过材料的弹性极限。

(2)塑性变形阶段(图 2.2Ⅱ)

凸模继续下压,板料内应力超过了屈服极限,部分金属被挤入凹模洞口,产生塑性变形,形成光亮的剪切断面。由于凸模与凹模之间存在间隙,因而金属纤维也发生了弯曲和拉伸。此阶段直到凸、凹模刃口处,由于应力集中出现细微裂纹为止。

(3)断裂分离阶段(图 2.2Ⅲ、Ⅳ、Ⅴ)

随着凸模继续下压,凸、凹模刃口处出现的微小裂纹不断向材料内部扩展。当间隙合理时,上下裂纹相遇重合,板料便被剪断分离。

2.1.3　冲裁断面特征

由于冲裁变形的特点,冲裁过程中除剪切变形外,还有拉伸、弯曲、横向挤压等变形,因此,冲裁变形实际上是一个具有多种变形工艺的综合复杂工艺。复杂应力与应变,是冲裁断面变化的根本原因。一般来说,冲裁断面可划分为 4 个带区:圆角带、光亮带、断裂带和毛刺。

圆角带 a 是由于凸凹模间存在间隙,冲压力迫使材料进入凹模时所产生的弯曲力矩所形成的。软材料比硬材料的圆角大。光亮带 b 是在塑性变形时,凸模挤压切入所形成的,因此表面平整光洁,通常占整个断面的 1/2 ~ 1/3。塑性好的材料,其光亮带大,同时还与凸、凹模间

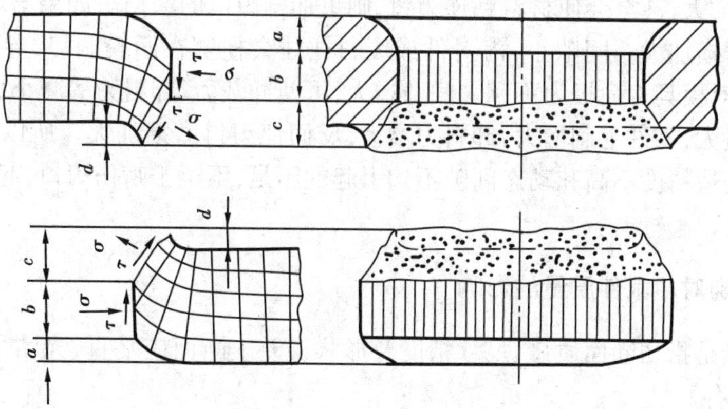

图 2.3　冲裁区应力、变形及断面质量

隙及模具刃口的磨损程度等加工条件有关。断裂带 c 是在拉应力与切应力的作用下，材料分离而形成的，表面粗糙并带有一定的锥度。塑性差的材料，断裂带大。毛刺 d 是伴随微裂纹而形成的，随着凸模继续下降，使已形成的毛刺拉长，最后残留在冲裁件上。因为裂纹是在刃口侧面开始产生，所以普通冲裁毛刺的产生是不可避免的。毛刺的高低主要由凸凹模间隙以及刃口磨损状况而定，制件毛刺的合理高度为 10% 料厚以下，精度要求高时，为 5% 料厚以下。

2.2　冲 裁 间 隙

冲裁间隙是指冲裁凸、凹模工作部分的尺寸之差。如图 2.4 所示，即

$$Z = D_A - d_T \tag{2.1}$$

式中　Z——冲裁间隙(mm)；

D_A——凹模刃口尺寸(mm)；

d_T——凸模刃口尺寸(mm)。

冲裁间隙影响着冲裁时弯曲、拉伸、挤压等附加变形的大小，对冲裁过程有很大的影响，主要有以下 3 个方面：

2.2.1　间隙对模具寿命的影响

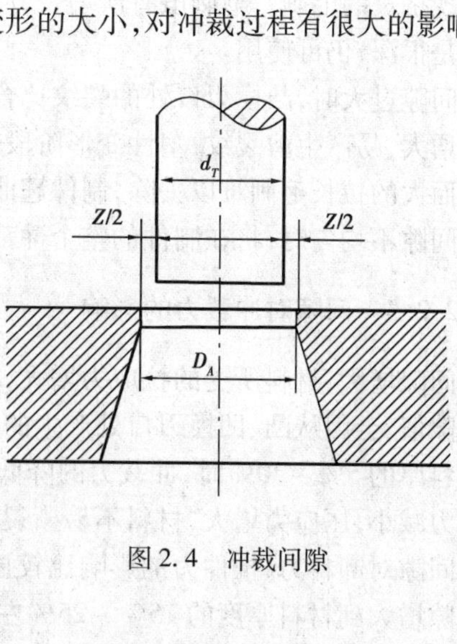

图 2.4　冲裁间隙

冲裁凸、凹模的损坏有磨损、崩刃和折断等形式。当凸、凹模刃口磨钝后，材料内裂纹的发生点就由刃口尖端向侧面移动，所以随着刃口的磨损，毛刺高度增加。凸模刃口磨钝时，毛刺产生在落料制件上；凹模刃口磨钝时，毛刺产生在所冲孔上；若凸、凹模都磨钝，则制件与孔上均出现毛刺。另外刃口磨钝还将使制件尺寸精度、断面光洁度降低，冲裁能量增大。

过小的间隙会引起冲裁力、侧压力、摩擦力、

卸料力、推件力增大,甚至会使材料粘连刃口,则更加剧刃口的磨损。如果出现二次剪切,产生的碎屑也会使磨损加大。间隙小,落料件或废料往往会梗塞在凹模洞口,导致凹模胀裂。因此,过小的间隙对模具寿命极为不利。间隙增大,可使冲裁力、卸料力等减小,从而刃口磨损减小。但是间隙过大,零件毛刺增大,卸料力增大,反而使刃口磨损加大。所以合理的间隙值可适当弥补模具制造精度不高和动态间隙不均引起的不足,不至于啃伤刃口,起到延长模具寿命的作用。

2.2.2 间隙对冲裁件质量的影响

冲裁件质量是指切断面质量、尺寸精度及形状误差。断面应平直、光洁,即无裂纹、撕裂、夹层、毛刺等缺陷。

如图 2.5 所示。当凸、凹模间隙在一个合理范围时,由凸、凹模刃口沿最大剪应力方向产生的裂纹将互相重合。冲出的制件断面虽有一定斜度,但比较平直、光洁,毛刺很小[图 2.6(b)],而且所需的冲裁力小。

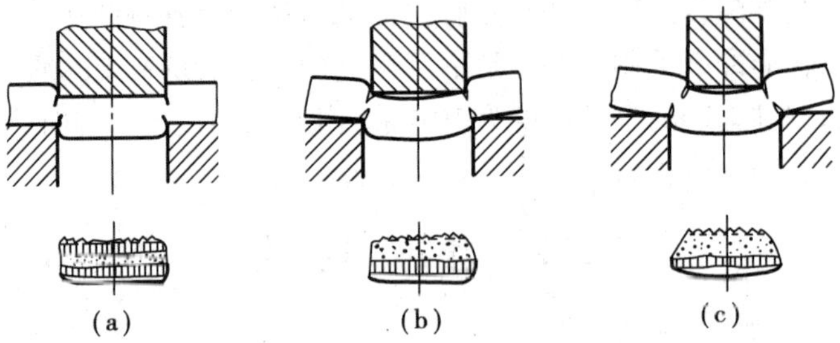

图 2.5 间隙对断面质量的影响

(a)间隙过小 (b)间隙合理 (c)间隙过大

间隙过小时,凸模刃口处的裂纹比合理间隙时向外错开一段距离。当凸模继续下压时,在上、下裂纹中间将产生二次剪切,在制件断面形成两个光亮带,而夹在中间的是撕裂面,并在端面出现挤长的毛刺。毛刺虽有所增长,但易去除,而且冲裁件的翘曲小,断面垂直,只要中间撕裂不是很深,仍可使用。

间隙过大时,凸模刃口处的裂纹比合理时向内错开一段距离,材料的弯曲与拉伸增大,拉应力增大,易产生剪裂纹,塑性变形阶段较早结束,致使断面光亮带减小,圆角带增大,所形成的厚而大的拉长毛刺难以去除,制件翘曲严重。

间隙不均匀时,将在制件的整个冲裁轮廓上分布着各种不同情况的断面。

2.2.3 间隙对冲裁力的影响

间隙增大,材料所受的拉应力增大,材料容易断裂分离,冲裁力有一定程度的降低,继续增大间隙值,会因从凸、凹模刃口处产生的裂纹不相重合的影响,冲裁力下降变缓。当单边间隙介于料厚的 5% ~20% 时,冲裁力的降低并不显著(不超过 5% ~10%)。间隙减小,材料所受拉应力减小,压应力增大,材料不易撕裂,使冲裁力增大,间隙合理时,冲裁力最小。

间隙对卸料力、推件力的影响比较显著。间隙增大,卸料力和推件力都将减小。一般当单边间隙增大到材料厚度的 15% ~25% 左右时,卸料力几乎降到零。

2.2.4 凸、凹模间隙的确定

由以上分析可知，凸、凹模间隙对冲裁件质量、冲裁力、模具寿命都有很大的影响。因此，设计模具时一定要选择一个合理的间隙，使冲裁件的断面质量较好、所需冲裁力较小、模具寿命较高。但要用同一间隙值来满足上述各方面的要求是不大可能的。因此，在实际生产中，主要根椐冲裁件断面质量、尺寸精度和模具寿命这3个因素给间隙规定一个范围值。只要间隙在这个范围内，就能得到合格的冲裁件和较长的模具寿命。这个间隙范围就称为合理间隙，这个范围的最小值称为最小合理间隙，最大值称为最大合理间隙。

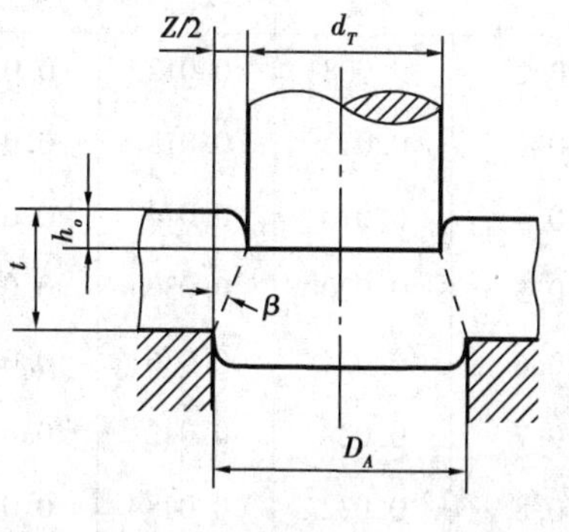

图2.6　合理间隙的理论值

磨损使模具在使用过程中间隙逐渐增大。为此，设计和制造模具时应采用最小合理间隙值。

(1)理论确定法

由冲裁变形过程的分析可知，决定合理间隙值的理论依据是应保证在冲裁塑性变形结束后，由凸、凹模刃口处所产生的上、下剪裂纹重合。如图2.6所示。

由图上的几何关系可得：

$$Z = 2(t - h_o)\tan\beta = 2t\left(1 - \frac{h_o}{t}\right)\tan\beta \tag{2.2}$$

式中　t——材料厚度(mm)；

h_o——产生裂纹时凸模挤入材料的深度(mm)；

h_o/t——产生裂纹时凸模挤入材料的相对深度；

β——剪裂纹与垂线间的夹角(°)。

从上式可以看出，合理间隙Z值主要决定于材料厚度t和相对挤入深度h_o/t以及裂纹方向β。由于β变化不大，而h_o/t不仅与材料塑性有关，而且还受料厚的综合影响。材料厚度越大，塑性越低的硬脆材料，则所需间隙Z值就越大。而料厚越薄，塑性越好的材料，则所需间隙Z值就越小。

由于理论计算法在生产中使用不方便，常用查表法或经验公式法来确定间隙值。

(2)查表法

冲裁模的间隙值可在一般冲压手册中查到。表2.1(常用于汽车拖拉机行业)、表2.2(常用于电器仪表行业)为常用的两种间隙表，供设计时参考。对于尺寸精度、断面垂直度要求高的工件，推荐选用前者，其表中间隙值较小。对于断面垂直度与尺寸精度要求不高的工件，以提高模具寿命为主，采用大间隙值，宜选用后者。

(3)经验公式法

$$\frac{Z}{2} = Ct \tag{2.3}$$

式中　C——与材料性能、厚度有关的系数(见表2.3)；

t——材料厚度(mm)。

表 2.1　冲裁模初始双面间隙 Z(mm)

材料厚度 /mm	软　铝		紫铜、黄铜、软铜 (C0.08% ~0.2%)		杜拉铝、中等硬钢 (C0.3% ~0.4%)		硬　铝 (C0.5% ~0.6%)	
	Z_{min}	Z_{max}	Z_{min}	Z_{max}	Z_{min}	Z_{max}	Z_{min}	Z_{max}
0.2	0.008	0.012	0.010	0.014	0.012	0.016	0.014	0.018
0.3	0.012	0.018	0.015	0.021	0.018	0.024	0.021	0.027
0.4	0.016	0.024	0.020	0.028	0.024	0.032	0.028	0.036
0.5	0.020	0.030	0.025	0.035	0.030	0.040	0.035	0.045
0.6	0.024	0.036	0.030	0.042	0.036	0.048	0.042	0.054
0.7	0.028	0.042	0.035	0.049	0.042	0.056	0.049	0.063
0.8	0.032	0.048	0.040	0.056	0.048	0.064	0.056	0.072
0.9	0.036	0.054	0.045	0.063	0.054	0.072	0.063	0.081
1.0	0.040	0.060	0.045	0.070	0.060	0.080	0.070	0.090
1.2	0.060	0.084	0.072	0.096	0.084	0.108	0.096	0.120
1.5	0.075	0.105	0.090	0.120	0.105	0.135	0.120	0.150
1.8	0.090	0.126	0.108	0.144	0.126	0.162	0.144	0.180
2.0	0.100	0.140	0.120	0.160	0.140	0.180	0.160	0.200
2.2	0.132	0.176	0.154	0.198	0.176	0.220	0.198	0.242
2.5	0.150	0.200	0.175	0.225	0.200	0.250	0.225	0.275
2.8	0.168	0.224	0.196	0.252	0.224	0.280	0.252	0.308
3.0	0.180	0.240	0.210	0.270	0.240	0.300	0.270	0.330
3.5	0.245	0.315	0.280	0.350	0.315	0.385	0.350	0.420
4.0	0.280	0.360	0.320	0.400	0.360	0.440	0.400	0.480
4.5	0.315	0.405	0.360	0.450	0.405	0.495	0.450	0.540
5.0	0.350	0.450	0.400	0.500	0.450	0.550	0.500	0.600
6.0	0.480	0.600	0.540	0.660	0.600	0.720	0.600	0.780
7.0	0.560	0.700	0.630	0.770	0.700	0.840	0.770	0.910
8.0	0.720	0.880	0.800	0.960	0.880	1.040	0.960	1.120
9.0	0.810	0.990	0.900	1.080	0.990	1.170	1.080	1.260
10.0	0.900	1.100	1.000	1.200	1.100	1.300	1.200	1.400

注:①初始间隙的最小值相当于间隙的公称数值;

②初始间隙的最大值是考虑到凸模和凹模的制造公差所增加的数值;

③在使用过程中,由于模具工作部分的磨损,间隙将有所增加,因而间隙的使用最大数值要超过表列的数值。

表2.2　冲裁模初始双面间隙 Z(mm)

材料厚度/mm	08、10、35 09Mn、Q235		16Mn		40、50		65Mn	
	Z_{min}	Z_{max}	Z_{min}	Z_{max}	Z_{min}	Z_{max}	Z_{min}	Z_{max}
小于0.5	极　小　间　隙							
0.5	0.040	0.060	0.041	0.060	0.040	0.060	0.040	0.060
0.6	0.048	0.072	0.048	0.072	0.048	0.072	0.048	0.072
0.7	0.064	0.092	0.064	0.092	0.064	0.092	0.064	0.092
0.8	0.072	0.104	0.072	0.104	0.072	0.104	0.064	0.092
0.9	0.090	0.126	0.090	0.126	0.090	0.126	0.090	0.126
1.0	0.100	0.140	0.100	0.140	0.100	0.140	0.090	0.126
1.2	0.126	0.180	0.132	0.180	0.132	0.180		
1.5	0.132	0.240	0.170	0.240	0.170	0.240		
1.75	0.220	0.320	0.220	0.320	0.220	0.320		
2.0	0.246	0.360	0.260	0.380	0.260	0.380		
2.1	0.260	0.380	0.280	0.400	0.280	0.400		
2.5	0.360	0.500	0.380	0.540	0.380	0.540		
2.75	0.400	0.560	0.420	0.600	0.420	0.600		
3.0	0.460	0.640	0.480	0.660	0.480	0.660		
3.5	0.540	0.740	0.580	0.780	0.580	0.780		
4.0	0.640	0.880	0.680	0.920	0.680	0.920		
4.5	0.720	1.000	0.680	0.960	0.780	1.040		
5.5	0.940	1.280	0.780	1.100	0.980	1.320		
6.0	1.080	1.440	0.840	1.200	1.140	1.500		
6.5			0.940	1.300				
8.0			1.200	1.680				

注：冲裁皮革、石棉和纸板时，间隙取08钢的25%。

表2.3　系数 C(mm)

材　料	料厚 t/mm	
	$t<3$	$t>3$
软钢、纯铁	0.06～0.09	当断面质量无特殊要求时，将 $t<3$ mm 的相应 C 值放大1.5倍
铜、铝合金	0.06～0.10	
硬　钢	0.08～0.12	

2.3 凸凹模刃口尺寸的计算

凸模和凹模的刃口尺寸和公差,直接影响冲裁件的尺寸精度。合理的间隙数值,也靠凸模和凹模刃口的尺寸和公差来保证。因此,正确确定凸模和凹模刃口的尺寸公差,是冲裁模具设计中的一项重要工作。凸模和凹模刃口尺寸及公差的确定应考虑到冲裁变形的规律、冲裁件的精度要求、冲模的磨损和制造特点等情况。

2.3.1 刃口尺寸计算原则

由于冲裁件是以测量光亮带尺寸为制件尺寸,冲裁时如果不考虑材料的回弹对工件尺寸的影响(实际上影响很小),则冲孔时孔径大小与凸模接近,落料时工件的外形尺寸与凹模型孔接近。因此,在进行模具刃口尺寸计算时,冲孔以凸模为基准模,落料时以凹模为基准模,应按两种情况分别进行。其原则如下:

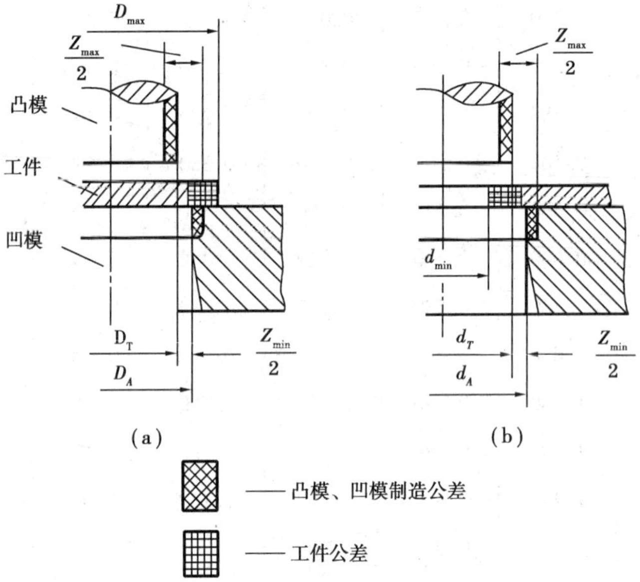

图 2.7 凸、凹模刃口尺寸的确定

1)冲孔时的尺寸由凸模决定,落料时的尺寸由凹模决定。故设计冲孔模时,以凸模为基准,间隙取在凹模上;设计落料模时,以凹模为基准,间隙取在凸模上。

2)考虑到冲裁中凸、凹模的磨损,设计冲孔模时,凸模基本尺寸则应取工件孔的尺寸公差范围内的较大尺寸;设计落料模时,凹模的基本尺寸应取工件尺寸公差范围内的较小尺寸。这样,在凸、凹模磨损到一定程度的情况下,仍能冲出合格零件。凸、凹模间隙则取最小合理间隙值。

3)确定冲裁件刃口制造公差时,应根据冲裁件的精度要求。如果冲模制造公差过小,会使模具制造困难,增加成本,延长生产周期;若冲模制造公差过大,则工件可能不合格,冲模寿命降低。一般取制件公差 Δ 值的 1/3 ~ 1/4，当凸、凹模分开加工时，其公差还应满足下式要求：

$$|\delta_T| + |\delta_A| \leqslant Z_{\max} - Z_{\min} \tag{2.4}$$

式中　δ_T、δ_A——凸、凹模制造公差；

$Z_{\max}$、$Z_{\min}$——最大和最小合理间隙。

2.3.2　刃口尺寸计算方法

由于模具加工和测量方法的不同，凸模与凹模刃口部分尺寸的计算与制造公差的标注也不同，基本上可分为两类。

(1)凸模与凹模分开加工

采用这种方法，要分别标注凸模和凹模刃口尺寸与制造公差，它适用于圆形或简单形状的工件。

1)冲孔　设制件孔径尺寸为 $d^{+\Delta}_{\ 0}$，计算公式如下(注：制件的偏差必须换算成基孔制才能代入公式计算)

$$d_T = (d_{\min} + x\Delta)^{\ \ 0}_{-\delta_T} \tag{2.5}$$

$$d_A = (d_T + Z_{\min})^{+\delta_A}_{\ \ 0} = (d_{\min} + x\Delta + Z_{\min})^{+\delta_A}_{\ \ 0} \tag{2.6}$$

2)落料　设制件外形尺寸为 $D^{\ \ 0}_{-\Delta}$，计算公式如下(注：制件的偏差必须换算成基轴制才能代入公式计算)

$$D_A = (D_{\max} - x\Delta)^{+\delta_A}_{\ \ 0} \tag{2.7}$$

$$D_T = (D_A - Z_{\min})^{\ \ 0}_{-\delta_T} = (D_{\max} - x\Delta - Z_{\min})^{\ \ 0}_{-\delta_T} \tag{2.8}$$

式中　d_T、d_A——分别为冲孔凸、凹模尺寸；

D_A、D_T——分别为落料凹、凸模尺寸；

$d_{\min}$——冲孔件孔的最小极限尺寸；

$D_{\max}$——落料件的最大极限尺寸；

Δ——冲裁件制造公差；

δ_T、δ_A——凸、凹模制造公差(见表2.4)；

x——磨损系数，在0.5 ~ 1之间，与制造精度有关。可查表2.5或按下面关系选取。

制件精度 IT10 以上　　$x = 1$

制件精度 IT11 ~ IT13　　$x = 0.75$

制件精度 IT14　　$x = 0.5$

表2.4　规则形状(圆形、方形)冲裁时凸、凹模的制造公差(mm)

公称尺寸 /mm	凸模偏差 δ_T	凹模偏差 δ_A
≤18	-0.020	+0.020
>18 ~ 30		+0.025
>30 ~ 80		+0.030
>80 ~ 120	-0.025	+0.035

续表

公称尺寸 /mm	凸模偏差 δ_T	凹模偏差 δ_A
>120 ~ 180 >180 ~ 260	-0.030	+0.040 +0.045
>260 ~ 360	-0.035	+0.050
>360 ~ 500	-0.040	+0.060
>500	-0.050	+0.070

表 2.5 磨损系数 x

料厚 t /mm	非圆形			圆形	
	1	0.75	0.5	0.75	0.5
	工件公差 Δ/mm				
1	<0.16	0.17 ~ 0.35	≥0.36	<0.16	≥0.16
1 ~ 2	<0.20	0.21 ~ 0.41	≥0.42	<0.20	≥0.20
2 ~ 4	<0.24	0.25 ~ 0.49	≥0.50	<0.24	≥0.24
>4	<0.30	0.31 ~ 0.59	≥0.60	<0.30	≥0.30

例 2.1 如图 2.8 所示垫圈,材料为 08 钢,料厚 $t = 2.5$ mm,外圆由落料制成,内孔由冲孔制成,试确定冲孔模和落料模的刃口尺寸。

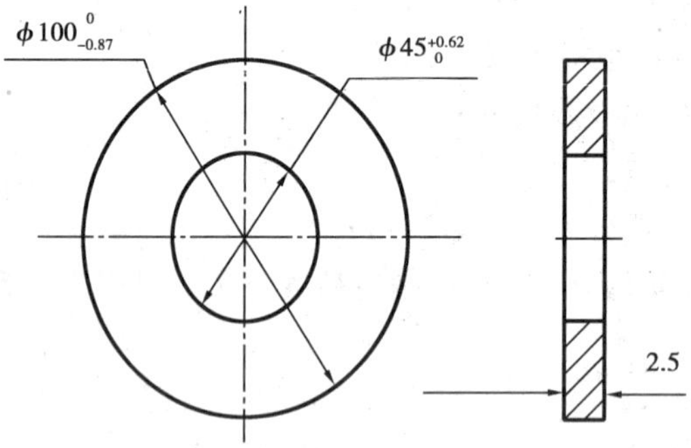

图 2.8 垫圈

解 由表 2.2 查得:

$$Z_{min} = 0.36 \text{ mm} \qquad Z_{max} = 0.50 \text{ mm}$$

$$Z_{max} - Z_{min} = (0.50 - 0.36) = 0.14 \text{ mm}$$

由表 2.4 查得凸、凹模的制造偏差:

冲孔 $\delta_T = -0.020$ mm $\quad \delta_A = +0.030$ mm

$$|\delta_T| + |\delta_A| = 0.05 \text{ mm} < 0.14 \text{ mm}$$

落料 $\delta_T = -0.025$ mm $\quad \delta_A = +0.035$ mm

$$|\delta_T| + |\delta_A| = 0.06 \text{ mm} < 0.14 \text{ mm}$$

故均能满足分别加工时　$|\delta_T| + |\delta_A| \leqslant Z_{max} - Z_{min}$的要求。

由表查得　$x = 0.5$

1)冲孔

$$d_T = (d_{min} + x\Delta)_{-\delta_T}^{0} = (45 + 0.5 \times 0.62)_{-0.020}^{0} \text{ mm} = 45.31_{-0.020}^{0} \text{ mm}$$

$$d_A = (d_T + Z_{min})_{0}^{+\delta_A} = (45.31 + 0.36)_{0}^{+0.030} \text{ mm} = 45.67_{0}^{+0.030} \text{ mm}$$

2)落料

$$D_A = (D_{max} - x\Delta)_{0}^{+\delta_A} = (100 - 0.5 \times 0.87)_{0}^{+0.030} \text{ mm} = 99.56_{0}^{+0.030} \text{ mm}$$

$$D_T = (D_A - Z_{min})_{-\delta_T}^{0} = (99.56 - 0.36)_{-0.020}^{0} \text{ mm} = 99.20_{-0.020}^{0} \text{ mm}$$

(2)凸模与凹模配加工

单件生产,或冲制薄料零件、形状复杂的零件,为了保证凸、凹模间一定的间隙值,常采用凸模与凹模配加工的方法。配加工仍然是冲孔以凸模为基准件,落料以凹模为基准件。先做好基准件,然后以基准件为标准来加工另一件,使它们保持一定的间隙。因此,只在基准件上标注尺寸和制造公差,另一件只标注基本尺寸并注明配做所留间隙值。根据凸模或凹模上尺寸性质的不同分别计算如下:

A 类:凸模或凹模在磨损后会增大的尺寸;

B 类:凸模或凹模在磨损后会减小的尺寸;

C 类:凸模或凹模在磨损后基本不变的尺寸。

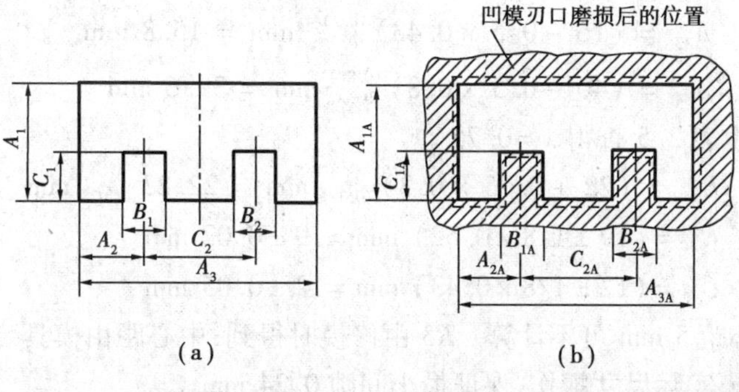

图 2.9　落料凹模刃口磨损后的变化情况

如图 2.9(a)所示的落料制件,其中的 A_1、A_2、A_3 对于凹模来说属于 A 类尺寸,对于凸模来说属于 B 类尺寸;尺寸 B_1、B_2 对于凹模来说属于 B 类尺寸,对于凸模来说属于 A 类尺寸;而尺寸 C_1、C_2 对于凸模或凹模来说都属于 C 类尺寸。

对于落料凹模或冲孔凸模磨损后将会增大的 A 类尺寸,则刃口基本尺寸应取工件尺寸公差范围内的较小尺寸。

$$\text{A 类尺寸} = (\text{制件的最大极限尺寸} - x\Delta)_{0}^{+\frac{1}{4}\Delta} \tag{2.9}$$

对于冲孔凸模或落料凹模磨损后将会减小的 B 类尺寸,则刃口基本尺寸应取工件尺寸公差范围内的较大尺寸。

$$\text{B 类尺寸} = (\text{制件的最小极限尺寸} - x\Delta)_{-\frac{1}{4}\Delta}^{0} \tag{2.10}$$

对于凸模或凹模在磨损后基本保持不变的 C 类尺寸,不必考虑磨损的影响,凸、凹模的基本尺寸取制件的中间尺寸,其上、下偏差按对称分布。

$$C类尺寸 = 制件的中间尺寸 \pm (1/8)\Delta \qquad (2.11)$$

例 2.2 如图 2.10 所示零件,材料为 10 钢,料厚为 2 mm,求配加工的凸、凹模刃口尺寸及公差。

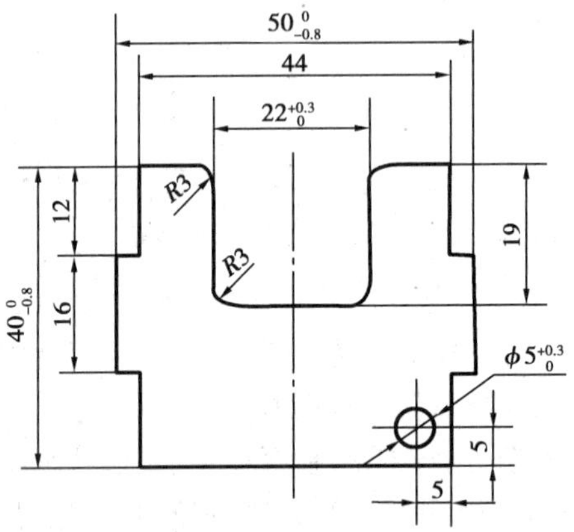

图 2.10 灭弧栅片

解 此制件外形属落料,$\phi5$ mm 孔为冲孔,因此应分别计算。

1)查表 2.3 得系数 $C=0.06 \sim 0.09$,由公式$\frac{Z}{2}=Ct$ 可求得

$$Z_{max} = 0.36 \text{ mm}; Z_{min} = 0.24 \text{ mm}$$

2)外形落料尺寸计算 由于落料时凹模为基准件,因此先计算凹模刃口尺寸。由图可知:尺寸 $40^{0}_{-0.8}$ mm、16 mm、$50^{0}_{-0.8}$ mm、44 mm 均为 A 类尺寸;尺寸 $22^{+0.3}_{0}$ mm 为 B 类尺寸;尺寸 16 mm、19 mm 为 C 类尺寸。对于未注公差取为 IT14 级。

①A 类尺寸 由表 2.5 查得 $x=0.5$

$$A_{A1} = (50-0.5\times0.8)^{+0.8/4}_{0} \text{ mm} = 49.6 \text{ mm}$$

$$A_{A2} = (44-0.5\times0.62)^{+0.62/4}_{0} \text{ mm} = 43.7^{+0.16}_{0} \text{ mm}$$

$$A_{A3} = (16-0.5\times0.43)^{+0.43/4}_{0} \text{ mm} = 15.8 \text{ mm}$$

$$A_{A4} = (40-0.5\times0.8)^{+0.8/4}_{0} \text{ mm} = 39.6 \text{ mm}$$

②B 类尺寸 由表 2.5 查得 $x=0.75$

$$B_{A1} = (22+0.75\times0.3)^{0}_{-0.3/4} \text{ mm} = 22.23^{0}_{-0.075} \text{ mm}$$

③C 类尺寸 $C_{A1}=(19\pm1/8\times0.52) \text{ mm}=19\pm0.07 \text{ mm}$

$$C_{A2}=(12\pm1/8\times0.43) \text{ mm}=12\pm0.05 \text{ mm}$$

题中 $R3$ 与中心距 5 mm 可不计算。$R3$ 由修模时得到;中心距由模具装配保证。落料凸模按凹模实际尺寸配作,保证最小间隙 0.24 mm。

3)冲 $\phi5^{+0.3}_{0}$ mm 孔

$$d_T = (5+0.5\times0.3)^{0}_{-0.3/4} \text{ mm} = 5.2^{0}_{-0.075} \text{ mm}$$

冲孔凹模按凸模实际尺寸配作,保证最小间隙 0.24 mm。

2.4 冲裁力及压力中心

2.4.1 冲裁力的计算

计算冲裁力的目的是为了合理地选用冲裁设备和设计模具。设备的吨位必须大于所计算的冲裁力,以适应冲裁的要求。在冲裁过程中,冲裁力是随凸模进入材料的深度而变化的,如

图 2.11 所示。图中 OA 是冲裁件的弹性变形阶段，AB 段是塑性变形阶段，B 点为冲裁力的最大值，在此点材料开始剪裂，BC 段为断裂阶段，CD 段压力主要用于克服摩擦力和将材料由凹模内推出。通常冲裁力是指冲裁力的最大值。

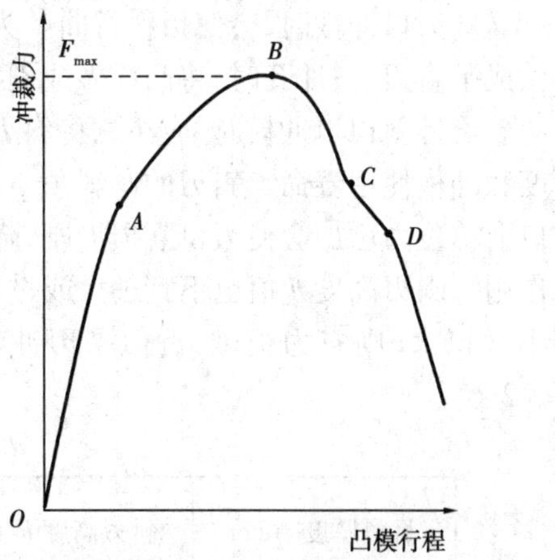

图 2.11　冲裁力变化曲线

对于普通平刃刃口冲裁，其冲裁力 F 可按下式计算：

$$F = KLt\tau \tag{2.12}$$

式中　F——冲裁力(N)；

L——冲裁周长(mm)；

t——板料厚度(mm)；

τ——材料的抗剪强度(MPa)

K——系数。

为计算方便，也可以用下面公式计算：

$$F = Lt\sigma_b \tag{2.13}$$

式中　σ_b——材料的抗拉强度(MPa)。

2.4.2　降低冲裁力的方法

当冲裁力过大时，可采用下述方法降低：

(1)斜刃冲裁

斜刃冲裁就是将冲模的凸模或凹模刃口由平直刃口改制成具有一定倾斜的斜刃口。如图 2.12 所示。

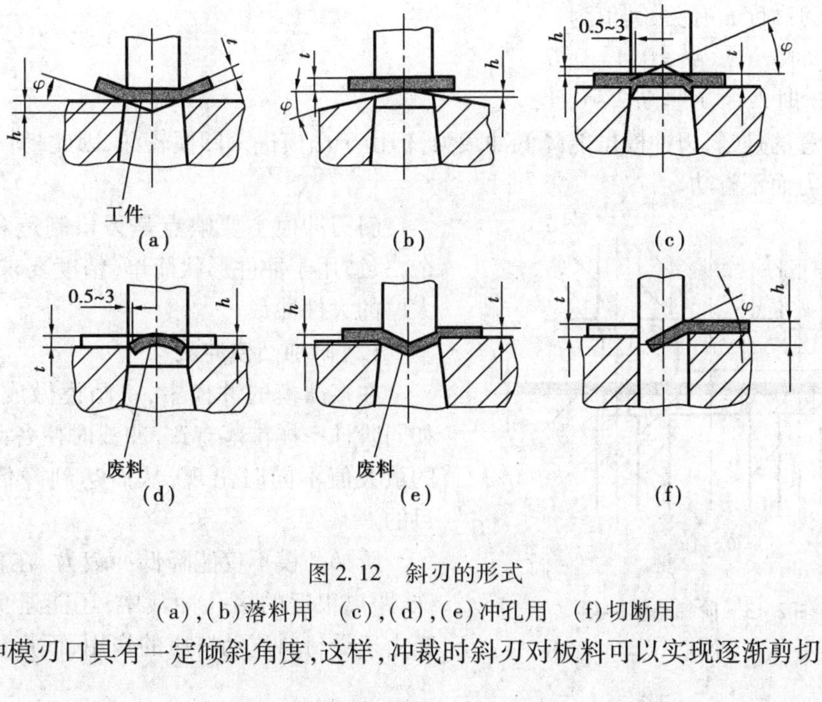

图 2.12　斜刃的形式

(a),(b)落料用　(c),(d),(e)冲孔用　(f)切断用

由于冲模刃口具有一定倾斜角度，这样，冲裁时斜刃对板料可以实现逐渐剪切分离。相当

于把冲裁件整个周边长分成若干小段进行剪切分离,因而可以节省很大的冲裁力。

斜刃口冲裁时,会使板料弯曲。为了能够得到平直的工件,落料时,凹模做成斜刃口,凸模做成平直刃口;冲孔时,将凸模做成斜刃口,凹模做成平直刃口。

设计斜刃口冲模时,应注意将斜刃口对称布置,防止冲裁时产生单向侧压力,影响冲裁精度和冲模使用寿命。斜刃的倾斜角 φ 一般为 $1^\circ \sim 8^\circ$,φ 角越大越省力。但 φ 角过大,由于刃口上单位力增加会使刃口磨损加剧,降低使用寿命。φ 角也不宜过小,过小的 φ 角起不到减力作用。斜刃高度 h 值也不宜过大或过小,h 值过大会使凸模进凹模太深,加剧刃口磨损;h 值过小,如 $h<t$ 则省力极微,近似平刃冲裁。斜角 φ 和斜刃高度值的大小与冲裁厚度有关,见表2.6。

表 2.6　斜刃口设计参数

材料厚度 t/mm	斜刃高度 h/mm	倾斜角 φ/°	斜刃冲裁力为平刃口冲裁力的百分数/%
<3	$2t$	<5	30~40
3~10	$t \sim 2t$	5~8	60~65

斜刃口冲裁力按下式计算:

$$F' = K'Lt\tau \text{ N} \tag{2.14}$$

式中　F'——斜刃冲裁力(N);

L——冲裁周长(mm);

t——材料厚度(mm);

τ——材料抗剪强度(MPa);

K'——降低冲裁力系数。

K'与斜刃高度 h 有关,其值为:

当 $h=t$ 时,　　$K'=0.4 \sim 0.6$

当 $h=2t$ 时,　　$K'=0.2 \sim 0.4$

应该注意的是,斜刃冲模虽能降低冲裁力,但由于凸模进入凹模较深,因此,斜刃冲模较平直刃冲模省力而不省功。

斜刃冲模主要缺点是刃口制造和刃磨较复杂,只适用于冲件形状简单,精度要求不高,料不太厚的大件冲裁。

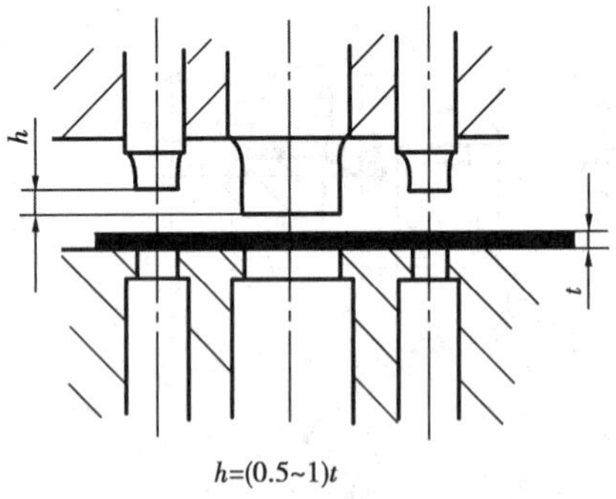

图 2.13　阶梯凸模冲裁

(2)阶梯凸模冲裁

在多凸模的冲模中,将凸模做成不同高度,如同阶梯一样错落有致,冲裁时使各凸模冲裁力的最大值不同时出现,从而达到降低冲裁力的目的。

阶梯凸模不仅能降低冲裁力,在直径相差悬殊、距离很近的多孔冲裁中,还能避免小直径凸模由于受材料流动挤压的作用,而产生倾斜或折断现象。为此，一般将小直径凸模做短些。设计时，各层凸模的布置要尽量对称，使模具受力平衡。

如图2.13所示。阶梯凸模高度差 h 与板料厚度有如下关系：

当 $t<3$ mm时，$h=t$

当 $t>3$ mm时，$h=0.5t$

阶梯冲裁时，应该以冲裁过程中冲裁力最大层的冲裁力之和作为选择压力机的依据。

(3)加热冲裁(红冲)

金属材料在常温时其强度极限是一定的，但是，当金属材料加热到一定温度之后，则强度极限会大大降低。因而加热冲裁可以降低冲裁力，见表2.7。

表2.7　钢在加热状态的抗剪强度 τ(MPa)

钢号 \ 加热温度/℃	200	500	600	700	800	900
Q195、Q215A、10、15	360	320	200	110	60	30
Q235、Q255A、20、25	450	450	240	130	90	60
30、35	530	520	330	160	90	70
40、45、50	600	580	380	190	90	70

从表中可以看出，当钢材料加热至900 ℃时，其抗剪强度最低，冲裁最为有利。所以一般加热冲裁是把钢板加热到800～900 ℃，钢板在温度200～300 ℃范围内，正处于蓝脆阶段，此时材料强度较高，极易碎裂，不宜冲裁。

采用加热冲裁零件，断面圆角较大，一般可达板厚的1/3～1/2，精度低，材料表面易产生氧化皮，而且工艺复杂，劳动强度大。同时热冲模要采用耐热钢，所以热冲法目前应用不多。

2.4.3　卸料力、推件力及顶件力的计算

在冲裁过程结束后，由于材料的弹性恢复，会使冲孔件箍在冲头上，落料件卡在凹模洞口内。为了使冲裁工作能顺利、连续地进行下去，在冲载过程完成后，必须迅速由卸料机构和顶出机构完成卸料、推件(或顶件)工作。由于卸料、推件(或顶件)会使冲压设备负荷增加，因此，在选择冲床吨位和设计冲模的卸料机构及顶出机构之前，首先要计算出卸料力、推件力和顶件力。

卸料力是将箍在凸模上的板料卸下时所需的力；推件力是将落料件顺着冲裁方向从凹模洞口推出时所需的力；顶件力是将落料件逆着冲裁方向顶出凹模刃口时所需的力。见图2.14。

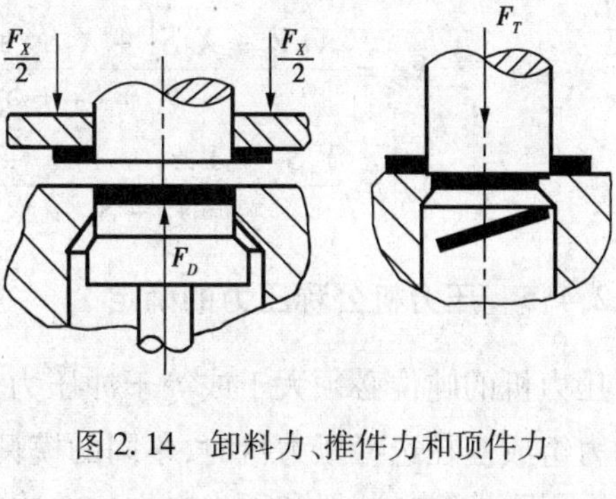

图2.14　卸料力、推件力和顶件力

影响卸料力、推件力和顶件力的因素很多，主要有材料的机械性能、材料的厚度、模具的间隙、凹模洞口的结构、搭边的大小、润滑情况、冲

件的形状和尺寸等。因此,实际中都采用经验公式计算:

卸料力 $$F_x = K_x F \tag{2.15}$$

推件力 $$F_T = nK_T F \tag{2.16}$$

顶件力 $$F_D = K_D F \tag{2.17}$$

式中 F——冲裁力;

K_x、K_T、K_D——分别为卸料力、推件力、顶件力系数,见表 2.8;

n——同时卡在凹模内的冲裁件(或废料)数;

$$n = h/t$$

h——凹模洞口的直壁高度;

t——板料厚度。

表 2.8 卸料力、推件力及顶件力系数

料 厚 t/mm		K_x	K_T	K_D
钢	≤0.1	0.065~0.075	0.1	0.14
	>0.1~0.5	0.045~0.055	0.063	0.08
	>0.5~2.5	0.04~0.05	0.055	0.06
	>2.5~6.5	0.03~0.04	0.045	0.05
	>6.5	0.02~0.03	0.025	0.03
铝、铝合金		0.025~0.08	0.03~0.07	
纯铜、黄铜		0.02~0.06	0.03~0.09	

2.4.4 冲模压力中心的确定

模具压力中心是指冲压时诸冲压合力的作用点位置。为了确保压力机和模具正常工作,应使冲模的压力中心与压力机滑块的中心相重合。否则,会使冲模和压力机滑块产生偏心载荷,使滑块和导轨间产生过大的磨损,模具导向零件加速磨损,降低模具和压力机的使用寿命。冲模的压力中心,可按下述原则来确定:

1)对称形状的单个冲裁件,冲模的压力中心就是冲裁件的几何中心。

2)工件形状相同且分布位置对称时,冲模的压力中心与零件的对称中心相重合。

3)形状复杂的零件、多孔冲模、级进模的压力中心可用解析计算法求出冲模压力中心。如图 2.15 所示,计算公式为:

$$X_G = \frac{X_1S_1 + X_2S_2 + X_3S_8 + X_4S_3 + X_5S_7 + X_6S_4 + X_7S_6 + X_8S_5}{S_1 + S_2 + S_8 + S_3 + S_7 + S_4 + S_6 + S_5} \tag{2.18}$$

$$Y_G = \frac{Y_1S_4 + Y_2S_3 + Y_3S_2 + Y_4S_1 + Y_5S_5 + Y_6S_8 + Y_7S_7 + Y_8S_6}{S_4 + S_3 + S_2 + S_1 + S_5 + S_8 + S_7 + S_6} \tag{2.19}$$

2.4.5 压力机公称压力的确定

压力机的吨位必须大于或等于冲压力。冲裁时的冲压力 F_Z 由冲裁力、卸料力、推件力及顶件力组成。在选择压力机时,不同的模具结构对应不同的冲压力计算公式。

采用弹性卸料装置和下出料方式的冲裁模时:

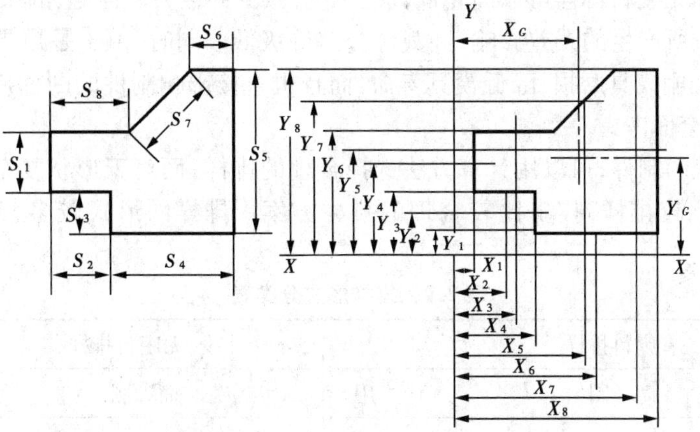

图2.15　异形制件压力中心

$$F_Z = F + F_x + F_T \quad (2.20)$$

采用弹性卸料装置和上出料方式的冲裁模时：

$$F_Z = F + F_x + F_D \quad (2.21)$$

采用弹性卸料装置和下出料方式的冲裁模时：

$$F_Z = F + F_T \quad (2.22)$$

2.5　冲裁排样设计

冲裁件在板料、带料或条料上的布置方式称为排样。合理的排样是降低成本和保证制件质量及模具寿命的有效措施。排样时应考虑如下原则：

1)提高材料利用率(不影响制件使用性能前提下,还可适当改变冲裁件形状)。

2)合理排样方法使操作方便,劳动强度低且安全。

3)模具结构简单、寿命长。

4)保证制件质量和制件对板料纤维方向的要求。

2.5.1　排样方法

1)有废料排样　在板料上冲裁轮廓四周都有搭边,冲裁后搭边成为废料。有废料排样的材料利用率较低,但制件的质量和冲模寿命较高,常用于制件形状复杂、尺寸精度要求较高的排样。

2)少废料排样　沿制件的部分外轮廓切断或冲裁,即制件与条料的侧边,或制件与制件之间有部分搭边的排样。这种排样方法,材料利用率较高,常用于某些尺寸要求不高的制件排样。

3)无废料排样　是无废料的排样方法,冲裁过程中制件与制件之间沿不同的线段分开。

这种排样方法,材料利用率最高,但对制件形状结构要求严格,所以,其应用范围有一定的局限性,制件设计时要考虑这方面的工艺性能。

采用少废料和无废料排样可以简化冲裁模结构，减少冲裁力。但是，因条件本身的公差以及条料导向与定位所产生的误差影响，冲裁件公差等级低。同时，由于是模具单面受力(单边切断时)，不但会加剧模具磨损，降低模具寿命，而且也直接影响制件的断面质量。因此，排样时必须统筹兼顾、全面考虑。

对于简单形状的制件，可以用计算方法选择合理的排样；而对于形状复杂的制件，常采用放样的方法进行比较排样，找出比较合理的排样方案。排样的形式较多，常用的几种如表2.9。

表2.9　排样形式分类表

排样形式	有废料排样		少、无废料排样	
	简　图	应　用	简　图	应　用
直排	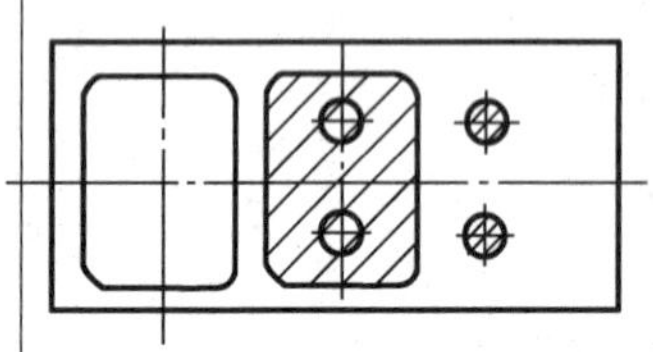	用于简单几何形状(方形、圆形、矩形)的冲裁件	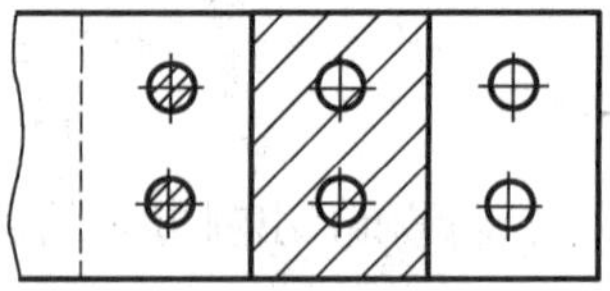	用于矩形或方形冲裁件
斜排		用于T形、L形、S形、十字形、椭圆形冲件	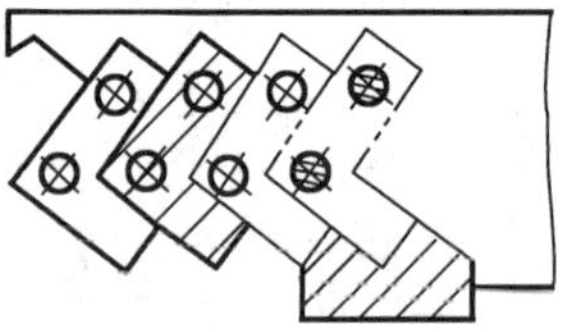	用于L形或其他形状的冲裁件，在外形上允许有不大的缺陷
直对排	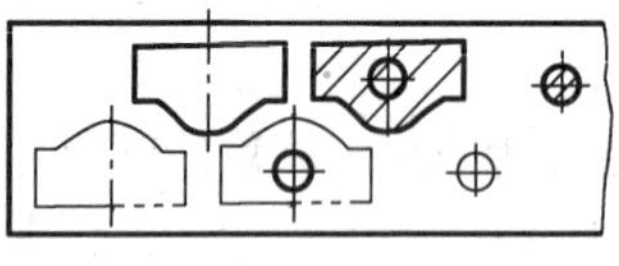	用于T形、Π形、山形、梯形、三角形、半圆形的冲件	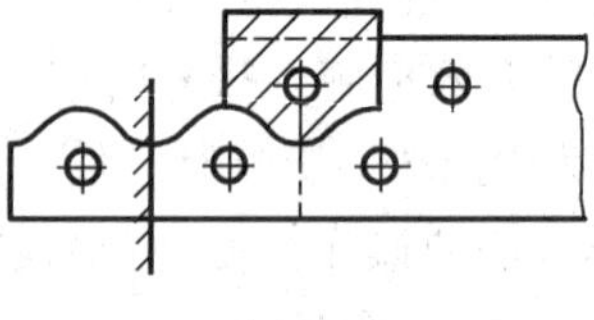	用于T形、Π形、山形、梯形、三角形零件，在外形上允许有少量缺陷
斜对排		用于材料利用率比直对排时高的情况		多用于T形件
混合排	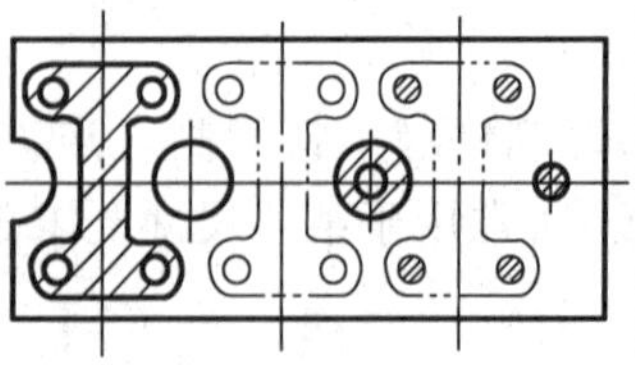	用于材料和厚度都相同的两种以上的冲件	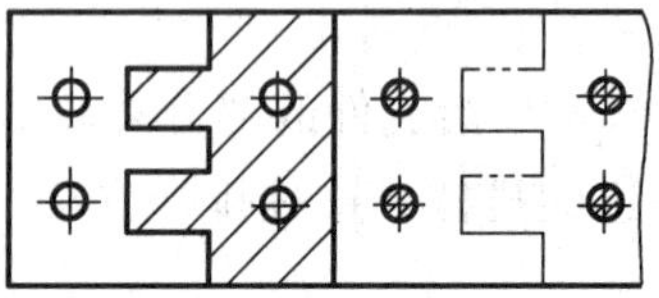	用于两个外形互相嵌入的不同冲件(绞链等)

续表

排样形式	有废料排样		少、无废料排样	
	简　图	应　用	简　图	应　用
多排	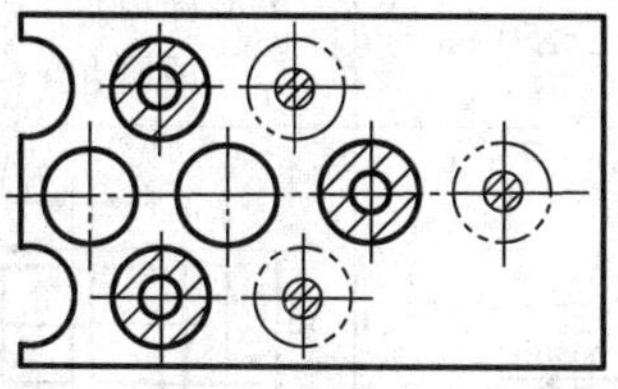	用于大批生产中尺寸不大的圆形、六角形、方形、矩形冲件	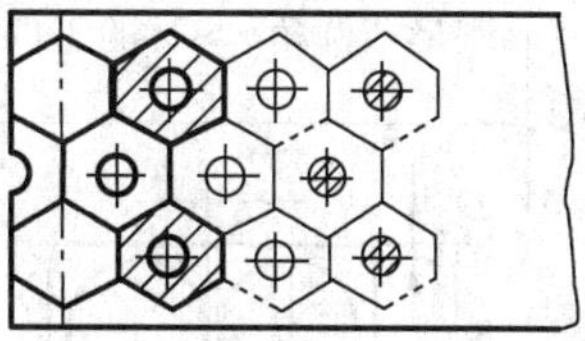	用于大批量生产中尺寸不大的方形、矩形及六角形冲件
冲裁搭边		大批生产中用于小的窄冲件（表针及类似的冲件）或带料的连续拉深	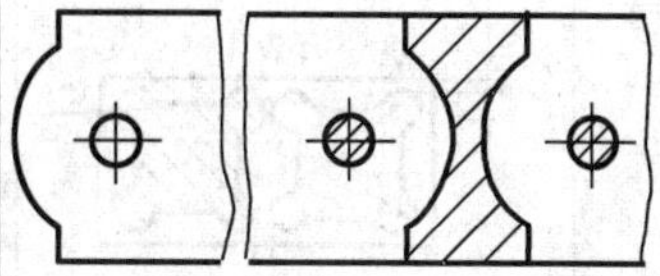	用于以宽度均匀的条料或带料冲裁长形件

2.5.2　搭边

排样时制件与制件之间、制件与条料边缘之间留下的余料叫搭边。

搭边虽然在冲裁过程中最后形成废料，但在工艺上却有很大作用。冲裁时，搭边可以补偿定位误差，保证冲裁精度；搭边还可以使冲裁后的条料具有一定的刚度，便于条料的送进。

搭边值要合理确定，搭边值过大，使材料利用率低，卸料力增加；搭边值过小，在冲裁过程中可能被拉断，使工件毛刺增大，严重时还会被拉入凸、凹模间隙中，损坏冲模刃口。搭边值的大小与下列因素有关。

1）材料机械性能的影响：硬材料的搭边值可以取小些。软材料、脆性材料的搭边值要取大些。

2）工件形状与大小的影响：工件尺寸大或有尖突的复杂形状时，搭边值可取大些。

3）材料厚度的影响：板料较厚时应取大值。

4）送进方式及挡料方式的影响：用手工送料、有侧压装置的，搭边值可以取小些。自动送料搭边值应取大些。

5）排样的形式：对排的搭边值大于直排的搭边值。

6）卸料方式：弹性卸料比刚性卸料的搭边值要小一些。

合理的搭边值选择应在保证制件质量的前提下，越小越省料。搭边值一般由经验确定，表 2.10 为搭边值的经验数表之一，供设计参考。

2.5.3　材料利用率

衡量排样经济性、合理性的指标是材料的利用率。材料利用率 η 是指零件的实际面积 A_0 与所用材料面积 A 的百分比，即：

$$\eta = \frac{A_0}{A} \times 100\% \tag{2.23}$$

表 2.10 搭边数值/mm

材料厚度 t	圆形或圆角 $r>2t$ 的工件		矩形件边长 $L \leqslant 50$ mm		矩形件边长 $L \geqslant 50$ mm 或圆角 $r \leqslant 2t$	
	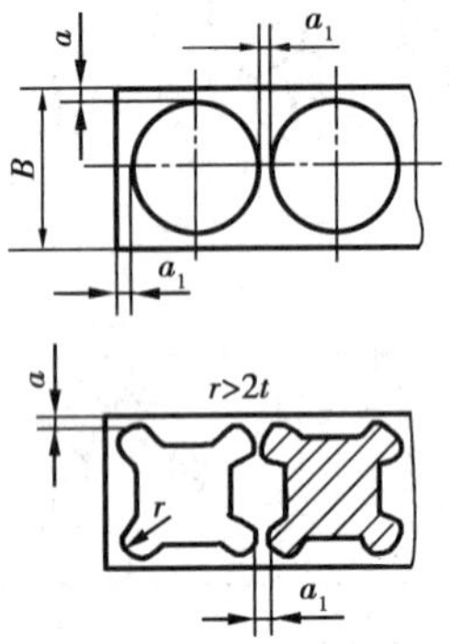		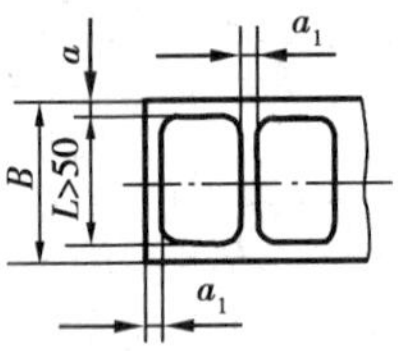		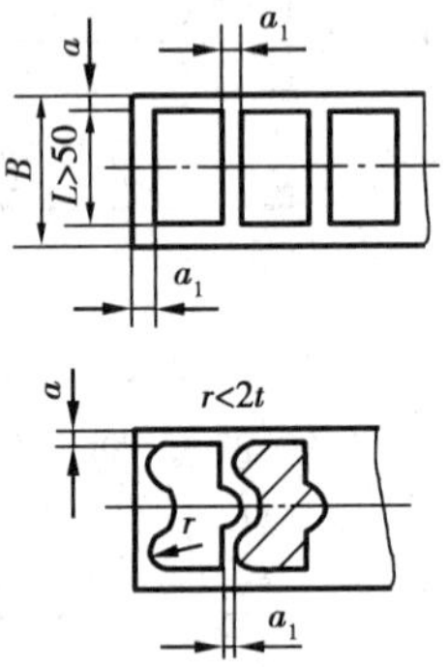	
	工件间 a_1	侧面 a	工件间 a_1	侧面 a	工件间 a_1	侧面 a
0.25 以下	1.8	2.0	2.2	2.5	2.8	3.0
0.25~0.5	1.2	1.5	1.8	2.0	2.2	2.5
0.5~0.8	1.0	1.2	1.5	1.8	1.8	2.0
0.8~1.2	0.8	1.0	1.2	1.5	1.5	1.8
1.2~1.6	1.0	1.2	1.5	1.8	1.8	2.0
1.6~2.0	1.2	1.5	1.8	2.5	2.0	2.2
2.0~2.5	1.5	1.8	2.0	2.2	2.2	2.5
2.5~3.0	1.8	2.2	2.2	2.5	2.5	2.8
3.0~3.5	2.2	2.5	2.5	2.8	2.8	3.2
3.5~4.0	2.5	2.8	2.5	3.2	3.2	3.5
4.5~5.0	3.0	3.5	3.5	4.0	4.0	4.5
5.0~12	0.6δ	0.7δ	0.7δ	0.8δ	0.8δ	0.9δ

材料面积包括制件实际面积与废料面积。由上式可知，提高材料利用率的途径是减少废料面积。废料分为两类，见图 2.16。一类是由零件的形状特点产生的废料，称为结构废料。一般不能改变，但可利用大尺寸的结构废料冲制尺寸小的零件。另一类是由零件之间和零件与条料侧边之间的废料。

要提高材料利用率，主要应从减少工艺废料着手，即设计合理排样方案，选择合适的板料规格及合理的裁料法（减少料头、料尾），利用废料冲制小件。在不影响设计要求的前提下，改善零件结构，见图 2.17。

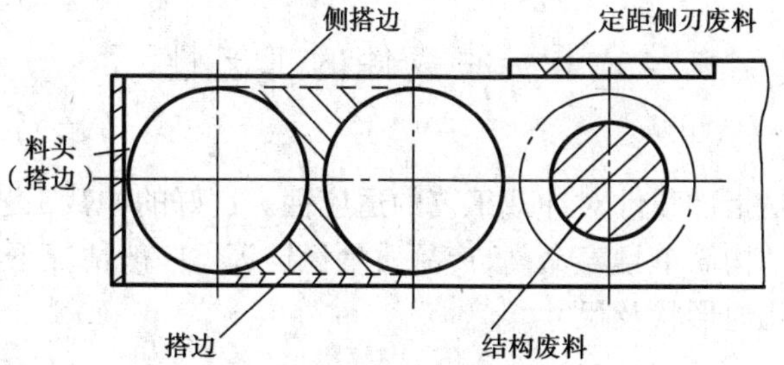

图2.16　废料种类

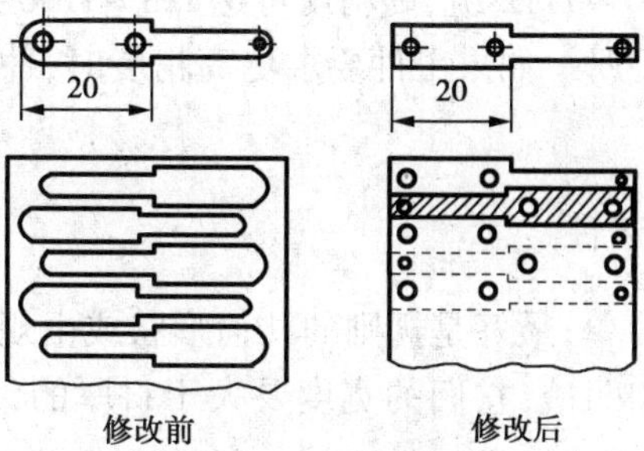

图2.17　修改零件形状提高材料利用率

2.5.4　条料宽度的确定

在排样方式和搭边值确定之后，就可以确定条料的宽度，为了保证最小的搭边值，必须考虑条料的单向公差，其计算公式为：

$$B = D + 2a + \Delta \tag{2.24}$$

式中　B——条料宽度的公称尺寸(mm)；

D——制件在宽度方向的尺寸(mm)；

a——侧搭边的最小值(mm)；

Δ——条料宽度的单向(负向)公差(mm)。

条料宽度公差见表2.11。

表2.11　条料宽度公差 Δ/mm

条料宽度 B /mm	材料厚度 t/mm			
	<1	1~2	2~3	3~5
~50	0.4	0.5	0.7	0.9
50~100	0.5	0.6	0.8	1.0
100~150	0.6	0.7	0.9	1.1
150~220	0.7	0.8	1.0	1.2
220~300	0.8	0.9	1.1	1.3

2.6 冲裁件的工艺性

冲裁件的工艺性是指冲裁件对冲裁工艺的适应性。良好的冲裁工艺性应保证材料利用率高、工序数目少、模具结构简单且寿命高、产品质量稳定等。一般情况下,对冲裁件工艺性影响最大的是精度要求和几何形状及尺寸。

2.6.1 冲裁件的精度等级

冲裁件精度一般可达 IT10 ~ IT12 级,高精度可达 IT8 ~ IT10 级,冲孔比落料的精度约高一级。具体数值可查有关设计手册。如果工件要求更高精度时,冲裁后需通过整修或辅以切削加工,或者采用精密冲裁。

2.6.2 冲裁件的结构工艺性

1)冲裁件的形状应尽量简单,最好是规则的几何形状或由规则的几何形状所组成。同时应避免冲裁件上过长的悬臂和凹槽,它们的宽度要大于料厚的(1.5 ~ 2.0)倍,即 $b \geqslant (1.5 \sim 2.0)t$,如图 2.18(a)所示。

2)一般情况下,冲裁件的外形和内孔应避免尖角,采用 $R > 0.5t$ 的圆角。当需要冲制不带圆角的工件时,可以用分段冲切的办法冲制,但模具寿命显著降低。

3)冲孔时,因受凸模强度限制,孔的尺寸不宜过小。用一般冲模冲圆孔时,对硬钢,直径 $d \geqslant 1.3t$;对软钢及黄铜,$d \geqslant 1.0t$;对铝及锌,$d \geqslant 0.8t$。冲方孔时,对硬钢,边长 $a \geqslant 1.0t$;对软钢及黄铜,$a \geqslant 0.7t$;对铝及锌,$a \geqslant 0.5t$。

4)孔与孔之间的距离或孔与零件边缘之间的距离 a_1[如图 2.18(b)、(c)],因受模具强度和冲裁件质量的限制,其值不能过小,一般应取 $a_1 \geqslant 2t$(3 ~ 4 mm)。如用连续模,而且对零件精度要求不高时,a_1 可适当减小,但也不宜小于板料厚度。

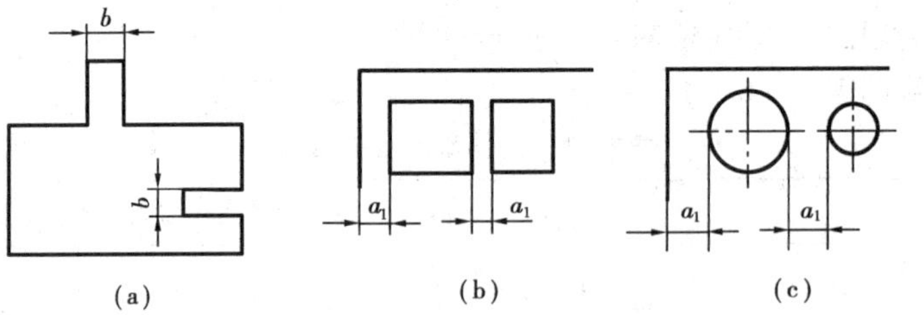

图 2.18 冲裁件的结构工艺性

5)在弯曲件或拉深件上冲孔时,其孔壁与工件直壁之间的距离不宜过小,否则,会使凸模受侧向力作用,同时,会影响弯曲件或拉伸件的已成形区域。

2.7 冲裁模基本类型及典型结构

2.7.1 冲裁模的分类

用来完成冲裁工序的冲模称为冲裁模。冲裁模的结构形式很多,其结构类型可按以下几个主要特征来分类。

(1)按工序性质分

1)落料模:沿封闭的轮廓将工件与板料分离,冲下来的部分为工件。

2)冲孔模:沿封闭的轮廓将废料与工件分离,冲下的部分为废料。

3)切断模:沿敞开的轮廓将材料分离。

4)切口模:沿敞开的轮廓将零件局部切开但不完全分离。

5)切边模:将工件多余的边缘切掉。

6)剖切模:将一个工件切成两个或多个工件。

(2)按工序的组合分

1)单工序模:压力机一次冲程中只完成一种冲裁工序的模具。

2)连续模:也叫级进模。压力机一次冲程中,在模具的不同位置上同时完成两道或多道工序的模具。连续模所完成的冲压工序依次分布在条料送进的方向上,压力机每次冲程条料送进一个步距,同时冲出相应的工序。条料送到最后工位时,完成全部冲压工序,至此,每次冲程冲出一个工件。

3)复合模:压力机一次冲程中,在模具的同一位置上完成几个不同工序的模具,复合模中具有能完成两种工序的凸凹模。

(3)按上、下模导向形式分

1)敞开模:模具本身无导向装置,工作时完全依靠冲床的导轨起导向作用。

2)导板模:用导板来保证冲裁时凸模和凹模的准确位置。

3)导柱模:上、下模上分别装有导套、导柱两种导向零件,用以保证凸、凹模工作时的准确位置。

除此之外,还有按送料方式、卸料与出件方式等来分类。此处不再一一列举。

2.7.2 典型冲裁模结构分析

(1)单工序冲裁模

实际中常见的单工序模有落料模、冲孔模、切断模、切口模、切边模等。

1)落料模 常见有3种形式:

①无导向的敞开式落料模:如图2.19所示,上模部分由模柄1、凸模2组成,并通过模柄安装在压力机滑块上。下模部分由固定卸料板3、导料板4、凹模5、下模座6和定位板7等组成。其特点是上、下模无导向,结构简单,制造容易,冲裁间隙由冲床滑块的导向精度决定,且可用边角余料冲裁。常用于料厚而精度要求低的小批量冲压件的生产。

②导板式落料模:如图2.20所示,将凸模5与导板6(又是固定卸料板)选用H7/h6的配

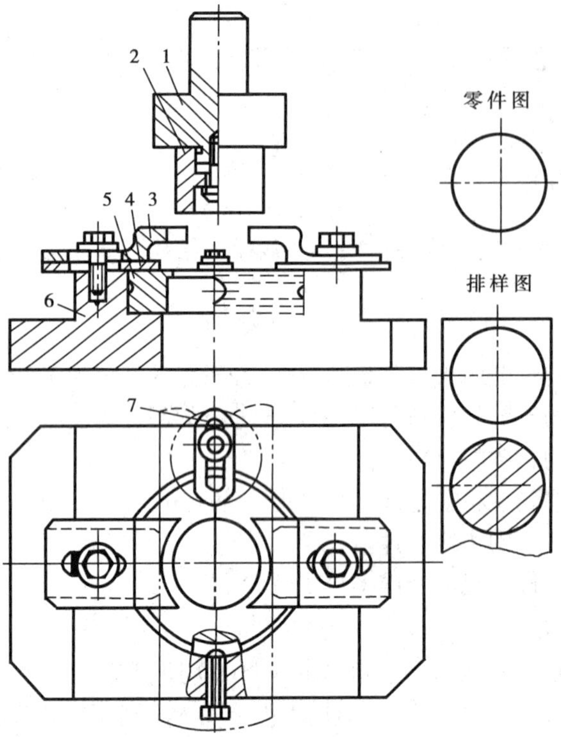

图 2.19　无导向落料模

1—模柄　2—凸模　3—卸料板　4—导料板　5—凹模　6—下模座　7—定位板

合，其配合值小于冲裁间隙，实现上、下模部分的定位。回程时不允许凸模离开导板，以保证对凸模的导向作用，因此，对压力机行程要求较小。该模具与无导向落料模相比，精度较高，模具寿命长，但制造要复杂一些，一般仅用于料厚大于 0.3 mm 的简单制件。

③导柱式弹顶落料模：如图 2.21 所示，该模具是利用安装在上模座 1 中的两个导套 20 与安装在下模座 14 中的两个导柱 19 之间 H7/h6 或 H6/h5 的滑动配合导向，实现上、下模部分的精确定位，从而保证冲裁间隙的均匀性。另外，采用弹顶顶出的结构分离废料和工件，工件的变形小，平面度高。广泛用于材料厚度较小、有平面度要求制件的大批量生产。

2）冲孔模　冲孔模结构与一般落料模相似，但冲孔模有其自己的的特点，特别是冲小孔模具，必须考虑凸模的强度和刚度，以及快速更换凸模的结构。成形零件上侧壁孔冲压时，还要考虑凸模水平运动方向的转换机构等。

①小孔冲模：如图 2.22 所示为一全长导向结构的小孔冲模。与一般冲孔模相比，其导柱不但在上、下模座之间进行导向，而且对卸料板也导向；凸模护套采用全长结构导向；凸模护套突出于卸料板，冲压时卸料板不接触材料，改善变形区应力状态。凸模的稳定性和强度得到提高，制件断面质量较好。

②水平冲孔模：如图 2.23 所示为一斜楔驱动滑块的水平冲孔模。该模具是依靠固定在上模的斜楔 1，把压力机滑块垂直运动变为推动滑块 4 的水平运动，使凸模 5 做水平方向移动（凸模和凹模 6 的对准依靠滑块在导滑槽内滑动来保证），完成筒形件或者 U 形件的侧壁冲孔、冲槽、切口等工序。斜楔的返回行程运动靠橡胶或弹簧完成。斜楔的工作角度 α 为 40° ~

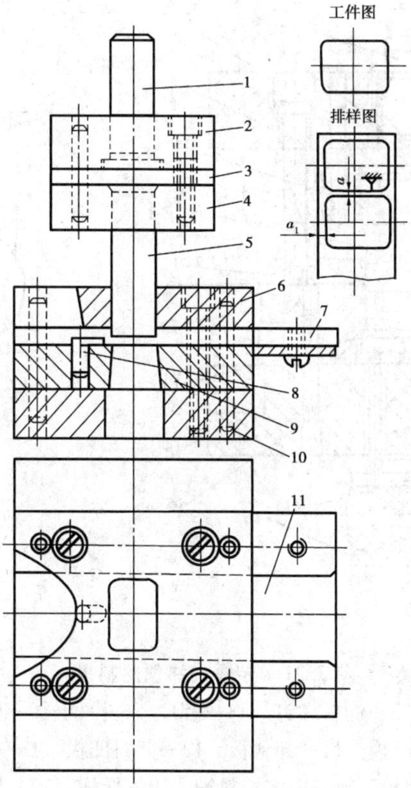

图2.20　导板式落料模

1—模柄　2—上模座　3—垫板　4—凸模固定板　5—凸模　6—导板
7—导料板　8—固定挡料销　9—凹模　10—下模座　11—承料板

50°为宜。需较大冲裁力的冲孔件，α 也可采用30°，以增大水平推力。此种结构凸模常为对称布置，尤其适于壁部对称孔的冲裁。这种模具主要用于冲空心件或弯曲件等成形零件的侧孔、侧槽、侧切口等。

(2)连续冲裁模

由于连续模冲压时，制件是依次在几个不同位置上逐渐成形的，因此，要控制冲裁件的孔与外形的相对位置精度就必须严格控制送料步距。为此，连续模有两种基本结构类型：用导正销定距的连续模和用侧刃定距的连续模。

1)用导正销定距的连续模

图2.24所示为一用导正销定距的冲孔落料连续模。该模具的特点是采用固定挡料销和导正销的定位结构。第一工步为冲孔，条料由始用挡料销7定位。冲孔完毕后，条料送进一个步距至第二工步落料，由固定挡料销6对条料做初始定位。落料时，用装于落料凸模4端面上的导正销5先插入已冲好的内孔，对条料做精确定位，以保证孔与外缘的位置精度。在最后的落料工位，工件跟条料完全分离，完成工件的全部冲裁。

这种定距方式的连续模结构简单，多用于较厚板料，制件上有孔，精度低于IT12级的二工位冲裁。不适于软料或板厚 $t<0.3$ mm 的冲件，以及孔径小于1.5 mm或落料凸模较小的冲件。

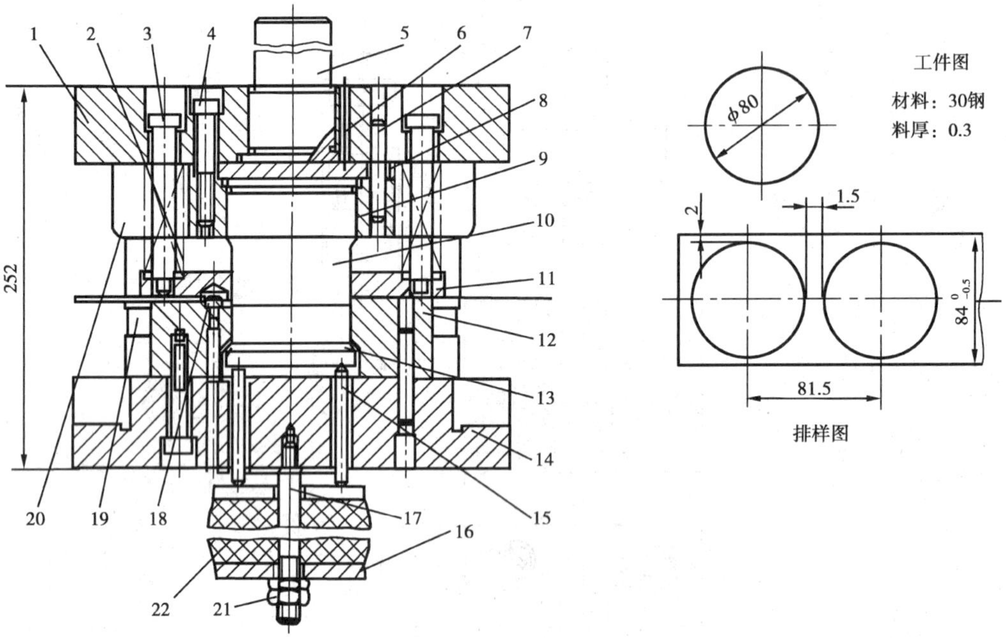

图 2.21　导柱式弹顶落料模

1—上模座　2—卸料弹簧　3—卸料螺钉　4—螺钉　5—模柄　6—防转销　7—销　8—垫板　9—凸模固定板　10—落料凸模　11—卸料板　12—落料凹模　13—顶件板　14—下模座　15—顶杆　16—板　17—螺栓　18—固定挡料销　19—导柱　20—导套　21—螺母　22—橡胶

2)用侧刃定距的连续模

图 2.25 所示为侧刃定距连续冲裁模。其特点是用侧刃 9 代替了始用挡料销、固定挡料销、导正销,其作用是在压力机每次冲压行程中,沿条料边缘切下一块长度等于步距的料边。用弹压卸料板 3 代替了固定卸料板,这样当上模下降,凸模冲裁时,弹簧 6(可用橡胶代替)被压缩而压料;当凸模回升时,弹簧回复,推动卸料板卸料。定距侧刃连续模一般用于 3 ~6 工位的冲裁,适用于不便采用始用和固定挡料销与导正销组合方式定位的冲件或料厚为 0.1 ~ 0.5 mm的冲件,其定距精度一般低于导正销,模具结构比较复杂,材料利用率下降。

(3)复合冲裁模

如图 2.26 所示为冲孔落料复合模的基本结构。在模具的一方(指上模或下模)外面装着落料凹模,中间装着冲孔凸模,而在另一方,则装着凸凹模(此为复合模中必有的零件,其外形是落料凸模、内孔是冲孔凹模)。当上、下模两部分嵌合时,就能同时完成冲孔与落料。

将落料凹模装在上模上,称为倒装复合模。反之,称为正装复合模。

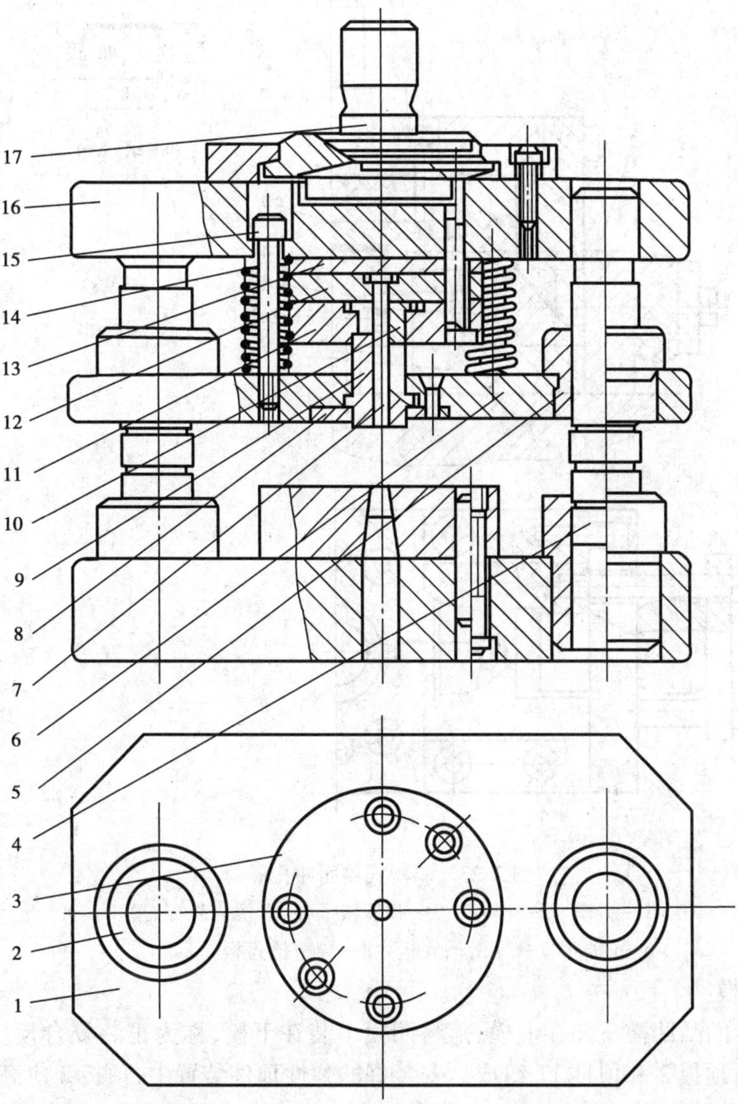

图 2.22　全长导向式小孔冲模

1—下模座　2、5—导套　3—凹模　4—导柱　6—弹压卸料板　7—凸模　8—托板　9—凸模护套　10—扇形块　11—扇形块固定板　12—凸模固定板　13—垫板　14—弹簧　15—阶梯螺钉　16—上模座　17—模柄

1) 倒装复合模

图 2.27 所示为倒装复合模。该模具是推料出件，由推杆 7、推块 8、推销 9 及推件块 10 组成的推件装置将工件推出。这种结构对工件不起压平作用。冲孔废料由凸凹模孔下漏，使结构简单，操作方便，但凸凹模孔内由于积存废料，所受胀力大，当凸凹模壁厚小、强度不足时易破裂。卸料装置在下模，卸料弹簧 19 装于下模板上，受空间位置限制。条料的导向与定位采用活动销 11、18 结构，在凹模 2 的对应位置上不需钻出避让孔。

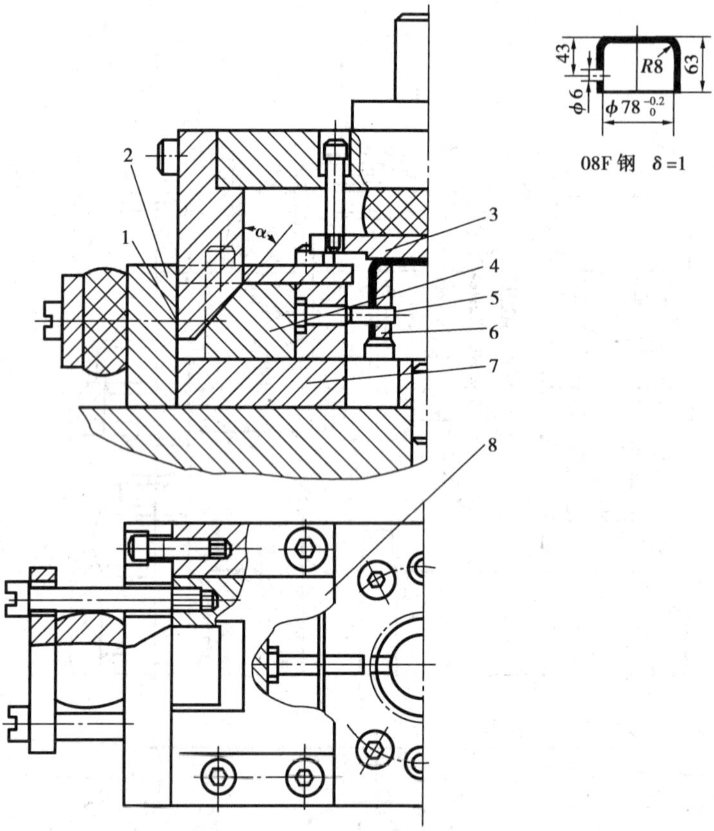

图 2.23　斜楔式侧面冲孔模

1—斜楔　2—座板　3—弹压板　4—滑块　5—凸模

6—凹模　7—导滑槽底板　8—导滑槽盖板

2)正装复合模

图 2.28 所示的凸凹模 9 装在上模,落料凹模 1 装在下模,称为正装复合模。该模具向上出件,顶件装置由顶板 2 和顶杆 11 组成。安装好的弹性顶件装置中,顶板 2 应高出凹模少许,条料在压紧的情况下冲裁,冲出的工件平直度较高。这种反向顶出工件的弹性顶件装置,只适于薄料冲裁。顶件装置的弹性元件装在下模板下面,不受模具空间位置限制,可获得较大的弹力,且力的大小可以调节。冲孔废料由上模的打料装置(零件 5、6、7、8)推出,凸凹模孔内不积存废料,所受胀力小,不易胀裂,但冲孔废料落在冲模工作面上,不易排除。

复合冲裁模的优点是结构紧凑,制件精度高,特别是制件内外轮廓的位置精度高;缺点是加工、装配困难,制造周期长,生产成本高。

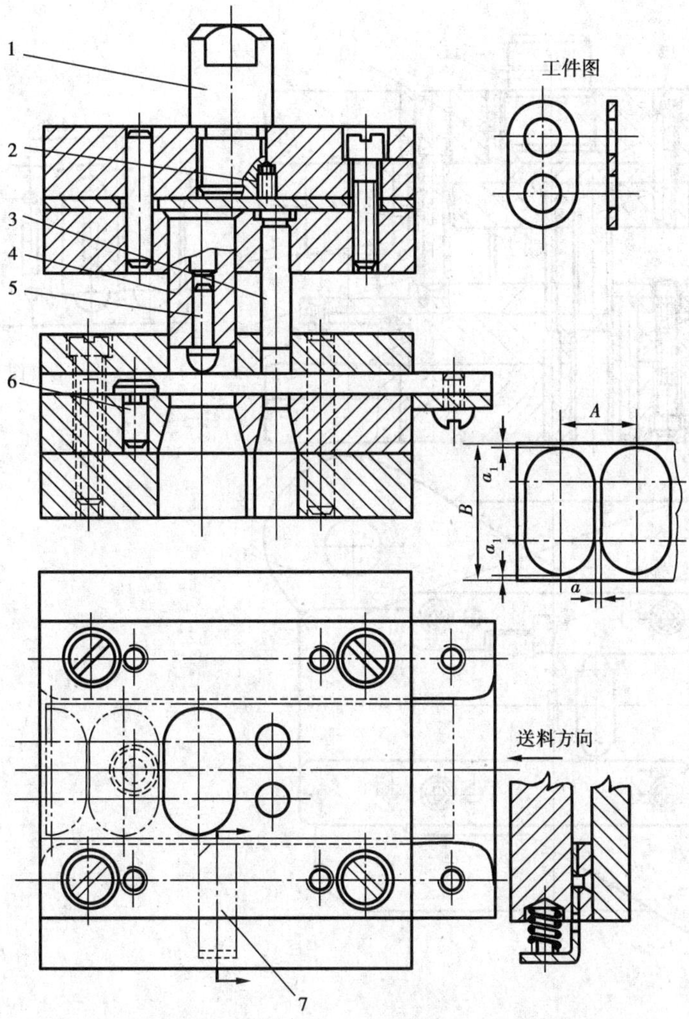

图 2.24　导正销定距连续冲裁模
1—模柄　2—螺钉　3—冲孔凸模　4—落料凸模
5—导正销　6—固定挡料销　7—始用挡料销

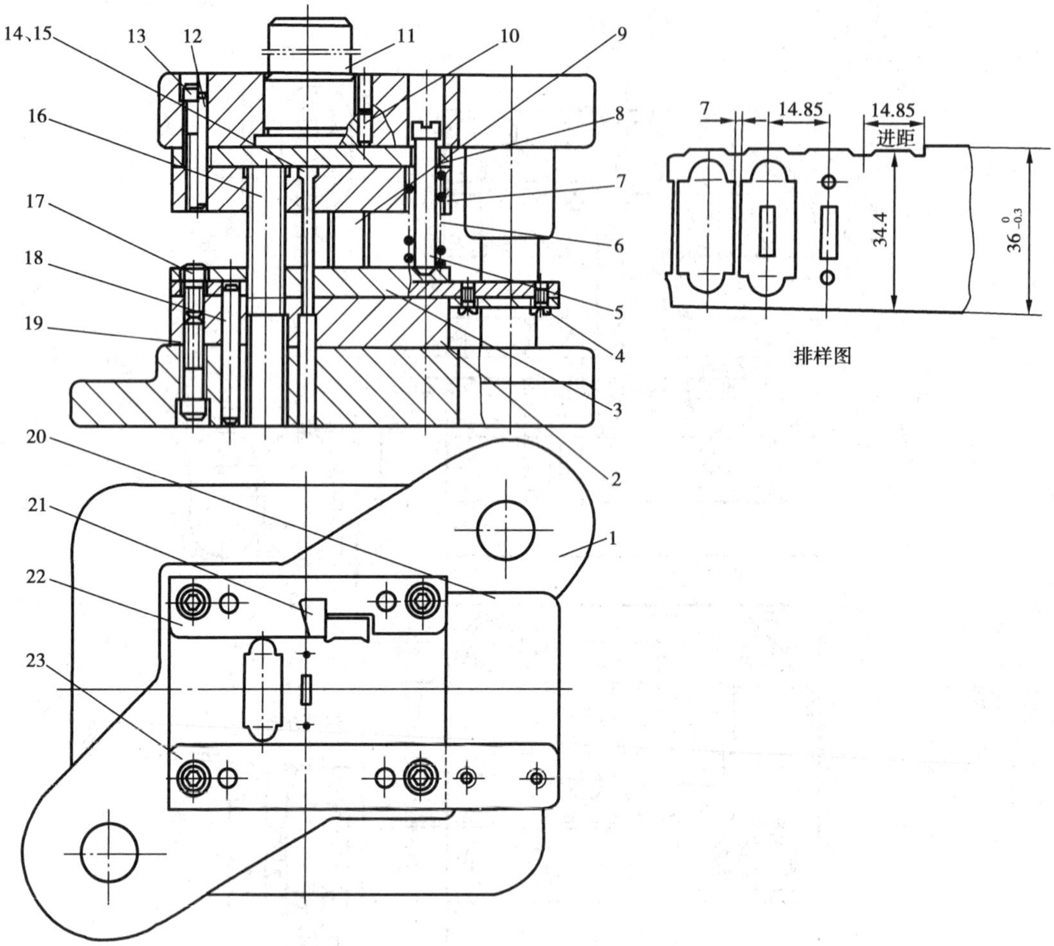

图 2.25　侧刃定距连续冲裁模

1—下模座　2—凹模　3—卸料板　4、13、17、19—螺钉　5—卸料螺钉　6—卸料弹簧
7—凸模固定板　8—垫板　9—侧刃　10—防转销　11—模柄　12、18—圆柱式销
14、15—冲孔凸模　16—落料凹模　20—承料板　21—侧刃挡块　22、23—导料板

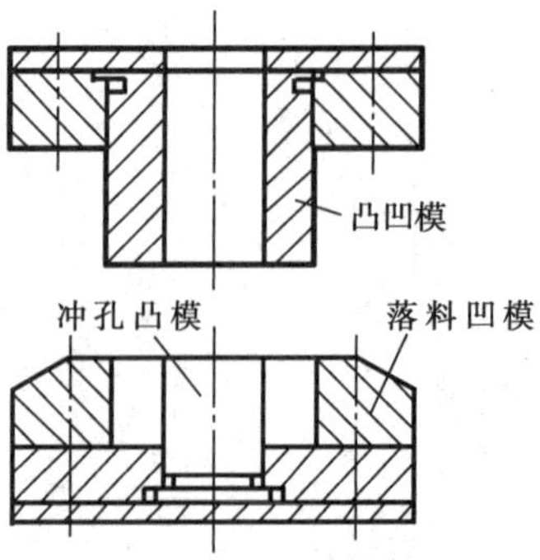

图 2.26　复合模基本结构

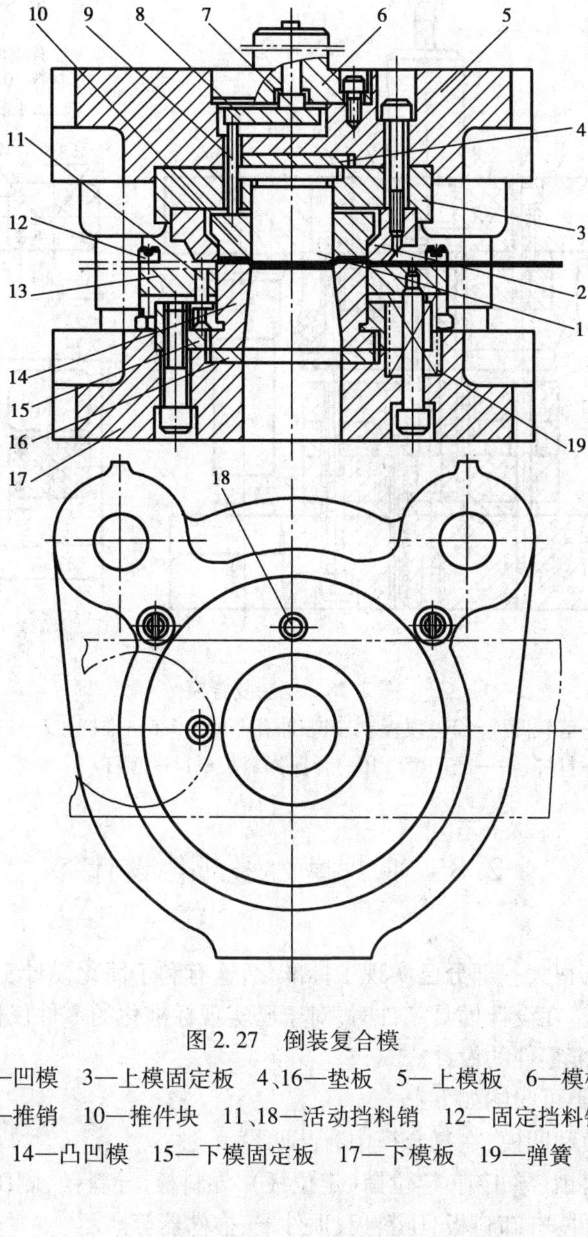

图 2.27　倒装复合模

1—凸模　2—凹模　3—上模固定板　4、16—垫板　5—上模板　6—模柄　7—推杆
8—推块　9—推销　10—推件块　11、18—活动挡料销　12—固定挡料销
13—卸料板　14—凸凹模　15—下模固定板　17—下模板　19—弹簧

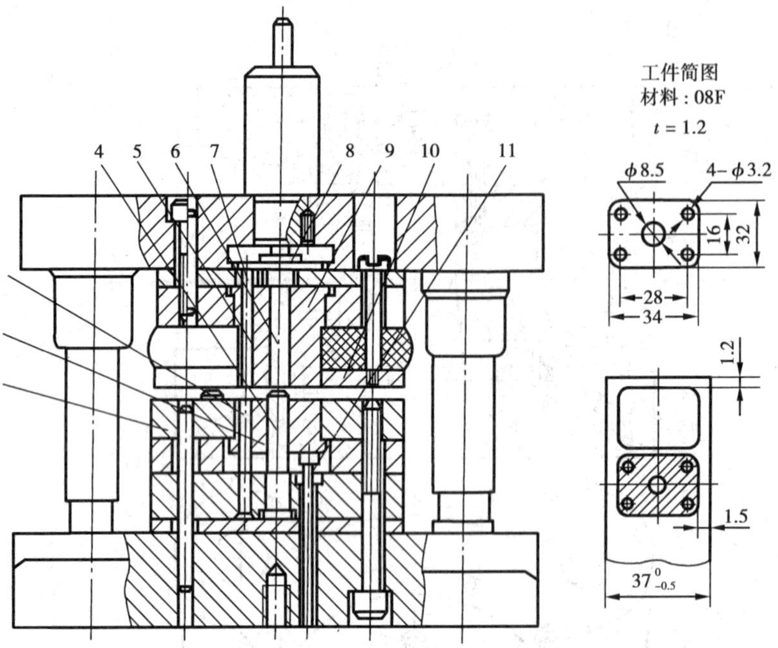

图 2.28　正装复合模

1—落料凹模　2—顶板　3、4—冲孔凸模　5、6—推杆　7—打板
8—打杆　9—凸凹模　10—弹压卸料板　11—顶杆

2.8　冲裁模的零部件设计

模具的零部件，有很大一部分已实现了标准化，这有利于简化设计工作、稳定模具质量、简化模具的制造维修等。在设计模具零件时，对于已实现标准化的零件仅仅是正确选择的问题，而更多的工作是非标准零件的设计。

冲模零部件的分类可归纳如下：

工作零件：有凸模和凹模，在复合模中有凸凹模。

定位零件：有挡料销、导正销、定位销（定位板）、导料板、导料销、侧压板、侧刃等。

卸料与推件零部件：有卸料板、压料板、顶件器、推件器等。

导向零件：有导板、导柱、导套、导筒。

联接固定零件：有上模板、下模板、模柄、凸模固定板、凹模固定板、垫板、限制器、螺钉、销钉、键、斜楔等。

另外，对于自动化生产的模具，还有自动送料装置、自动出件装置和快换装置等。

2.8.1　工作零件

(1) 凸模

常见的圆形凸模结构形式如图 2.29 所示。图(a)为采用保护套结构的凸模，适用于冲制孔径与料厚相近的小孔；图(b)适用于直径 $d=1\sim15$ mm 的凸模；为了保证刚度与强度，避免应力集中，将凸模做成台阶结构及用圆角过渡；图(c)适用于直径为 $d=8\sim30$ mm 的凸模。图(d)适用于直径较大的凸模。

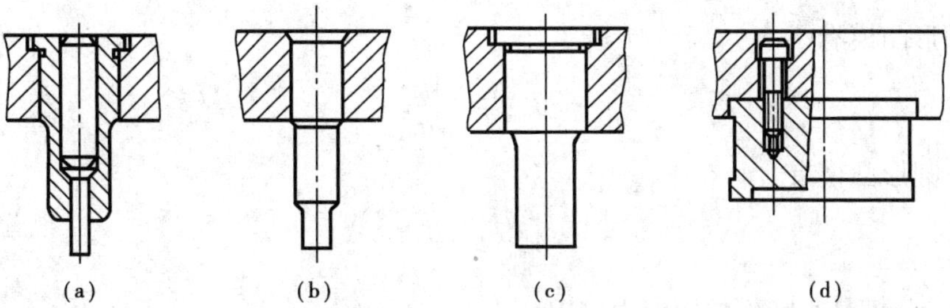

图 2.29　圆形凸模结构

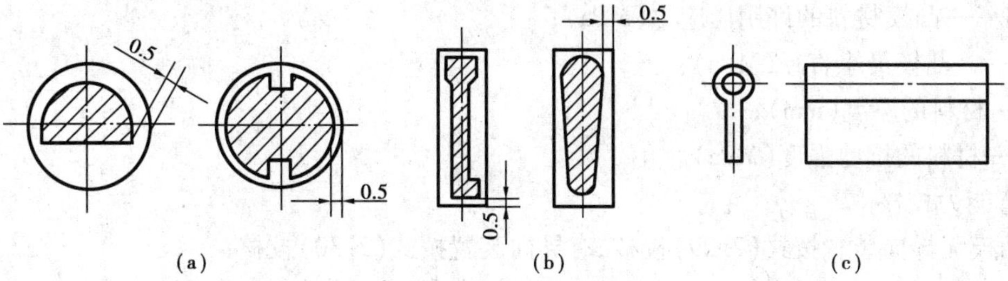

图 2.30　非圆形凸模结构

对于非圆形凸模，与凸模固定板配合的固定部分可做成圆形或矩形，如图 2.30(a)、(b)所示。也可以使固定部分与工作部分尺寸一致，如图 2.31(c)所示。

凸模的固定一般可采用图 2.29 所示的凸模固定板固定，凸模和固定板之间采用过渡配合，凸模装入固定板后，端面进行配磨。

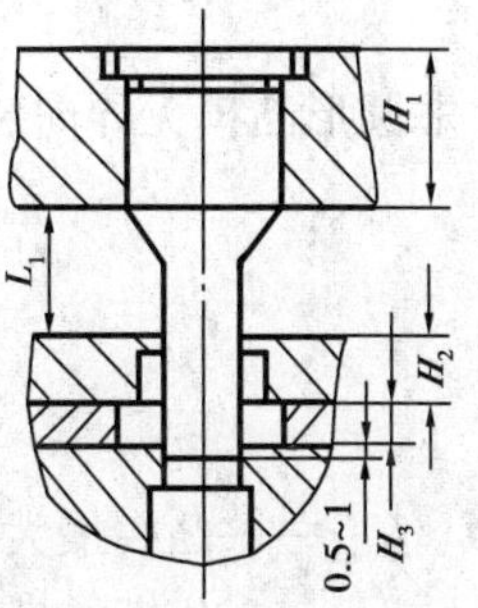

图 2.31　凸模长度

凸模长度 L 应根据模具的具体结构而定。如图 2.31 所示采用固定卸料板的冲裁模，凸模长度应为：

$$L = H_1 + H_2 + H_3 + H \tag{2.25}$$

式中　H_1——固定板厚度(mm)；

H_2——卸料板厚度(mm)；

H_3——导料板厚度(mm)；

H——附加长度(mm)，包括凸模进入凹模的深度(0.5 ~1 mm)、总修磨量(6 ~12 mm)及模具闭合状态下卸料板到凸模固定板之间的安全距离 $L_1=15\sim20$ mm。

对于采用弹性卸料板的冲裁模，其凸模长度应根据模具的具体结构确定。

在一般情况下，凸模的强度是足够的，所以没有必要进行强度校验。但对于特别细长的凸模或小凸模冲裁厚且硬的材料时，必须进行凸模承压能力和抗纵向弯曲能力两方面的校核。

1)承压能力校核

冲裁时凸模最小断面承受的压应力 σ,必须小于凸模材料强度允许的压应力[σ],即:

$$\sigma = \frac{F}{A_{min}} \leqslant [\sigma] \tag{2.26}$$

对于圆形凸模有

$$d_{min} \geqslant \frac{4t\tau}{[\sigma]} \tag{2.27}$$

对于非圆形凸模有

$$A_{min} \geqslant \frac{F}{[\sigma]} \tag{2.28}$$

式中 σ——凸模最小断面的压应力(MPa);

F——冲裁力(N);

A_{min}——凸模最小断面面积(mm^2);

[σ]——凸模材料的许用压应力(MPa);

d_{min}——凸模最小直径(MPa);

t——材料的厚度(mm);

τ——材料的抗剪强度(MPa)。

2)抗弯能力校核

圆形凸模无导向装置按式(2.29)校核,有导向装置按式(2.30)校核:

$$L_{max} \leqslant 95\frac{d_{min}^2}{\sqrt{F}} \tag{2.29}$$

$$L_{max} \leqslant 270\frac{d_{min}^2}{\sqrt{F}} \tag{2.30}$$

非圆形凸模无导向装置按式(2.31)校核,有导向装置按式(2.32)校核:

$$L_{max} \leqslant 425\sqrt{\frac{I}{F}} \tag{2.31}$$

$$L_{max} \leqslant 425\sqrt{\frac{I}{F}} \tag{2.32}$$

式中 L_{max}——凸模最大自由长度(mm);

d_{min}——凸模的最小直径(mm);

F——冲裁力(N);

I——凸模最小横截面的惯性矩(mm^4)。

(2)凹模

图2.32是冲裁模常用的几种凹模刃口形式。图(a)为锥形孔口凹模,α 一般取 $15' \sim 30'$,由于孔内不易积存工件或废料,孔壁所受的摩擦力及胀力小,所以凹模的磨损及每次的修磨量小,但刃口强度较低,每次刃磨后凹模尺寸增大。这种形式的凹模一般用于精度要求不高、形状简单、材料厚度较薄的工件的冲裁。

图(b)、(c)为直筒形刃口,图中 h 取 5~10 mm,α 取 $3° \sim 5°$。其特点是刃口强度较高,修磨后刃口尺寸不变,孔口容易积存工件或废料,推件力大且磨损大。这种刃口的凹模适用于形状复杂或精度要求较高的冲裁。

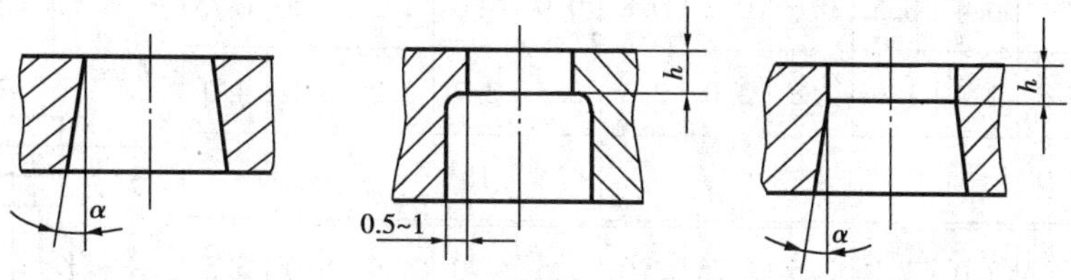

图 2.32　凹模刃口形式

凹模的轮廓尺寸,因其结构型式不同,受力状况也不同,目前还不能用理论方法确定,生产中常用下列经验公式确定:

凹模厚度　$H = Kb(\geqslant 15\ \text{mm})$　(2.33)

凹模壁厚　$c = (1.5 \sim 2.0)H(\geqslant 30 \sim 40\ \text{mm})$　(2.34)

式中　H——凹模厚度(mm);

K——系数,考虑坯料厚度的影响,查表 2.12;

b——冲裁件最大外形尺寸(mm);

c——凹模壁厚(mm)。

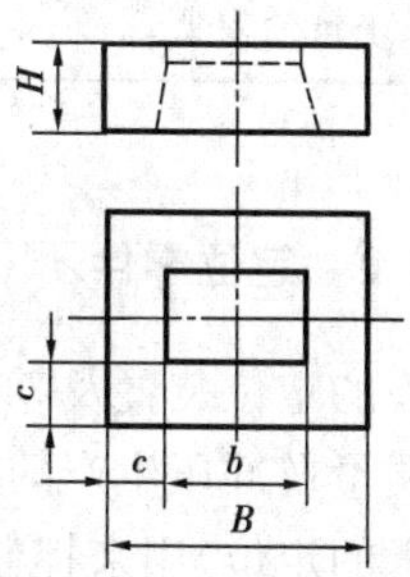

图 2.33　凹模外形尺寸

这种方法适用于确定普通工具钢经过正常热处理,并在平面支撑条件下工作的凹模尺寸。冲裁件形状简单时,壁厚系数取偏小值,形状复杂时取偏大值。用于大批量生产条件下的凹模,其厚度应在计算结果中增加总的修磨量。

(3)凸凹模

凸凹模存在于复合模中。凸凹模的内外缘均为刃口,内外缘之间的壁厚决定于冲裁件的尺寸,不像凹模那样可以将外缘轮廓尺寸扩大,所以从强度考虑,壁厚受最小值限制。凸凹模的最小壁厚还受冲模结构的影响。凸凹模装于上模(正装复合模)时,内孔不积存废料,胀力小,最小壁厚可以小些;凸凹模装于下模(倒装复合模)时,如果是柱形孔口,则内孔积存废料,胀力大,最小壁厚要大些。凸凹模的最小壁厚可参考表 2.13。

表 2.12　系数 K 值

b	料厚 t				
	0.5	1	2	3	>3
≤50	0.3	0.35	0.42	0.5	0.6
>50~100	0.2	0.22	0.28	0.35	0.42
>100~200	0.15	0.18	0.2	0.24	0.3
>200	0.1	0.12	0.15	0.18	0.22

表 2.13　凸凹模最小壁厚 a(mm)

料厚 t	0.4	0.5	0.6	0.7	0.8	0.9	1.0	1.2	1.5	1.75
最小壁厚 a	1.4	1.6	1.8	2.0	2.3	2.5	2.7	3.2	3.8	4.0
最小直径 D	15					18			21	
料厚 t	2.0	2.1	2.5	2.75	3.0	3.5	4.0	4.5	5.0	5.5
最小壁厚 a	4.9	5.0	5.8	6.3	6.7	7.8	8.5	9.3	10.0	12.0
最小直径 D	21	25		28		32		35	40	45

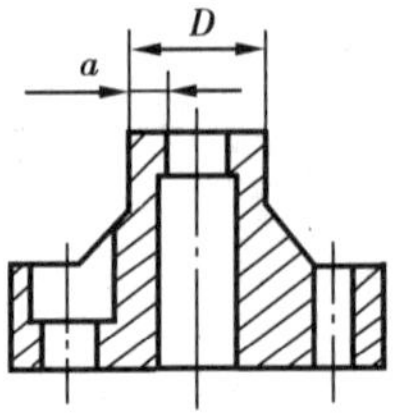

2.8.2　定位零件

冲模的定位装置及零件的作用是保证材料的正确送进及在冲模中的正确位置,以保证冲压件的质量及冲压生产的顺利进行。使用条料时,条料在模具中的定位有两个内容:一是在送料方向上的定位,用来控制送料的进距,通常称为挡料(图 2.34 中的销 a),挡料零件有挡料销、定距侧刃等;二是在与送料方向垂直的方向上的定位,通常称为送进导向(图 2.34 中的销 b、c),送进导向的零件有导料销、导料板等。在连续模中保证工件孔与外形相对位置使用导正销。单个毛料定位时多采用定位板或定位销。

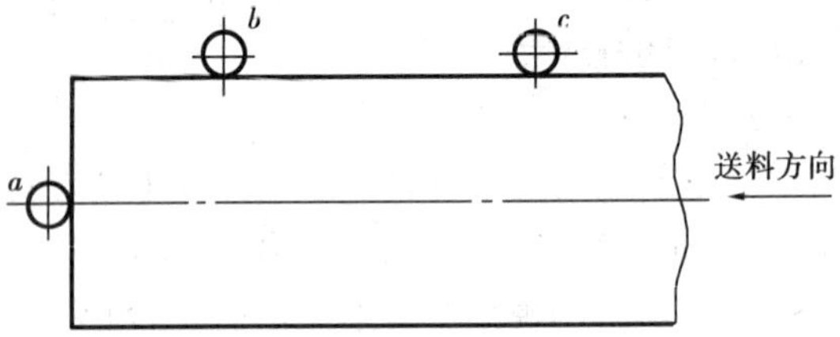

图 2.34　条料的定位

(1)条料的挡料方式与零件

常用的限定条料送进距离的方式有挡料销挡料和侧刃定距。

1)挡料销

挡料销可分为固定挡料销(图 2.35)、活动挡料销(图 2.36)和始用挡料销(图 2.37)。

固定挡料销又分为圆头挡料销和钩形挡料销两种,一般装在凹模上。圆头挡料销应用较多。当定位销孔离凹模孔口太近时,为保证凹模有足够的强度,宜采用钩形挡料销。固定挡料销结构简单,制造容易,应用广泛。

图 2.36 是活动挡料销的一种。销头的一边做成斜面,送料时,条料靠斜面使挡料销抬起,当搭边越过后,弹簧将挡料销恢复原位,条料回拉,使搭边抵住挡料销而定位。活动挡料销常用于倒装复合模中。

图 2.37 是始用挡料销,用于连续模中条料送进时的首次定位。使用时,用手压出挡料销,完成条料首次定位后,在弹簧的作用下挡料销自动退出。

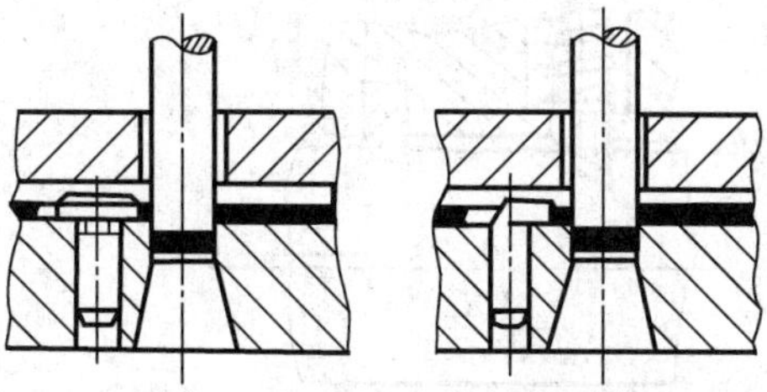

(a)　　　　　　(b)

图 2.35 固定挡料销
(a)圆头挡料销 (b)钩形挡料销

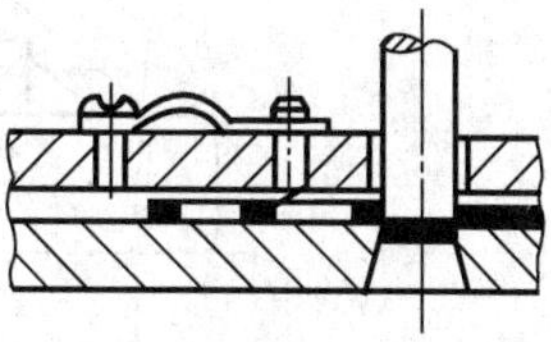

图 2.36 活动挡料销

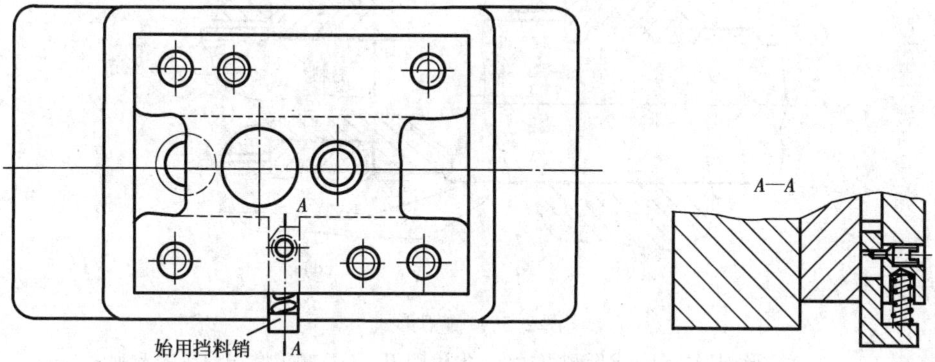

图 2.37 始用挡料销

2)定距侧刃

在连续模中常采用侧刃控制送料步距,从而达到准确定位的目的。图 2.38 为常见的几种侧刃形式。

矩形侧刃[图 2.38(a)]制造和使用简单,缺点是刃口尖角磨损后,在条料侧边形成的毛刺[图 2.38(d)]影响定位和送进。常用于料厚为 1.5 mm 以下且要求不高的一般制件冲裁的定位。

成形侧刃[图 2.38(b)]产生的毛刺位于条料侧边凹进处[图 2.38(d)],所以不会影响送料。但制造难度增加,冲裁废料也增多。常用于冲裁厚度在 0.5 mm 以下或公差要求较严的制件。

尖角侧刃[图 2.38(c)]废料少,但操作麻烦,生产效率低。

侧刃定距准确可靠,生产效率高,但增大总的冲裁力和增加材料消耗。一般在连续模中多用于冲制窄长形零件(步距小于 6~8 mm)或薄料(0.5 mm 以下)冲裁。侧刃数量可根据制件结构和材料的价值而定。单侧刃一般用于步数少、材料较硬或厚度较大的连续模中;双侧刃用于步数较多、材料较薄的连续模中。

(2)条料的送进导向方式与零件

条料的送进方式有导销式和导板式。

导销式送进导向时,在条料的一侧有两个导料销,条料靠紧导料销送进,如图 2.34 所示。这种方式在复合模中应用较多。

导料板常用于单工序模,连续模和复合模中,导料板分为与固定卸料板分离和制成整体的

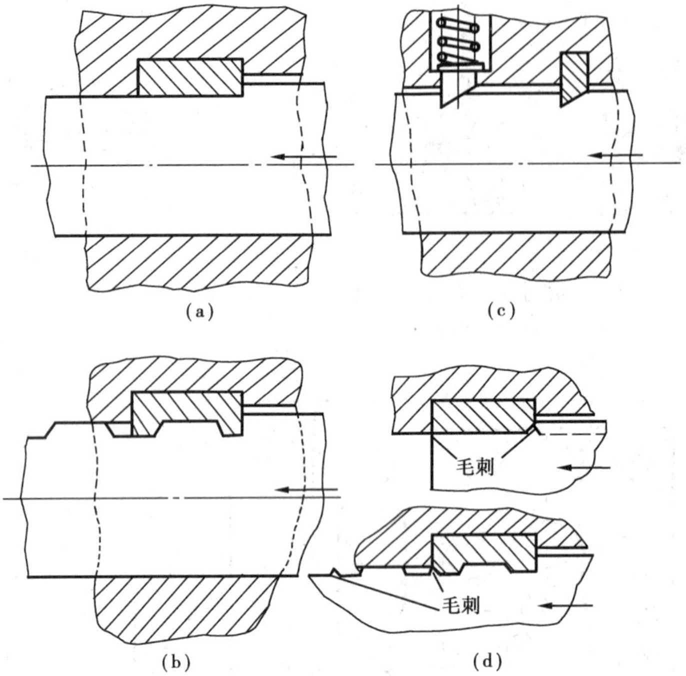

图 2.38　侧刃形式

(a)矩形侧刃　(b)成形侧刃　(c)尖角侧刃　(d)侧刃磨损形成的毛刺

两种结构。两导料板之间的距离等到于条料宽度加上 0.1 ~ 0.2 mm 的间隙,以保证条料宽度不均匀时,能在导料板间顺利通过。若条料的宽度公差太大或搭边太小时,须在一边的导板上装侧压装置(图 2.40),以保证准确定位。

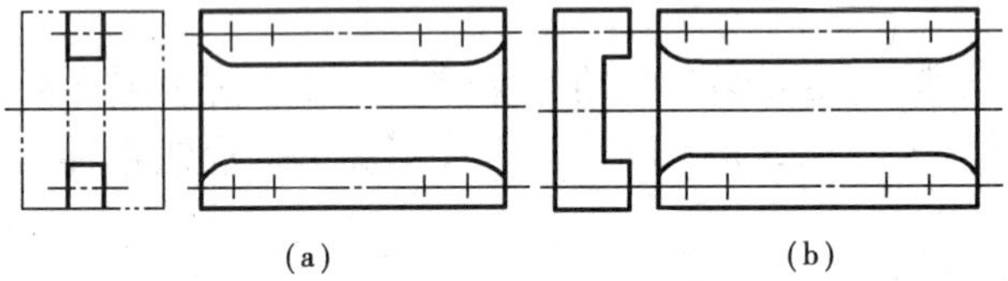

图 2.39　导料板图

(a)分离式　(b)整体式

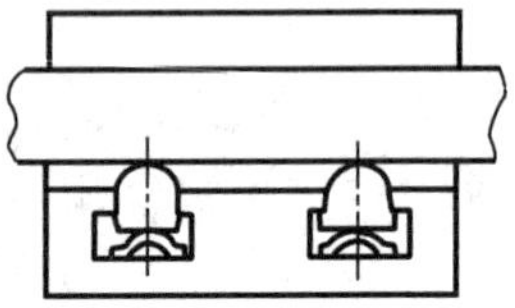

图 2.40　侧压装置

(3)导正销

冲裁中,先进入已冲孔中,导正条料位置,保证孔与外形的位置,消除送料误差的销件称为导正销。导正销主要用于连续模,一般安装在第二工位以后的落料凸模工作端面上或凸模固定板上。导正销由导入和定位两部分组成,导入部分一般用圆弧或圆锥过渡,定位部分为圆柱面。

设计有导正销的连续模时,挡料销的位置应保证导正销导正条料过程中条料活动的可能。挡料销位置 e(图 2.41)为:

$$e = c - \frac{D}{2} + \frac{d}{2} + 0.1\ \text{mm}$$

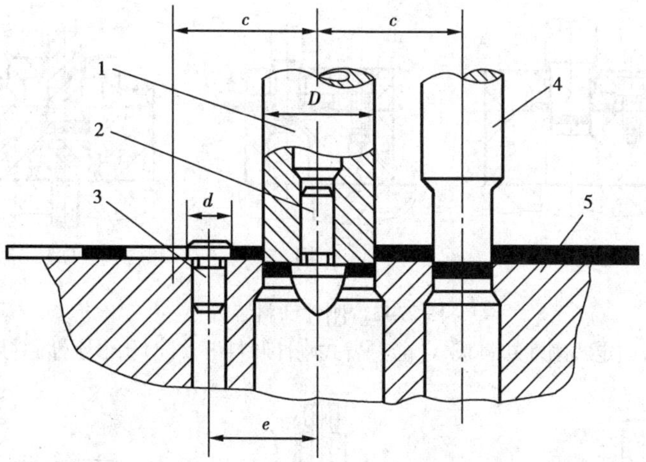

图 2.41　导正销与挡料销的位置关系

1—落料凹模　2—导正销　3—挡料销　4—冲孔凸模　5—凹模

式中　e——挡料销的位置尺寸(mm)；

c——步距(mm)；

D——落料凸模直径(mm)；

d——挡料销头部直径(mm)。

(4) 块料毛坯及半成品件的定位

对于块料毛坯及半成品件的定位，一般采用定位板或定位销，如图 2.42 所示，以保证前后工序的相对位置精度或工件内孔与外缘的位置精度的要求。

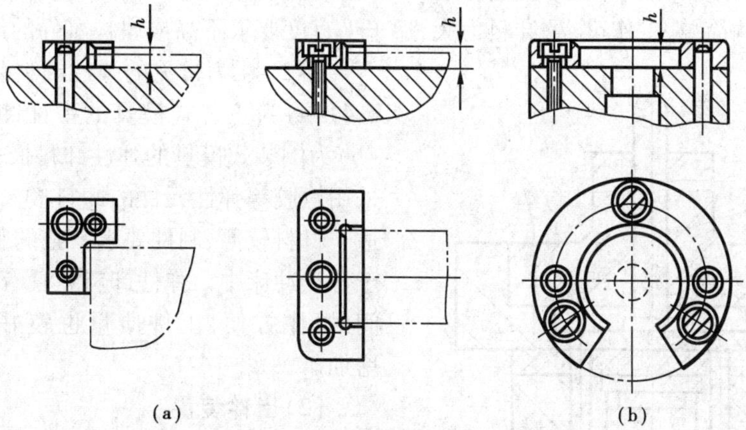

图 2.42　侧压装置

(a) 矩形毛坯用定位板　(b) 圆形毛坯用定位板

2.8.3　卸料与出件装置

(1) 卸料装置

卸料装置分为刚性卸料装置和弹性卸料装置两种形式，根据模具的结构要求选择使用。图 2.43 为常用的刚性卸料装置。其中，图 2.43(a) 为固定式刚性卸料板，适用于冲压厚

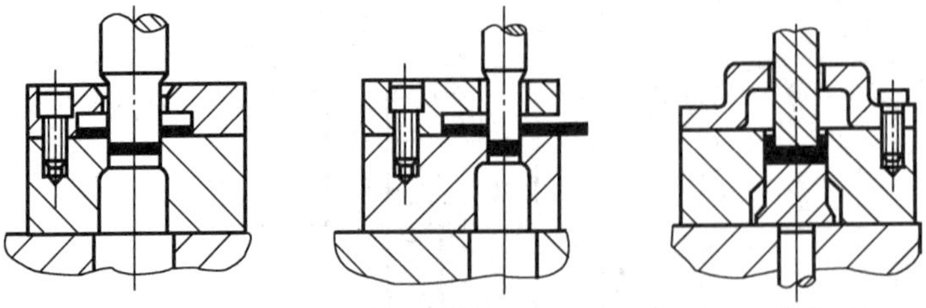

(a) (b) (c)

图 2.43 刚性卸料装置

(a)固定式刚性卸料板 (b)悬臂式刚性卸料板 (c)钩形刚性卸料板

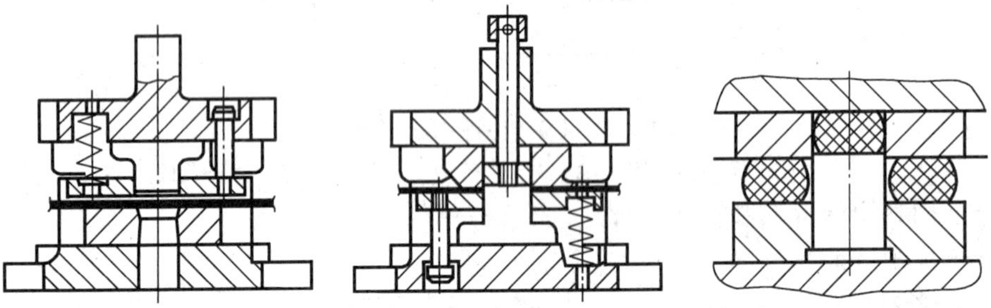

(a) (b) (c)

图 2.44 弹性卸料装置

(a)正装模具弹性卸料板 (b)倒装模具弹性卸料板 (c)采用弹性元件的卸料板

度在 0.5 mm 以上的条料；图 2.43(b) 为悬臂式刚性卸料板，适用于窄而长的冲压件卸料；图 2.43(c) 为钩形刚性卸料板，适于底部冲孔时卸空心工件，也可用于简单弯曲模和拉深模。刚性卸料装置结构简单，工作可靠，卸料力大，适于平直度要求不高或厚板零件的卸料。

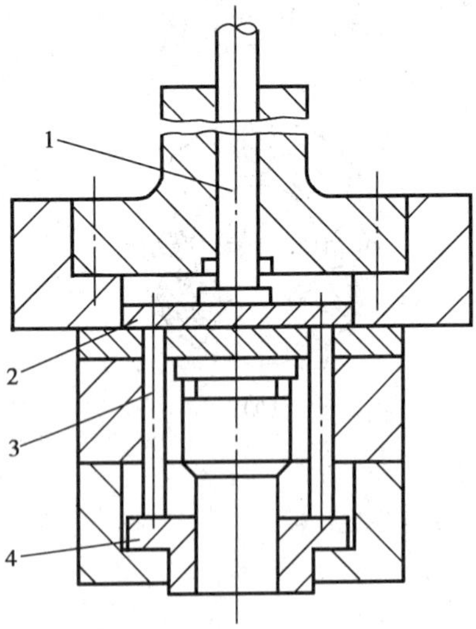

图 2.45 刚性出件装置

1—打杆 2—推板 3—推杆 4—推件块

图 2.44 为常见的弹性卸料装置。其中，图 2.44(a) 为正装式模具的弹性卸料板；图 2.44(b) 为倒装式模具的弹性卸料板；图 2.44(c) 为采用橡胶等弹性元件的卸料板。弹性卸料装置适于材料较薄、制件要求平整的复合模，广泛用于各类冲床中。弹性卸料装置有敞开的工作空间，操作方便，工件质量也较好，但冲压力会增加。

(2) 出件装置

出件装置主要有刚性出件装置与弹性出件装置两种。

刚性出件装置(图 2.45)一般装于上模，它是在冲压结束后上模回程时，利用压力机滑块上的打杆，撞击上模内的推杆与推板，由推件块将凹模内的工件推出，因此推力大，而且工作可靠。

弹性出件装置(图2.46)既可装于上模,又可装于下模,其弹力来源于弹簧或橡胶。弹性出件装置兼起压料和出件两个作用,尽管出件力不大,但出件平稳无撞击,故多用于冲压大型薄件以及工件精度要求较高的模具。

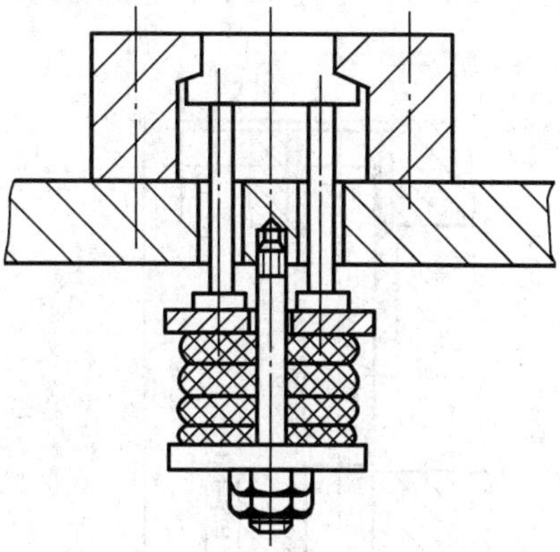

图2.46 弹性出件装置

2.8.4 模架

模柄及上、下模板中间联以导向装置的总体称为模架。GB/T2851.1～7—90 至 GB/T2852.1～4—90 列出了各种不同结构和不同导向形式的标准模架,通常都是按标准选定。图2.47为常用的几种导柱模架。

图2.47(a)为对角导柱模架。由于可以承受一定的偏心负荷,所以工作模上下滑动平稳,常用于横向送料的连续模或纵向送料的落料模、复合模。

图2.47(b)为后侧导柱模架。它可以三面送料,操作方便,使用较广,但受较大偏心载荷时模架易变形。

图2.47(c)为中间导柱模架。由于导柱安装在模具的对称线上,导向平稳、准确。但只能一个方向送料。

图2.47(d)为四导柱模架。其上下滑动平稳、导向准确,常用于制件尺寸精度要求高或尺寸大的冲压模具,也用于大量生产的自动冲压模具。

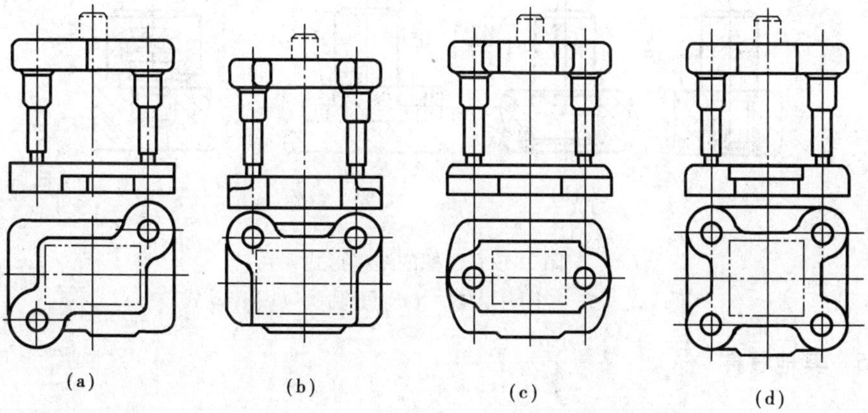

图2.47 导柱模架

(a)对角导柱模架 (b)后侧导柱模架 (c)中间导柱模架 (d)四导柱模架

(1)上、下模座

模座是模具的基础件。上、下模座不仅要有足够的强度、刚度,而且还要能抗压与吸振。模座常用材料为HT200、HT250或ZG35、ZG45。模座大体分为圆形、椭圆形、方形、长方形4种。设计时可按模架标准选用。

(2)导柱和导套

导柱导套的结构与尺寸都可直接由国家标准中选用。在选用时应注意导柱的长度应保证冲模在最低工作位置时,导柱上端面与上模座顶面的距离不小于 10 ~15 mm,这是因为模具修磨后其闭合高度将减小,如图 2.48 所示。下模座与导柱底面的距离应为 0.5 ~1 mm。

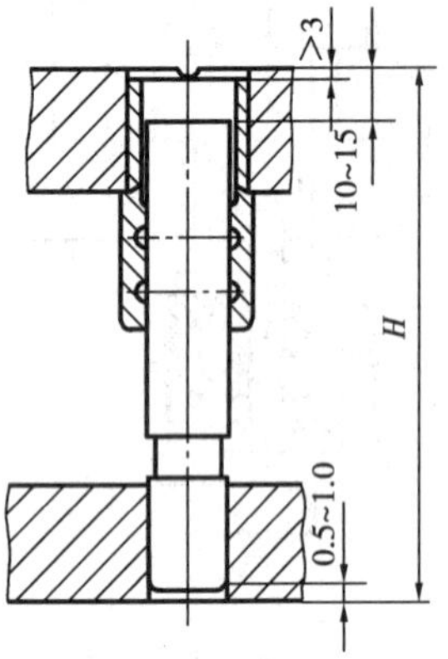

图 2.48　导柱长度与上、下模座的关系

导柱与导套的配合精度,可根据冲裁模的精度、模具寿命、间隙大小来选用。当冲裁板厚在 0.8 mm 以下,而模具精度、寿命都有较高要求时,选 H7/h6 配合的Ⅰ级精度模架。当冲裁板厚为 0.8 ~4 mm 时,可选用Ⅱ级精度模架。

(3)模柄

模具的上部分通过模柄联接固定在冲床滑块上。模柄的结构形式很多,图 2.49 为常用几种模柄的结构形式。

图 2.49(a)为旋入式模柄,通过螺纹与上模座联接固定,适用于有导柱的冲模。

图 2.49(b)为压入式模柄,通过配合与上模座联接固定,适用于模板较厚的各种冲裁模。

图 2.49(c)为带凸缘模柄,用 4 ~6 个螺钉与上模座联接固定,适用于尺寸较大的冲模。

图 2.49(d)为浮动式模柄,模柄的压力通过球形垫传给上模座,可以避免压力机导轨误差对模具导向精度的影响,适用于硬质合金多工序冲裁模。

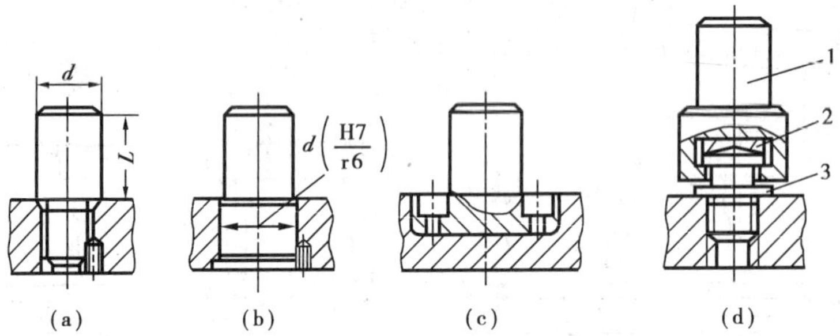

图 2.49　模柄的结构形式

(a)旋入式　(b)压入式　(c)凸缘式　(d)浮动式

2.8.5　其他零件

(1)固定板

固定的作用是将多个凸模(或凹模)按位置关系连成整体并通过螺钉、销钉固定在上(或下)模座上。固定板的外形与凹模轮廓尺寸基本一致,厚度取(0.6 ~0.8)$H_{凹}$,固定板与凹模的配合常采用 H7/n6 或 H7/m6 配合。材料要选用 Q235 或 45 钢。凸模压入固定板后,其尾部应与固定板压入平面同磨。

(2)垫板

垫板的作用是防止模座受凸模或凹模尾部挤压而损坏模座,当凸(凹)模传给模座的单位压力超过模座材料的许用应力时,就须在凸(凹)模与模座之间加一块淬硬的垫板。为确保总装时刀具能顺利通过中硬度垫板,必须在垫板钻铰的相应部位设置并超前形成两个比定位销

直径大1 mm的孔。凸(凹)模传给模座的单位压应力为

$$\sigma = \frac{F}{A} < [\sigma]_{压}$$

式中　σ——模座的单位压应力(MPa);

F——冲压力(N);

A——凸(凹)模支承端的面积(mm^2);

$[\sigma]_{压}$——模座材料的许用应力(MPa)。

HT200:$[\sigma]_{压}$=750 MPa,HT250:$[\sigma]_{压}$=1 000 MPa。

垫板常用T8A或45钢,热处理后T8A为43~48HRC;45钢为54~58HRC。

习　题

1. 分析冲裁时制件的断面特征及影响因素?
2. 什么是冲裁间隙?冲裁间隙对冲裁有什么影响?
3. 什么是排样?什么是搭边?二者对制件的精度及材料利用率分别有什么影响?
4. 降低冲裁力的措施有哪些?

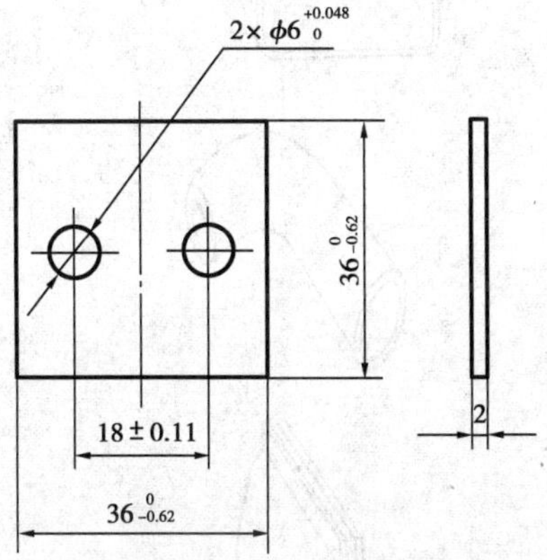

图2.50　零件简图

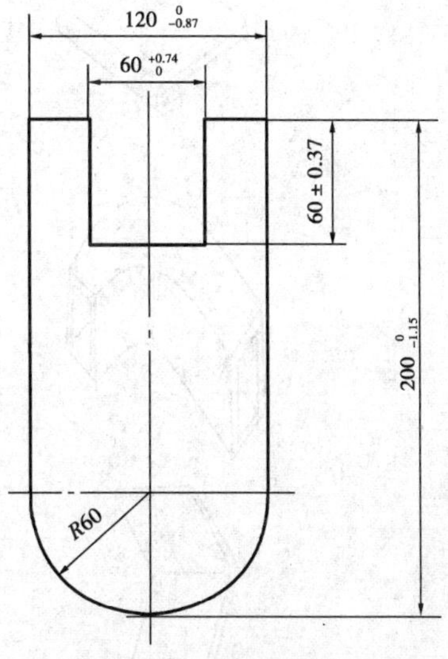

图2.51　零件简图

5. 如图2.50所示零件,材料为10钢,板厚为2 mm,试确定冲裁凸模与凹模刃口尺寸,并分别计算冲孔力和落料力。

6. 如图2.51所示零件,材料为40钢,板厚为3 mm,试确定落料凹、凸模的尺寸及制造公差。

第 3 章

弯曲工艺及模具设计

将板料、型材、管材或棒料等弯成一定的角度,一定的曲率形成一定形状的零件的冲压方法称为弯曲。弯曲属于变形工艺,可以利用模具在压力机上进行,也可以在其他专用的折弯机、滚弯机、拉弯机、弯管机等设备上进行。

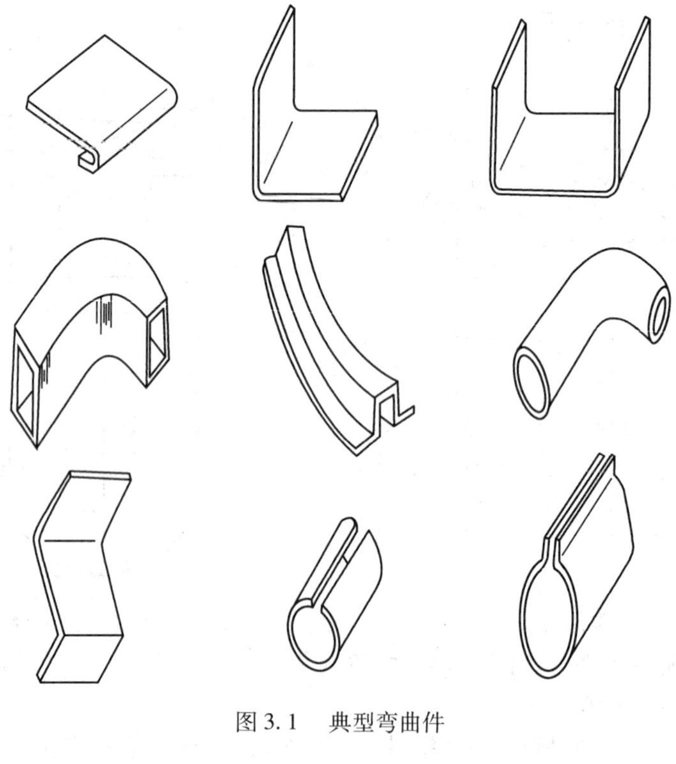

图 3.1　典型弯曲件

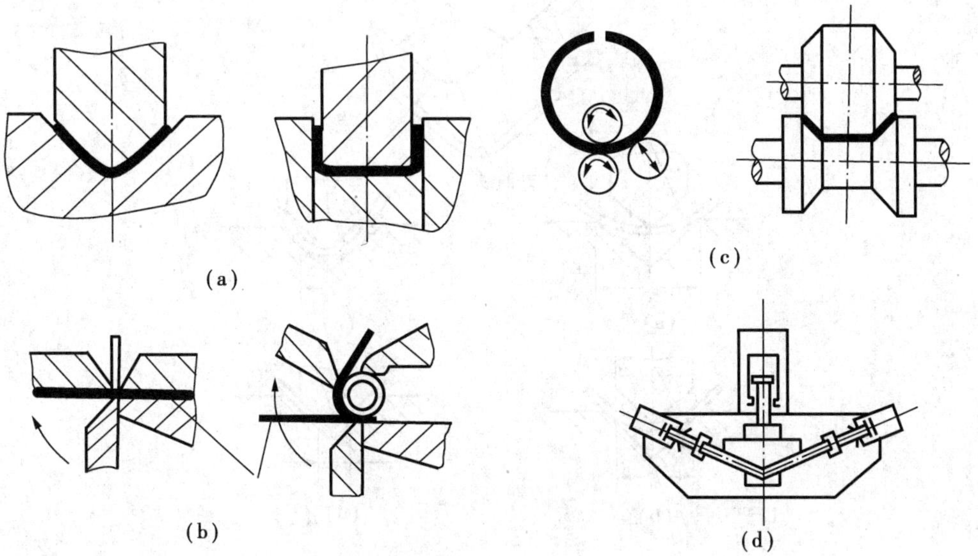

图3.2　弯曲形式

(a)模具弯曲　(b)折弯　(c)滚弯　(d)拉弯

3.1　弯曲变形分析

3.1.1　弯曲过程

图3.3所示为V形件弯曲的变形过程。在弯曲的开始阶段,板料是自由弯曲,随着凸模的下压,板料的直边与凹模工作表面逐渐靠紧,曲率半径和弯曲力臂逐渐变小,由 r_0 变为 r_1、l_0 变为 l_1。凸模继续下压,板料弯曲变形区进一步减小,直到板料与凸模形成3点接触,这时的曲率半径由 r_1 变成了 r_2,弯曲力臂由 l_1 变成了 l_2。此后,板料的直边部分向与以前相反的方向弯曲。到行程终了时,凸、凹模对弯曲件进行校正,使其直边、圆角与模具全部靠紧。

3.1.2　弯曲变形特点

为了观察板料弯曲时所发生的弯形情况,可在待弯曲板料的侧面制成网格,然后将其弯曲(见图3.4)。观察弯曲前后网格形状和尺寸的变化,可以看出弯曲时变形的特点。

1)变形区主要在弯曲件的圆角部分,圆角区内的正方形网格变成了扇形。在远离圆角的两端平直部分,几乎没有变形,靠近圆角区的直边部分有少量变形。

2)变形区内,板料外区(靠凹模一边)的金属切向受拉而伸长($a'a' > aa$),内区(靠凸模一边)的金属受切向压缩而缩短($b'b' < bb$),由内、外表面至板料中心,其缩短和伸长的程度逐渐变小。在缩短和伸长的两个区之间,总存在一层金属,其长度在变形前后没有变化,称为应变中性层。由于弯曲时板厚方向受压,应变中性层已不在板料断面的中心,而向内侧移动。

3)弯曲变形区内板料横断面的变化有两种情况:

①对于宽板($b > 3t$),弯曲后横断面无明显变化,仍保持为矩形,如图3.5(b)所示。

②对于窄板($b < 3t$),弯曲后原矩形断面变成了扇形,如图3.5(a)所示。

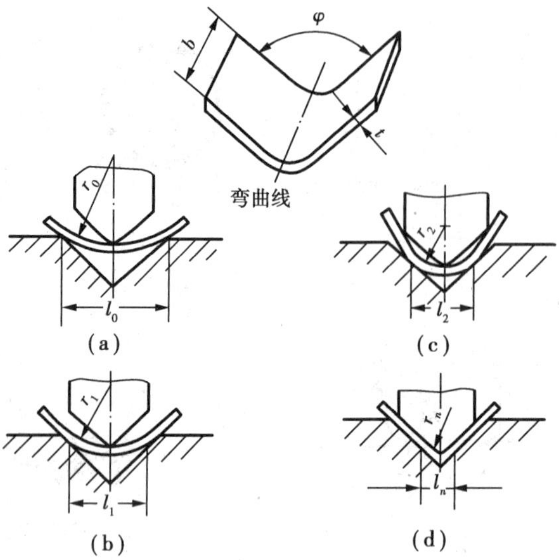

图 3.3　弯曲过程

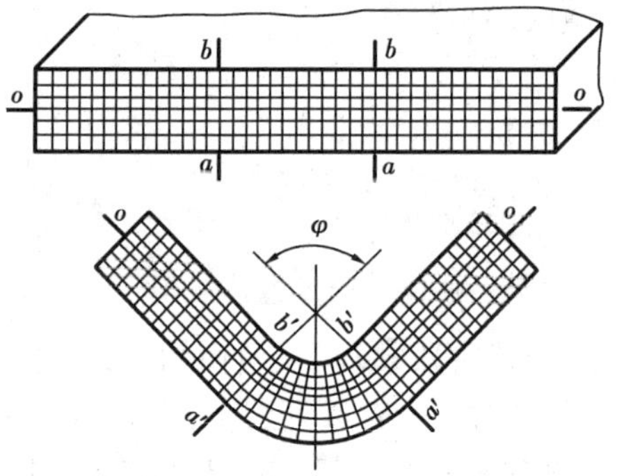

图 3.4　弯曲变形分析

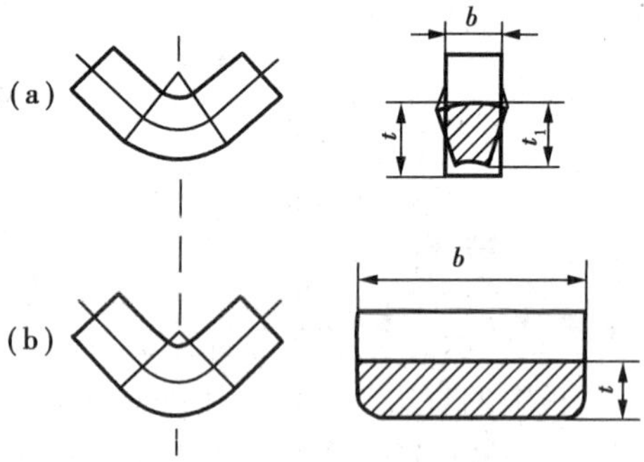

图 3.5　弯曲变形区的断面变化

(a)窄板($b<3t$)　(b)宽板($b>3t$)

4)当相对弯曲半径(r/t)较小时,弯曲变形区中的板料在弯曲后产生厚度变薄现象。即由 t 变为 t_1。

3.1.3　弯曲变形区的应力应变状态

由于坯料的相对宽度 b/t 直接影响坯料弯曲时沿宽度方向的应变,同时影响应力,因而,随着 b/t 的不同,变形区具有不同的应力、应变状态。

1)应变状态

①长度方向　外侧拉伸应变,内侧压缩应变,其应变 ε_1 为绝对值最大的主应变。

②厚度方向　根据塑性变形体积不变条件可知,沿着坯料的宽度和厚度方向,必然产生与 ε_1 符号相反的应变。在坯料的外侧,长度方向主应变 ε_1 为拉应变,所以厚度方向的 ε_2 为压应变;在坯料的内侧,长度方向主应变 ε_1 为压应变,所以厚度方向的应变 ε_2 为拉应变。

③宽度方向　分两种情况。弯曲窄板($b/t<3$)时,材料在宽度方向可以自由变形,故外侧

应为和长度方向主应变 ε_1 符号相反的压应变，内侧为拉应变；弯曲宽板（$b/t>3$）时，沿宽度方向，材料之间的变形相互制约，材料的流动受阻，故外侧和内侧沿宽度方向的应变 ε_3 近似为零。

2）应力状态

①长度方向　外侧受拉应力，内侧受压应力，其应力 σ_1 为绝对值最大的主应力。

②厚度方向　弯曲过程中，在凸模作用下，变形区内外层材料在厚度方向相互挤压，产生压应力 σ_2。

③宽度方向　分两种情况。弯曲窄板时，由于材料在宽向的变形不受限制，因此，其内侧和外侧的应力均为零；弯曲宽板时，外侧材料在宽向的收缩受阻，产生拉应力 σ_3，内侧宽向伸长受阻产生压应力。

材料在弯曲过程中的应力应变状态见表3.1。可以看出，宽板弯曲属于三向应力状态，二向平面应变状态；而窄板弯曲则是二向平面应力状态，三向应变状态。

表3.1　板料弯曲时的应力应变状态

名 称	窄板弯曲 ($b<3t$)	宽板弯曲 ($b>3t$)
图形	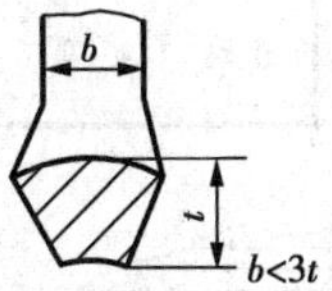	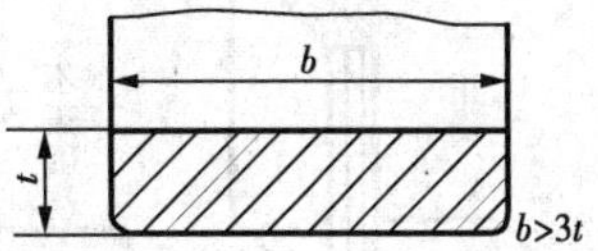
内侧应力应变状态	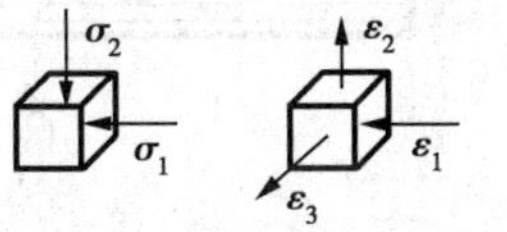	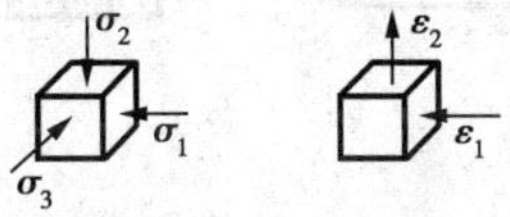
外侧应力应变状态	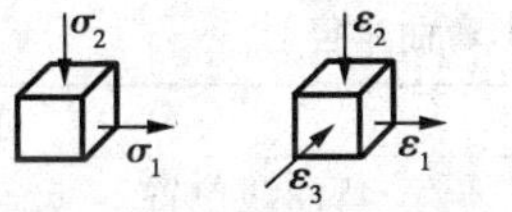	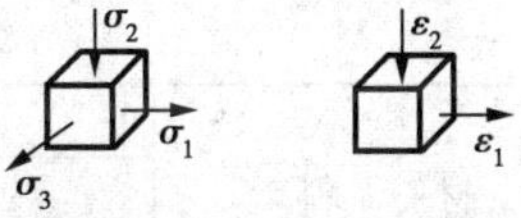

3.2　弯曲件的质量分析

3.2.1　弯裂与最小弯曲半径

弯曲变形的极限变形程度，主要表现为弯曲开裂，这主要是由于弯曲件的外层纤维受拉，变形最大，所以最容易断裂而造成废品。而弯曲时弯曲半径越小，板料外表面的变形程度越大。如果弯曲半径过小，则板料的表面变形将超过材料的最大许可变形而产生裂纹。因此弯曲工艺受最小弯曲半径的限制。

影响最小弯曲半径的主要因素有：

1）材料的机械性能　塑性好的材料，外层纤维允许变形程度就大，许可的最小弯曲半径就越小；塑性差的材料，最小弯曲半径就要大些。另外，在弯曲过程中的加工硬化现象也会影响最小弯曲半径。若经过退火后进行弯曲,则最小弯曲半径可小些。

2)弯曲线方向　板料经轧制后得到纤维组织,由于纤维的方向性导致材料机械性能的异向性,板材纵向(轧制方向)的塑性指标大于横向(垂直于轧制方向)。因此,当弯曲线与材料的纤维方向(轧制方向)垂直时,材料具有较大的拉伸强度,外层纤维不易破裂,可取较小的弯曲半径。见图3.6。当弯曲件有两个互相垂直的弯曲线,而且弯曲半径又比较小时,为避免弯曲线与轧制方向重合,应在排样时设法使两个弯曲线都处于板材轧制方向成45°角的位置。

3)弯曲角　弯曲角如果大于90°,对最小弯曲半径影响不大,如果弯曲角小于90°,则由于外层纤维拉伸加剧,最小弯曲半径应增大。

4)板材的厚度　弯曲变形区切向应变在板料厚度方向按线性规律变化,外表面最大,在中心为零。当板料的厚度较小时,切向应变的梯度大、很快由最大值降为零。当板料厚度较大时,与切向应变最大值相邻近的金属可以起到阻止表面材料局部不均匀延伸的作用,使总变形程度得以变大,即最小弯曲半径更小。

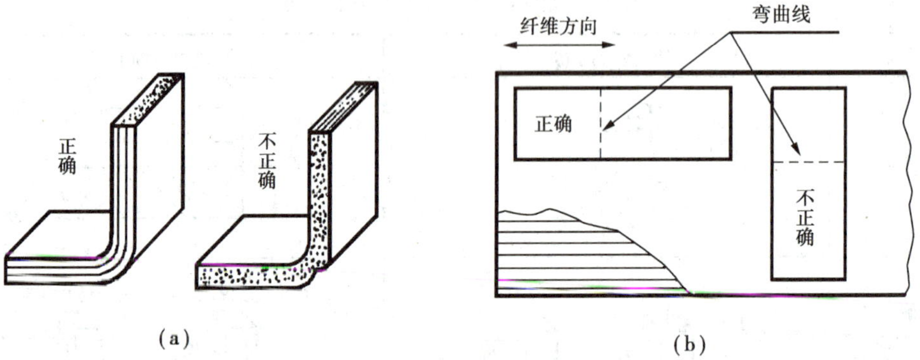

图3.6　弯曲线与轧制方向

表3.2　最小弯曲半径 r_{min}

材　　料	退火状态		加工硬化状态	
	弯曲线位置			
	垂直纤维	平行纤维	垂直纤维	平行纤维
08、10、Q95、Q15	$0.1t$	$0.4t$	$0.4t$	$0.8t$
15、20、Q235	$0.1t$	$0.5t$	$0.5t$	$1.0t$
25、30、Q255	$0.2t$	$0.6t$	$0.6t$	$1.2t$
35、40、Q275	$0.3t$	$0.8t$	$0.8t$	$1.5t$
45、50	$0.5t$	$1.0t$	$1.0t$	$1.7t$
55、60	$0.7t$	$1.3t$	$1.3t$	$2.0t$
铝	$0.1t$	$0.35t$	$0.5t$	$1.0t$
纯铜	$0.1t$	$0.35t$	$1.0t$	$2.0t$
软黄铜	$0.1t$	$0.35t$	$0.35t$	$0.8t$
半硬黄铜	$0.1t$	$0.35t$	$0.5t$	$1.2t$
磷铜	—	—	$1.0t$	$3.0t$

注:①当弯曲线与纤维方向成一定角度时,可采用垂直和平行纤维方向二者的中间值。

②在冲裁或剪切后没有退火的坯料弯曲时,应作为硬化的金属选用。

③表中 t 为坯料厚度

5）板料表面和侧面质量　板料表面和侧面质量较差时，极易造成应力集中而弯裂，此时应采用较大的弯曲半径，并处理好弯曲线方向。对冲裁后得到的半成品件进行弯曲时，应在弯曲前将毛刺清除掉，或将有毛刺及缺陷的一面朝向弯曲凸模，则弯裂的危险性相对较小。

由于影响最小弯曲半径 r_{min} 的工艺和材料等方面的因素很多，因此实际生产中的最小弯曲半径，可从经过试验获得的经验数据来确定，见表3.2。

3.2.2　弯曲变形的回弹

(1)回弹现象

材料的弯曲变形必然要由弹性变形过渡到塑性变形，而在塑性变形中不可避免的存在弹性弯曲变形，导致材料弯曲后，制件的弯曲角度和弯曲半径发生变化而与模具尺寸有一定的误差，这种现象叫回弹。

在弯曲加载过程中，板料变形区内侧与外侧的应力应变性质相反，卸料时内侧与外圆的回弹变形性质也相反，而回弹的方向都是反向于弯曲变形方向。对整个坯料而言，不变形区占的比例比变形区大得多，大面积不变形区的惯性影响会加大变形区的回弹，这是弯曲回弹比其他成形工艺回弹严重的另一个原因。它们对弯曲件的形状和尺寸变化影响十分显著。

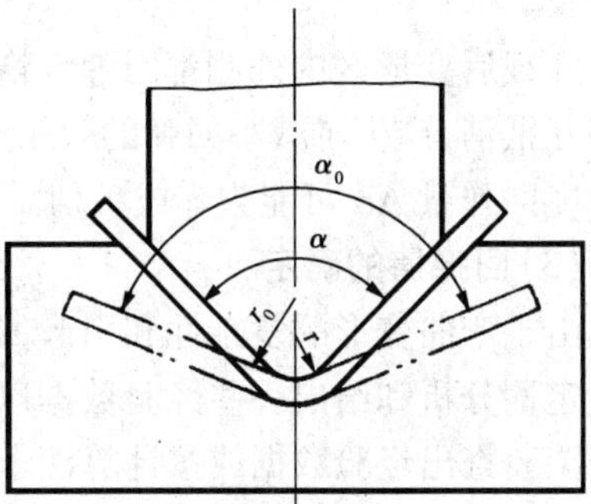

图3.7　弯曲回弹现象

一般情况下，弯曲回弹的表现形式有两个方面（见图3.7）：

1）弯曲半径增大　卸载前坯料的内半径 r（与凸模半径吻合），卸载后增加至 r_0，半径的增量为 Δr 为：

$$\Delta r = r_0 - r \tag{3.1}$$

2）弯曲件角度增大　卸载前坯料的弯曲角度为 α（与凸模顶角吻合），卸载后增大到 α_0，角度的增加量 $\Delta\alpha$ 为：

$$\Delta\alpha = \alpha_0 - \alpha \tag{3.2}$$

(2)影响回弹的主要因素

1）材料的机械性能

材料的屈服点 σ_s 愈高，弹性模量 E 愈小，弯曲变形的回弹也愈大。因为材料的屈服点 σ_s 愈高，材料在一定的变形程度下，其变形区断面内的应力也愈大，因而引起更大的弹性变形，所以回弹值也大。而弹性模量 E 愈大，则抵抗弹性变形的能力愈强，所以回弹值愈小。

2）相对弯曲半径 r/t

相对弯曲半径 r/t 愈小，则回弹值愈小。因为相对弯曲半径 r/t 愈小，变形程度愈大，变形区总的切向变形程度增大，塑性变形在总变形中占的比例增大，而相对弹性变形的比例则减少，从而回弹值减小。反之，相对弯曲半径 r/t 愈大，则回弹值愈大。这就是曲率半径很大的工件不易弯曲成形的原因。

3）弯曲中心角 α

弯曲中心角 α 愈大，表示变形区的长度愈长，回弹累积值愈大，故回弹角愈大，但对曲率半径的回弹没有影响。

4）模具间隙

弯曲模具的间隙愈大，回弹也愈大。所以板料厚度允差愈大，回弹值愈不稳定。

5）弯曲件的形状

由于两边受牵制，U 形件的回弹小于 V 形件。形状复杂的弯曲件一次弯成时，由于各部分相互牵制，以及弯曲件表面与模具表面之间的摩擦影响，改变了弯曲件各部分的应力状态（一般可以增大弯曲变形区的拉应力），使回弹困难，因而回弹角减小。

6）弯曲力

弯曲力的大小不同，使回弹值亦有所不同。校正弯曲时回弹较小，因为校正弯曲时校正力比自由弯曲时的弯曲力大得多，使变形区的应力应变状态与自由弯曲时有所不同。极大的校正弯曲力迫使变形区内侧产生了切向拉应变，与外侧的切向应变方向相同，因此内外侧纤维都被拉长。

卸载后变形区内外侧都因弹性恢复而缩短，内侧回弹方向与外侧相反，内外两侧的回弹趋势相互抵消，产生了减小回弹的效果。如果 V 形件校正弯曲时相对弯曲半径 $r/t<0.2\sim0.3$，则角度回弹量 $\Delta\alpha$ 可能为零或负值。

（3）回弹值的确定

由于弯曲变形的复杂性和引起回弹的多种原因，目前要准确地确定回弹值还做不到，仅能通过定性分析和给出一些经验数据以减少模具设计和制造中的盲目性。在设计弯曲模时，一般按图表查出经验数据或按计算法求出回弹角估计值，再在试模中进行修整。对于不同的相对弯曲半径，回弹值的确定方法也不同。

1）$r/t<5$

$r/t<5$ 为小弯曲半径弯曲。自由弯曲时半径变化不大，故只考虑回弹角。表 3.3 列出了 V 形件 90°自由弯曲的回弹值。当弯曲角度大于或小于 90°时，回弹角应做如下修正

表 3.3 自由弯曲 90°时的平均回弹角 $\Delta\alpha$

材料	r/t	材料厚度 t/mm		
		<0.8	0.8~2	>2
软钢 $\sigma_b=350$ MPa	<1	4°	2°	0°
软黄铜 $\sigma_b\leqslant350$ MPa	1~5	5°	3°	1°
铝、锌	>5	6	4°	2°
中硬钢 $\sigma_b=400\sim500$ MPa	<1	5°	2°	0°
硬黄铜 $\sigma_b=350\sim400$ MPa	1~5	6°	3°	1°
硬青铜	>5	8°	5°	3°
硬钢 $\sigma_b>550$ MPa	<1	7°	4°	2°
	1~5	9°	5°	3°
	>5	12°	7°	6°

$$\Delta\alpha_\alpha=\frac{\alpha}{90^\circ}\Delta\alpha_{90^\circ} \tag{3.3}$$

式中 $\Delta\alpha_{90^\circ}$——弯曲制件夹角为 90°时的回弹角；

$\Delta\alpha_\alpha$——弯曲制件夹角为 α 时的回弹角。

2) $r/t>10$

$r/t>10$ 时，由于弯曲半径较大，卸载后不仅弯曲制件的夹角会变，而且弯曲半径也有较大变动。这时凸模圆角半径 r_T 和回弹角 $\Delta\alpha$ 可分别按下式计算参考值，待试模后再加以修整。

$$r_T = \frac{1}{\dfrac{1}{r}+3\dfrac{\sigma_s}{E\cdot t}} \tag{3.4}$$

$$\Delta\alpha = (180°-\alpha)\left(\frac{r}{r_T}-1\right) \tag{3.5}$$

式中　r——零件的圆角半径(mm)；

r_T——凸模的圆角半径(mm)；

σ_s——弯曲材料的屈服点(MPa)；

E——弯曲材料的弹性模量(MPa)；

t——坯料的厚度(mm)；

$\Delta\alpha$——回弹角(°)；

α——弯曲件的角度(°)。

上述公式的计算值是近似的。根据工厂的经验，修磨凸模时，“放大”弯曲半径比“收小”弯曲半径容易。因此，对于 r/t 值较大的弯曲件，生产中希望压弯后零件的曲率半径略比图样尺寸小些，以便在试模后能比较容易地修正。

(4)减小回弹值的措施

1)改进弯曲件的设计

尽量避免选用过大的相对弯曲半径 r/t。可以通过改进弯曲件的某些结构，以加强弯曲件的刚度以减小回弹。例如在制件的弯曲变形区上压制加强筋[图3.8(a)、(b)]或成形折边[图3.8(c)]。

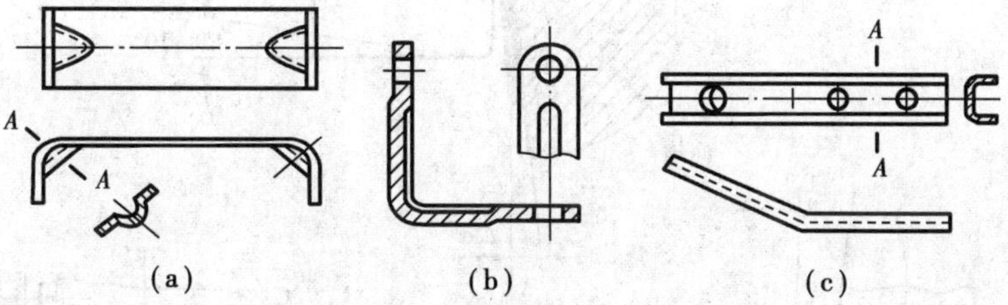

图3.8　改进弯曲件结构设计

2)合理选用材料

尽量选用 σ_s/E 小、机械性能稳定和板料厚度波动小的材料。

3)采取适当的工艺措施

①采用校正弯曲代替自由弯曲。

②对一些硬材料和已经冷却硬化的材料，弯曲前先进行退火处理，降低其硬度以减少弯曲时的回弹，待弯曲后再淬硬。在条件允许的情况下，甚至可

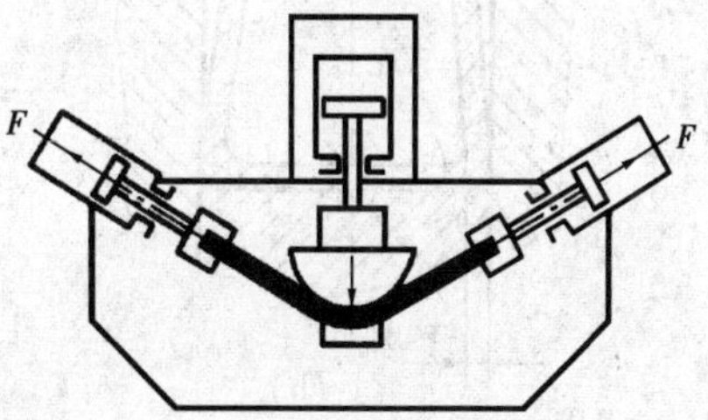

图3.9　拉弯工艺

使用加热弯曲。

③对于相对弯曲半径很大的弯曲件,由于变形区大部分处于弹性变形状态,弯曲回弹量很大。采用拉弯工艺,如图 3.9 所示。

工件在弯曲变形的过程中受到了切向拉伸力的作用。施加的拉伸力使变形区内的合成应力大于材料的屈服极限,中性层内侧压应变转化为拉应变,从而材料的整个横断面都处于塑性拉伸变形的范围。卸载后内外两侧的回弹趋势相互抵消,因此可大大减少弯曲件的回弹。

大曲率半径弯曲件的拉弯可以在拉弯机上进行。一般小型弯曲件要采用在毛坯直边部分加压边力的方法,限制非变形区材料的流动,见图 3.10;或减小凸、凹模间隙,使变形区的材料做变薄挤压拉伸,见图 3.11,以增加弯形区的拉应变。

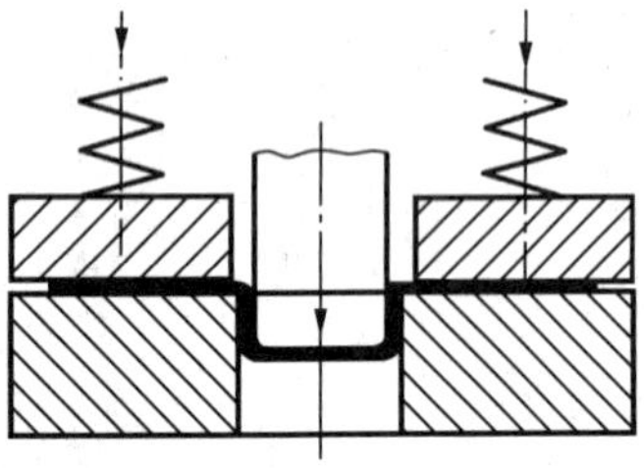

图 3.10　有压边力弯曲

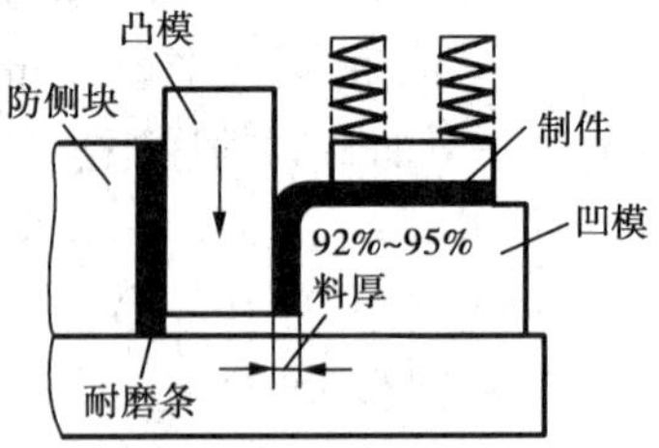

图 3.11　小间隙拉弯

4)合理设计弯曲模

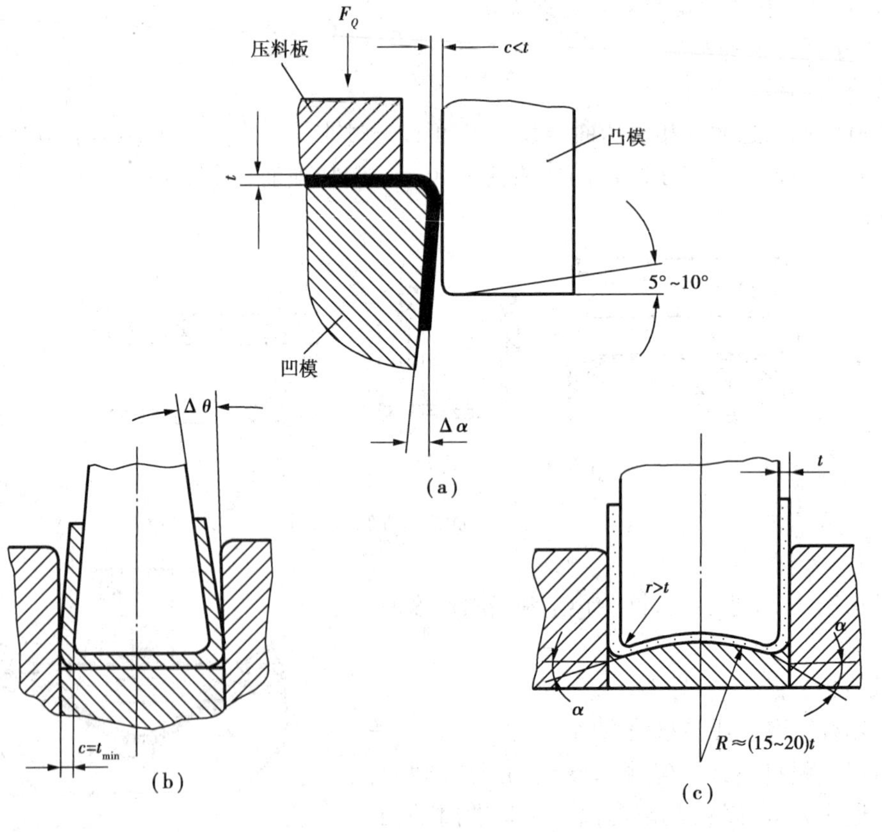

图 3.12　补偿回弹的方法

①在单角弯曲中，将凹模角度减去一个回弹角，见图3.12(a)；在双角弯曲中将凸模壁作出等于回弹角的倾斜度，使制件回弹后恰好等于所需的角度，见图3.12(b)。

在双角弯曲中还可以将凸模和顶板做面弧形曲面，借以造成制件底面的局部弯曲，当制件从弯曲模中取出后，由于曲面部分伸直，从而补偿了制件二侧壁的回弹，见图3.12(c)。

②利用模具的定位台阶，在弯曲件直边的端部加压，使弯曲变形的内、外区都成为压应力而减少回弹，并能得到精确的弯边高度(图3.13)。

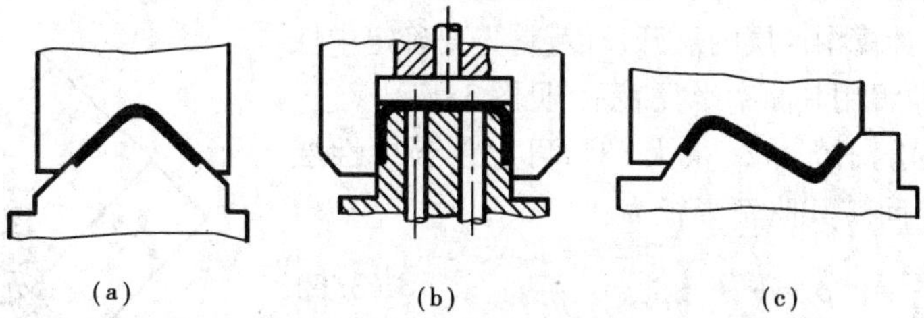

图3.13　端部加压减小回弹

③用橡胶或聚氨酯代替刚性凹模，由于承受聚氨酯侧压力的作用，直边部分不发生弯曲，随着凸模进一步下压，激增的弯曲力将会改变圆角变形区材料的应力应变状态，达到类似校正弯曲的效果，从而减少了回弹。调节凸模的压入深度，以控制弯曲角度，见图3.14。

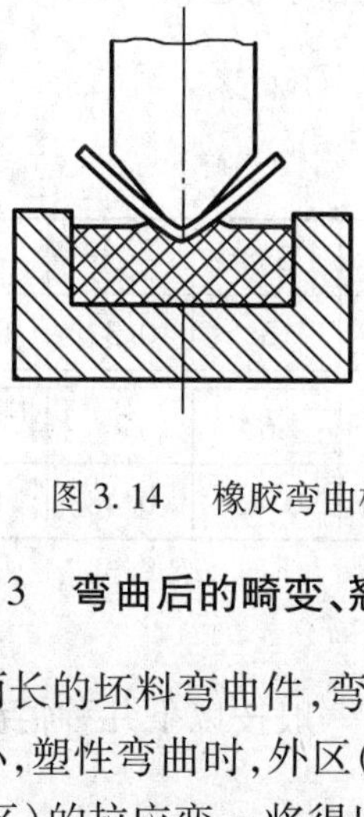

图3.14　橡胶弯曲模

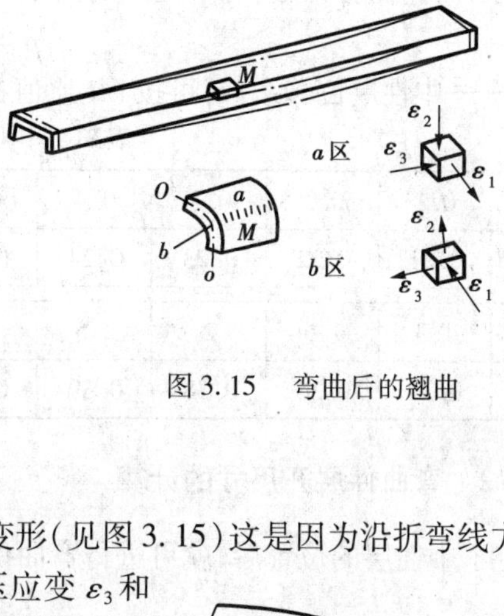

图3.15　弯曲后的翘曲

3.2.3　弯曲后的畸变、翘曲

细而长的坯料弯曲件，弯曲后纵向产生翘曲变形(见图3.15)这是因为沿折弯线方向零件的刚度小，塑性弯曲时，外区(a区)宽度方向的压应变ε_3和内区(b区)的拉应变ε_3将得以实现，结果使折弯线翘曲。采用校正弯曲可消除这种现象。当坯料短而粗时，沿零件纵向刚度大，宽向应变被抑制，翘曲则不明显。

剖面的畸变现象：窄板弯曲的剖面畸变，前面已做了讨论；对于管材弯曲后的剖面畸变如图3.16所示。在薄壁管的弯曲中，还会出现内侧面因受压应力的作用而失稳起皱的现象。因此弯曲时管中应加填料或芯棒。

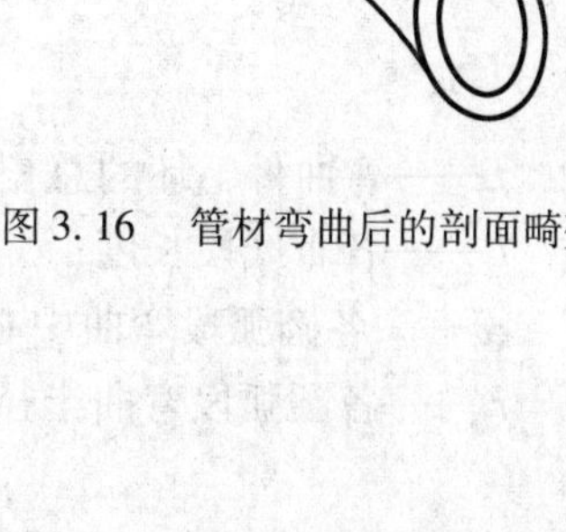

图3.16　管材弯曲后的剖面畸变

3.3 弯曲件展开尺寸计算

3.3.1 中性层和中性层位置的确定

根据中性层的定义,中性层的长度在弯曲过程中保持不变。因此,中性层的展开长度就是弯曲件毛料的长度。计算中性层的展开长度,首先要确定中性层的位置,中性层位置用其曲率半径表示(见图 3.17)。

当弯曲变形程度不大(r/t 很大)时,可以认为中性层位于板料厚度的中间。其曲率半径为:

$$\rho = r + \frac{t}{2} \tag{3.6}$$

式中 ρ——曲率半径(mm);

r——制件弯曲半径(mm);

t——材料厚度(mm)。

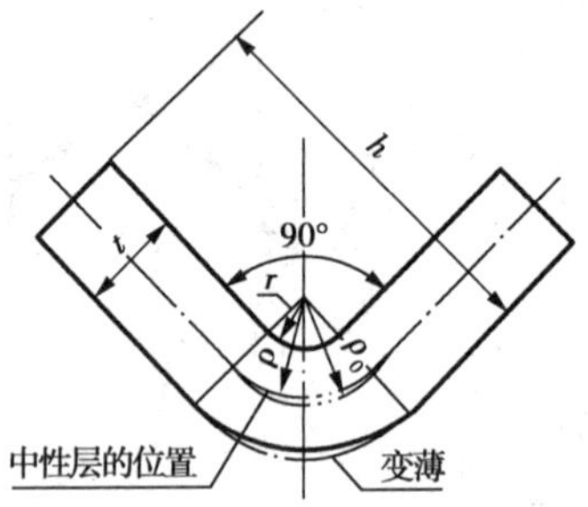

图 3.17 中性层的位置

当弯曲变形程度很大(r/t 很小)时,中性层的位置随 r/t 的减小,向内侧移动,这时中性层的曲率半径通常用下面经验公式确定:

$$\rho = r + xt \tag{3.7}$$

式中 x——中性层位移系数,可按 r/t 比值在表 3.4 中查取。

表 3.4 中性层的位移系数

r/t	0.1	0.2	0.3	0.4	0.5	0.6	0.7	0.8	1	1.2
x	0.21	0.22	0.23	0.24	0.25	0.26	0.27	3	0.32	0.33
r/t	1.3	1.5	2	2.5	3	4	5	6	7	≥8
x	0.34	0.36	0.38	0.39	0.40	0.42	0.44	0.46	0.48	0.5

3.3.2 弯曲件展开尺寸的计算

确定了中性层的位置后,就可进行弯曲件展开长度的计算。一般按以下几种情况分别计算:

(1)圆角半径 $r > 0.5t$ 的弯曲件

如图 3.18(a)所示,运用应变中性层的长度在弯曲过程中长度不变的结论,显然其展开长度、等于弯曲制件直线部分的长度和圆弧部分的长度之和,即

$$L = \sum l_i + \sum \frac{\pi\alpha_i}{180°}(r_i + x_i t) \tag{3.8}$$

式中 L——弯曲件毛坯的总长度(mm);

l_i——各直线段长度;

α_i——各圆弧段弯曲中心角;

r_i——各圆弧段弯曲半径;

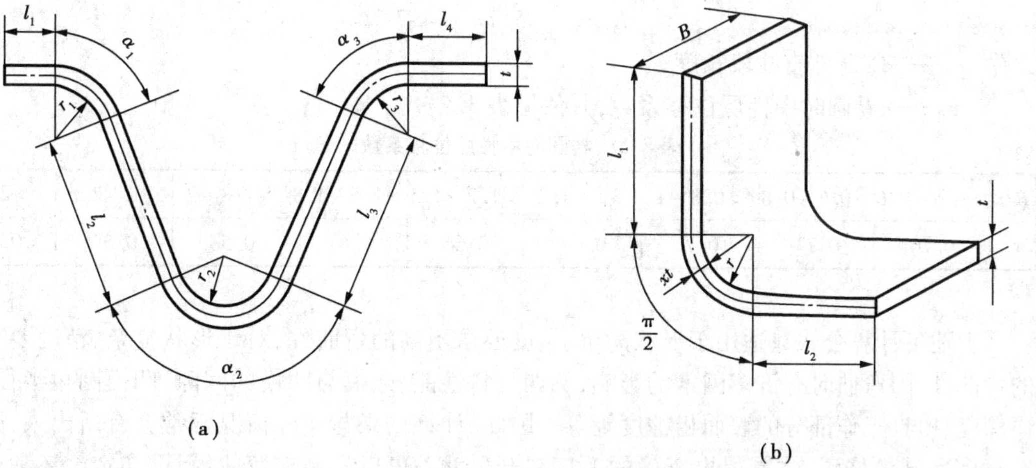

图 3.18　圆角半径 $r>0.5t$ 的弯曲件
(a)多角弯曲件　(b)90°单角弯曲件

x_i——各圆弧段的中性层位移系数。

(2)圆角半径 $r<0.5t$ 的弯曲件

如图 3.19 所示,这类弯曲制件的弯曲部分毛坯尺寸计算是根据弯曲前后材料体积不变原则确定的,考虑到弯曲时圆角变形区板厚变薄的因素,计算公式如下

$$L = \sum l_{直} + \sum l_{弯}$$

而

$$\sum l_{弯} = Knt$$

因此

$$L = \sum l_{直} + Knt \tag{3.9}$$

式中　$\sum l_{直}$—— 弯曲件各直线段长度之和;

$\sum l_{弯}$—— 弯曲件各弯曲部分长度之和;

n—— 弯曲角数;

K—— 系数。单角弯曲时 $K = 0.48 \sim 0.5$;双角弯曲时 $K = 0.45 \sim 0.8$;多角弯曲时 $K = 0.25$; 塑性良好的材料 $K = 0.125$。

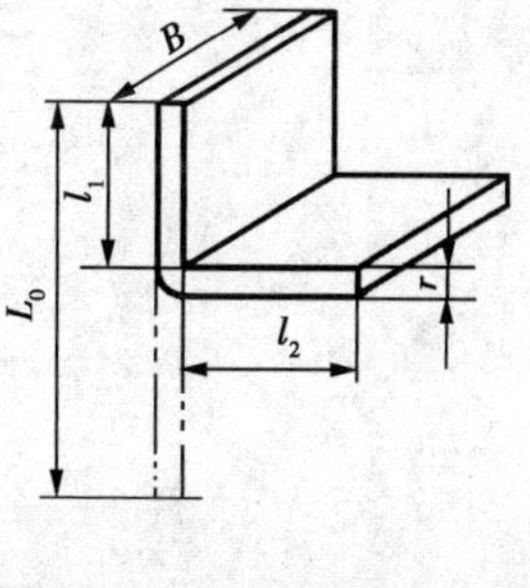

图 3.19　无圆角半径的弯曲

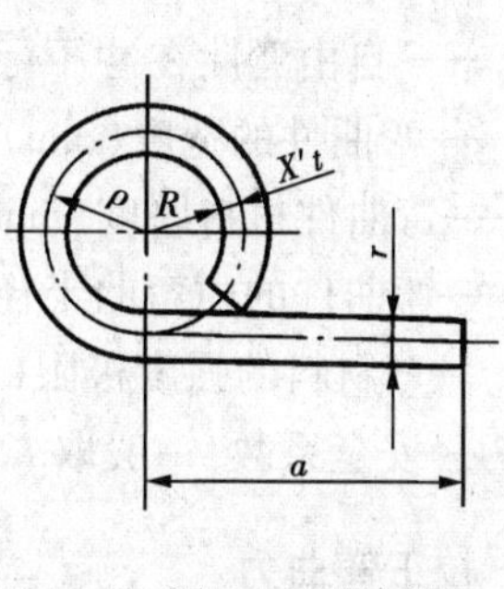

图 3.20　铰链

(3)铰链卷圆弯曲件

如图 3.20 所示,对于 $R=(0.6\sim3.5)t$ 的铰链卷圆弯曲制件,在卷圆过程中板料增厚,应

变中性层外移，毛坯长度可按下式近似计算

$$L = a + 5.7R + 4.7x_1 t \tag{3.10}$$

式中　a——铰链件直线段长度；

x_1——卷圆时中性层位移系数，其值见表3.5。

表3.5　卷圆时中性层位移系数 x_1 值

R/t	>0.5~0.6	>0.6~0.8	>0.8~1	>1~1.2	>1.2~1.5	>1.5~1.8	>1.8~2	>2~2.2	>2.2
x_1	0.76	0.73	0.7	0.67	0.64	0.61	0.58	0.54	0.5

上述各计算公式只适用于形状简单、精度要求不高的弯曲件；对于形状复杂、精度要求高的弯曲件，因弯曲时有许多因素的影响，例如材料性能、凸模与凹模的间隙、凹模圆角半径、凹模深度、模具工作部分的表面粗糙度等等。因此，计算结果与实际情况常常会有所出入，必须经过多次试模修正，才能得出正确的毛坯展开尺寸。可以先制作弯曲模具，初定毛坯裁剪试样，经试弯修正并将尺寸修改正确后再制作落料模。

3.4　弯曲力的计算和设备选择

弯曲力是选择压力机和设计模具的重要依据之一。由于弯曲力受材料性能、零件形状、弯曲方法、模具结构等多种因素的影响，很难用理论分析的方法进行准确计算，所以在生产中常采用经验公式来计算。

3.4.1　自由弯曲力

V形件弯曲力

$$F_{自} = \frac{0.6KBt^2\sigma_b}{r+t} \tag{3.11}$$

U形件弯曲力

$$F_{自} = \frac{0.7KBt^2\sigma_b}{r+t} \tag{3.12}$$

式　中　$F_{自}$——自由弯曲在冲压行程结束时的弯曲力(N)；

B——弯曲件的宽度(mm)；

t——弯曲件材料厚度(mm)；

r——弯曲件的内弯曲半径(mm)；

σ_b——材料的强度极限(MPa)；

K——安全系数，一般取 $K=1.3$。

3.4.2　校正弯曲力

$$F_{校} = Ap \tag{3.13}$$

式中　$F_{校}$——校正弯曲力(N)；

A——校正部分投影面积(mm^2);

p——单位校正力,其值见表3.6。

表3.6　单位校正力 p(MPa)

材　料	材　料　厚　度　t/mm			
	<1	1~3	3~6	6~10
铝	15~20	20~30	30~40	40~50
黄　铜	20~30	30~40	40~60	60~80
10~20钢	30~40	40~60	60~80	80~100
25~30钢	40~50	50~70	70~100	100~120

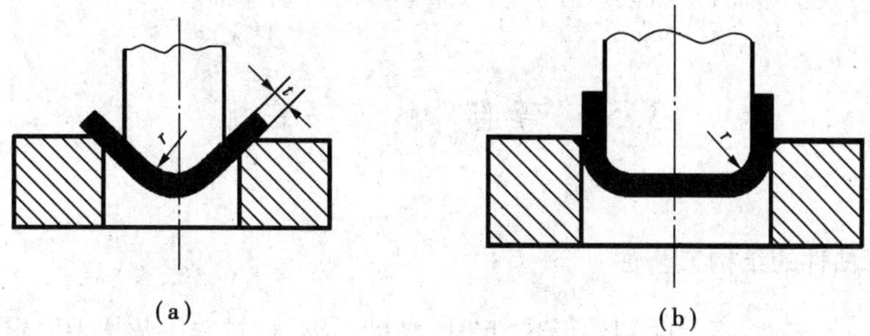

图3.21　自由弯曲

(a)V形弯曲　(b)U形弯曲

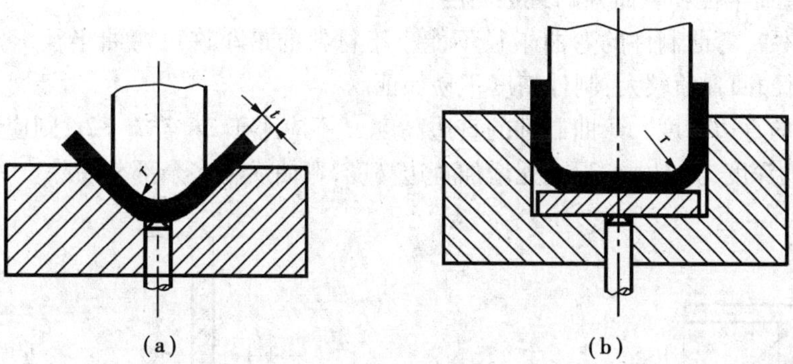

图3.22　校正弯曲

(a)V形弯曲　(b)U形弯曲

3.4.3　顶件力和压料力

对于设有弹顶装置或压料装置的弯曲模,其顶件力或压料力值可近似取自由弯曲力的30%~80%,即

$$F_{顶}(F_{压}) = (0.3 \sim 0.8)F_{自} \tag{3.14}$$

3.4.4 压力机公称压力的确定

对有压料装置的自由弯曲

$$F_{压机} \geqslant F_{自} + F_{压}(或 F_{顶}) \tag{3.15}$$

式中 $F_{压机}$——压力机公称压力。

对于校正弯曲,由于校正力与自由弯曲力不重叠,且数值比压料力大得多,故可忽略不计,只按校正力选择设备,即

$$F_{压机} \geqslant F_{校} \tag{3.16}$$

由于校正力大小很大程度上由模具运行到下止点压紧板料的程度决定,故选用液压机或摩擦压力机进行校正弯曲较安全可靠。但实际生产中由于设备条件及生产效率等原因,常用曲柄压力机进行校正弯曲,这就要求在安装调整模具时特别仔细。

3.5 弯曲件的工序安排

3.5.1 弯曲件的结构工艺性

弯曲制件的工艺性,指弯曲制件形状、尺寸、精度要求、材料选用及技术要求等是否符合弯曲变形规律的要求。具有良好工艺性的弯曲件,能简化弯曲工艺过程和提高弯曲件的精度,并有利于模具的设计和制造。

(1)最小弯曲半径和弯曲件的直边高度

1)弯曲半径　弯曲制件的弯曲半径不能小于材料的最小许可弯曲半径,否则会弯裂;但过大的弯曲半径,回弹值较大,制件精度不易保证。

2)弯曲件的直边高度　弯曲制件的直边高度 H 不应小于 $2t$,若 $H<2t$,则应预先压槽如图 3.23 所示,槽的深度为 $t/4 \sim t/3$;或先增加直边高度,弯曲后将多余部分切除。

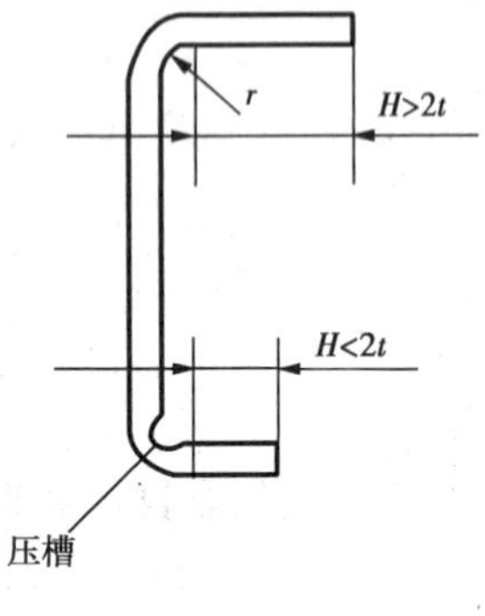

图 3.23　弯曲件直边高度

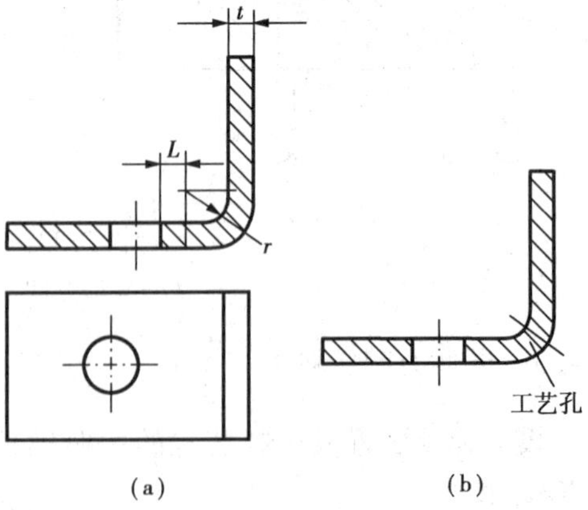

图 3.24　弯曲件孔边距

(2)弯曲件孔边距

带孔的板料在弯曲时,如果孔位于弯曲变形区内,则孔的形状会发生畸变。因此,孔边到弯曲半径中心的距离应按料厚确定,即当 $t<2\text{mm}$ 时,$L\geqslant t$;当 $t\geqslant 2\text{mm}$ 时,$L\geqslant 2t$。

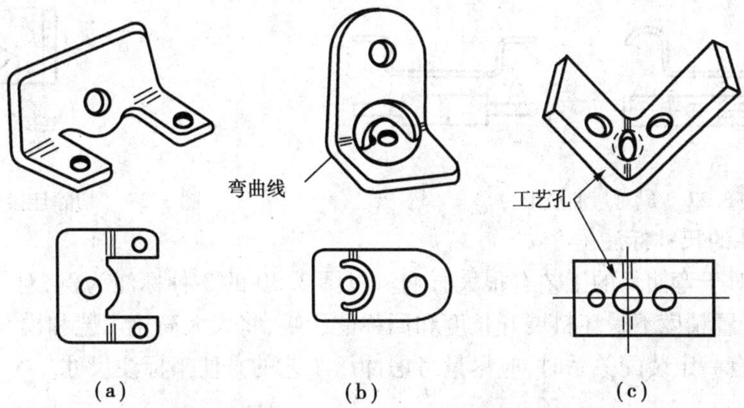

图3.25　防止弯曲件孔变形的措施

如果孔边至弯曲半径中心距离过小,可采取冲凸缘形缺口或月牙槽,见图3.25(a)、(b)。或在弯曲变形区冲出工艺孔,以转移变形,见图3.25(c)。

(3)增加工艺孔、槽或缺口

板料边缘需要局部弯曲时,为了避免角部畸变与成形裂纹,应预先切槽或冲工艺孔,如图3.26所示。

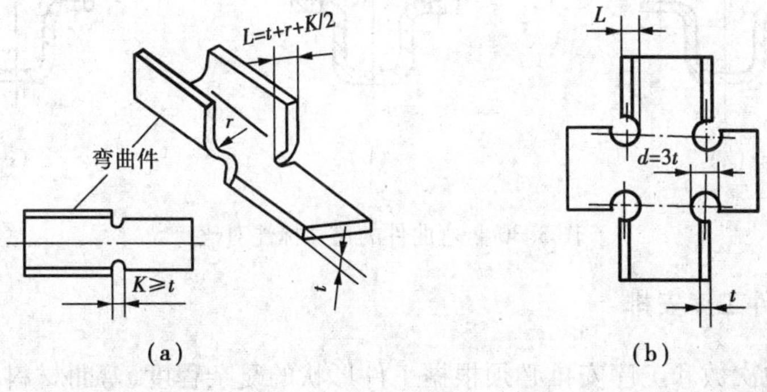

图3.26　预冲工艺槽、孔的弯曲件

(4)弯曲件的几何形状

弯曲件的形状应对称,左右弯曲半径应一致。否则,板料弯曲时将会因摩擦阻力不均匀而产生滑动偏移。

弯曲不对称制件时,应在模具上增加压料装置,或利用弯曲件上的工艺孔采用定位销定位,有时也可考虑成对弯曲后再切断,如图3.27所示。

带有缺口的弯曲件,若先冲缺口再弯曲会出现叉口现象,甚至无法成形。这时,必须在缺口处留有连接带,弯曲后再将连接带切除,如图3.28所示。

带有切口弯曲的工件,弯曲部分一般应做成梯形以便于出模。也可先冲出周边槽孔,然后弯曲成形,如图3.29所示。

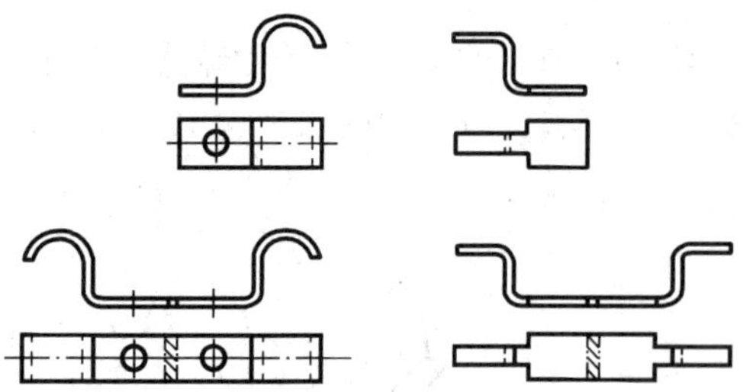

图 3.27　成对弯曲成形

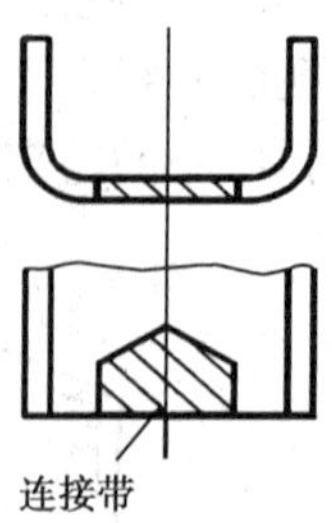

图 3.28　切除连接带弯曲件

(5)弯曲件的尺寸标注

尺寸标注对于弯曲件的工艺有很大影响。以图 3.30 的 3 种标注为例,对于(a)图中的标注方法,孔的位置精度不受坯料展开长度和回弹的影响,将大大简化工艺和模具设计。因此在不要求弯曲件有一定装配关系时,应尽量考虑冲压工艺的方便来标注尺寸。

图 3.29　切口件形状

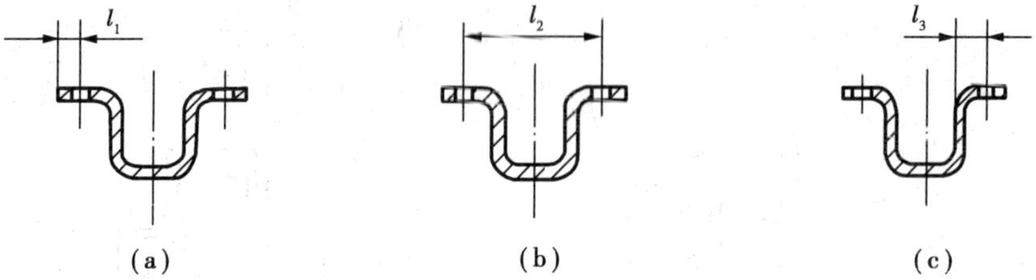

图 3.30　弯曲件的尺寸标注对比

3.5.2　弯曲件工序安排

弯曲件的弯曲次数和工序安排必须根据工件形状的复杂程度、弯曲材料的性质、尺寸精度要求的高低以及生产批量的大小等因素综合进行考虑。合理安排弯曲工序可以简化模具结构、便于操作定位、减少弯曲次数、提高工件的质量和劳动生产率。

(1)弯曲件的工序安排原则

1)对于形状简单的弯曲件,如 V 形、U 形、Z 形工件等,可以采用一次弯曲成形。对于形状复杂的弯曲件,一般需要采用二次或多次弯曲成形。

2)对于批量大而尺寸较小的弯曲件,为使工人操作方便、安全,保证弯曲件的准确性和提高生产率,应尽可能采用连续模或复合模。

3)需多次弯曲时,弯曲次序一般是先弯两端,后弯中间部分,前次弯曲应考虑后次弯曲有可靠的定位,后次弯曲不能影响前次已弯成的形状。

4)当弯曲件几何形状不对称时,为避免压弯时坯料偏移,应尽量采用成对弯曲,然后再切成两件的工艺(见图3.27)。

(2)典型弯曲件的工序安排

图3.31～图3.34分别为一次弯曲、二次弯曲、三次弯曲以及多次弯曲成形工件的例子，可供制订弯曲件工艺规程时参考。

图3.31　一道工序弯曲成形

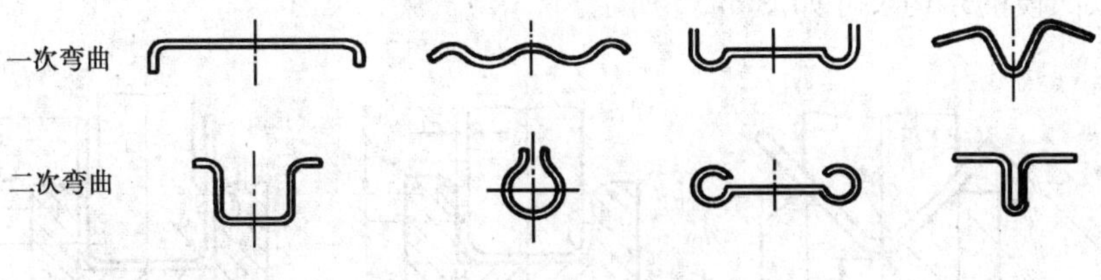

图3.32　二道工序弯曲成形

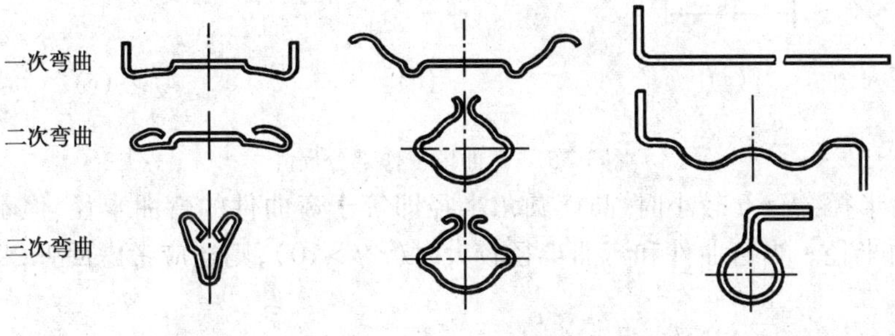

图3.33　三道工序弯曲成形

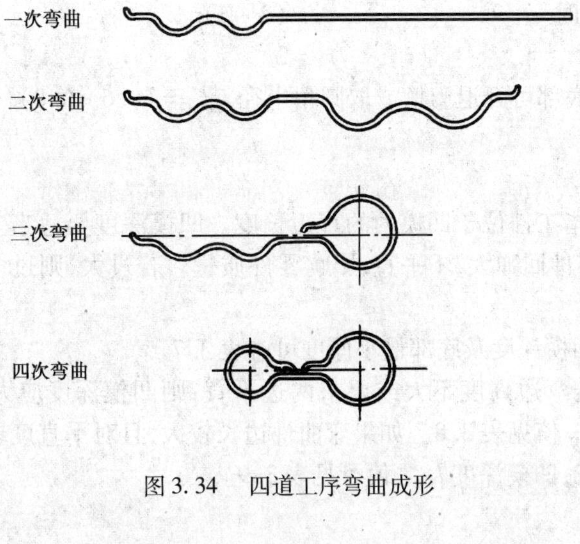

图3.34　四道工序弯曲成形

3.6 弯曲模工作部分设计

弯曲模工作部分的设计主要是指凸、凹模的圆角半径和凹模的深度。对 U 形件的弯曲模，则还有凸、凹模之间的间隙及模具横向尺寸。

3.6.1 凸、凹模的圆角半径

弯曲凸、凹模的结构尺寸如图 3.35 所示。

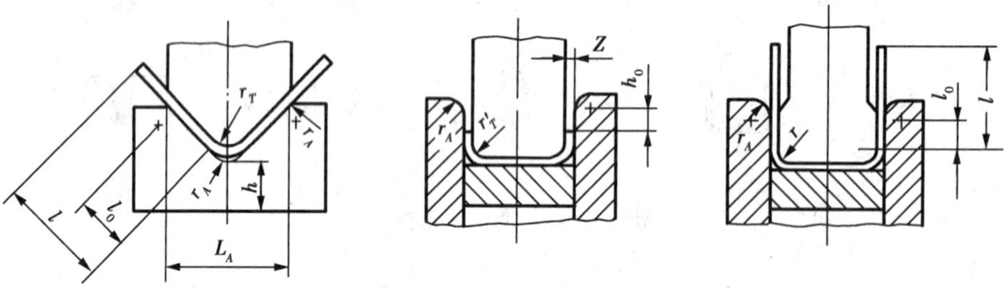

图 3.35　弯曲模工作部分尺寸

凸模圆角半径：当 r/t 较小时，凸模圆角半径即等于弯曲件的弯曲半径，但不应小于弯曲件的最小弯曲半径。当弯曲件和弯曲半径较大时（$r/t>10$），则还应考虑回弹，将圆角半径加以修正。

凹模圆角半径：实际生产中，凹模圆角半径通常根据材料的厚度选取。

当　$t \leqslant 2$ mm 时　　$r_A=(3\sim6)t$

　　$t=2\sim4$ mm 时　　$r_A=(2\sim3)t$

　　$t>4$ mm 时　　$r_A=2t$

V 形弯曲凹模的底部可开退刀槽或取圆角半径　$r'_A=(0.6\sim0.8)(r_A+t)$。

3.6.2 凹模深度

弯曲凹模深度是指工件位于凹模内的直边长度。凹模深度要适当。若过小，工件两端的自由部分太多，弯曲零件回弹大，不平直，影响零件质量。若过大，则过多消耗模具钢材，并且需要较大的冲床行程。

弯曲 V 形件时，凹模深度及底部最小厚度可查表 3.7。

弯曲 U 形件时，若弯边高度不大或要求两边平直，则凹模深度应大于零件的高度，如图 3.35(b)所示。图中 h_0 值见表 3.8。如果弯曲件边长较大，且对平直度要求不高时，可采用图 3.35(c)所示凹模型式，凹模深度 l_0 之值可见表 3.9。

表3.7　弯曲V形件的凹模深度 l_0 和底部最小厚度 h/mm

弯曲件边长 l/mm	材料厚度 t/mm					
	≤2		2~4		>4	
	h	l_0	h	l_0	h	l_0
10~25	20	10~15	22	15	/	/
>25~50	22	15~20	27	25	32	30
>50~75	27	20~25	32	30	37	35
>75~100	32	25~30	37	35	42	40
>100~150	37	30~35	42	40	47	50

表3.8　弯曲U形件凹模的 h_0/mm

材料厚度 t/mm	≤1	1~2	2~3	3~4	4~5	5~6	6~7	7~8	8~10
h_0	3	4	5	6	8	10	15	20	25

表3.9　弯曲U形件的凹模深度 l_0/mm

弯曲件边长 l/mm	材料厚度 t/mm				
	≤1	1~2	>2~4	>4~6	>6~10
≤50	15	20	25	30	35
>50~75	20	25	30	35	40
>75~100	25	30	35	40	45
>100~150	30	35	40	45	50
>150~200	40	45	55	65	65

3.6.3　凸、凹模间隙

弯曲V形零件时，凸、凹模间隙是靠调整冲床的闭合高度来控制的，不需要在设计、制造模具时确定。对于U形件的弯曲，则必须选择适当的间隙。间隙的大小对零件质量和弯曲力有很大的影响。间隙愈小，则弯曲力愈大；间隙过小，会使零件边部壁厚减薄，降低凹模寿命。间隙过大，则回弹大，降低零件的精度。凸、凹模单边间隙 Z 一般可按下式计算。

$$Z = t_{max} + ct = t + \Delta + ct \tag{3.17}$$

式中　Z——弯曲模凸、凹模单边间隙；

t——工件材料厚度的基本尺寸；

Δ——材料厚度的正偏差；

c——间隙系数，可按表3.10选取。

当工件精度要求较高时，其间隙值应适当缩小，取 $Z = t$。

表 3.10 U 形件弯曲模的凸、凹模的间隙系数 c 值

弯曲件高度 H/mm	弯曲件宽度 $B \leq 2H$				弯曲件宽度 $B>2H$				
	材料厚度 t/mm								
	<0.5	0.6~2	2.1~4	4.1~5	<0.5	0.6~2	2.1~4	4.1~7.5	7.6~12
10	0.05	0.05	0.04	—	0.10	0.10	0.08	—	—
20	0.05	0.05	0.04	0.03	0.10	0.10	0.08	0.06	0.06
35	0.07	0.05	0.04	0.03	0.15	0.10	0.08	0.06	0.06
50	0.10	0.07	0.05	0.04	0.20	0.15	0.10	0.06	0.06
70	0.10	0.07	0.05	0.05	0.20	0.15	0.10	0.10	0.08
100	—	0.07	0.05	0.05	—	0.15	0.10	0.10	0.08
150	—	0.10	0.07	0.05	—	0.20	0.15	0.10	0.10
200	—	0.10	0.07	0.07	—	0.20	0.15	0.15	0.10

3.6.4 凸、凹模工作部分的尺寸与公差

(1)用外形标注的弯曲件

工件为双向偏差时[图 3.36(a)],凹模尺寸为

$$L_A = \left(L - \frac{1}{2}\Delta\right)^{+\delta_A} \tag{3.18}$$

工件为单向偏差时[图 3.36(b)],凹模尺寸为

$$L_A = \left(L - \frac{3}{4}\Delta\right)^{+\delta_A} \tag{3.19}$$

凸模尺寸为

$$L_T = (L_A - 2Z)_{-\delta_A} \tag{3.20}$$

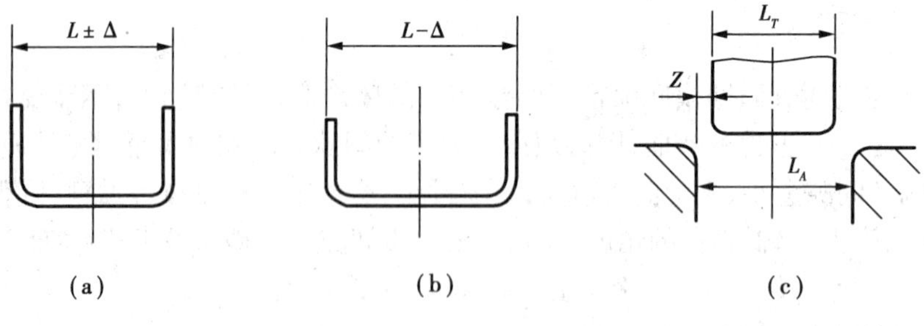

图 3.36 用外形尺寸标注的弯曲件

(2)用内形标注的弯曲件

工件为双向偏差时[图 3.37(a)],凸模尺寸为

$$L_T = \left(L + \frac{1}{2}\Delta\right)_{-\delta_T} \tag{3.21}$$

工件为单向偏差时[图 3.37(b)],凸模尺寸为

$$L_T = (L + \frac{3}{4}\Delta)_{-\delta_T} \tag{3.22}$$

凹模尺寸为

$$L_A = (L_T + 2Z)^{+\delta_A} \tag{3.23}$$

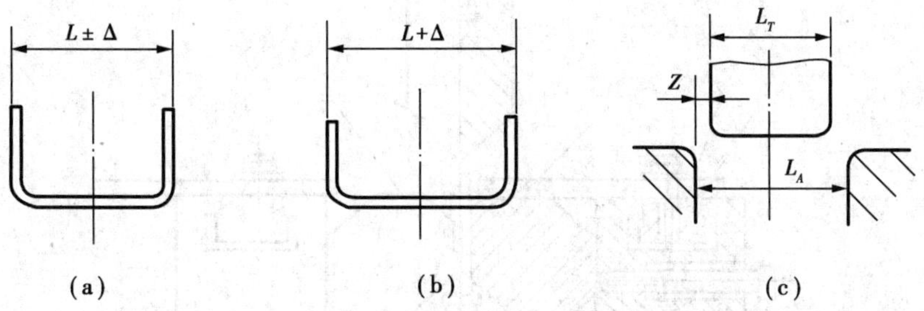

图3.37　用内形尺寸标注的弯曲件

式中　L_T、L_A——分别为凸模、凹模的宽度；

L——弯曲件宽度的基本尺寸；

Δ——弯曲件宽度的尺寸偏差；

δ_T、δ_A——凸、凹模的制造偏差（IT7～IT9）。

3.7　弯曲模结构设计

3.7.1　典型弯曲模结构

弯曲模可分为单工序弯曲模、连续弯曲模、复合弯曲模和自动弯曲模。单工序弯曲模一般用于大型制件和批量不大的中小型件。而小件的大量生产则趋向于采用高效率的一次成形复合模、连续模或多工位自动弯曲模。

弯曲模的主要工作零件是凸模和凹模。结构完善的弯曲模还具有压料装置、定位板或定位销、导柱、导套等。有时还采用辊轴、摆块和斜楔等机构来实现比较复杂的动作。

(1)单工序弯曲模

1)V形件弯曲模

图3.38所示为一简单V形制件的通用弯曲模。它可以弯曲宽度较大、边长较短的多种弯曲件。凹模由两面块组成,每块具有4个工作面,可以弯曲多种角度。凸模按制件弯曲夹角和弯曲半径大小可以更换。图中,顶杆3为防止压弯时板料偏移而采用的压料装置,同时还起到弯曲后顶出工件的作用。图3.39所示为无压料装置的V形件弯曲模。

2)U形件弯曲模

通常的U形单工序弯曲模与V形单工序弯曲模结构相似,只是凸、凹模的形状不同而已。

图3.40是弯曲角小于90°的U形弯曲模。该模具的下模座内装有一对有缺口的活动辊轴式模块,其缺口与制件外形相适应,构成转动凹模。辊轴的一端由于拉簧的作用,使之经常处于图中未剖部分的位置。凸模制成制件内部的形状。压弯时凸模首先将坯料弯成U形,当

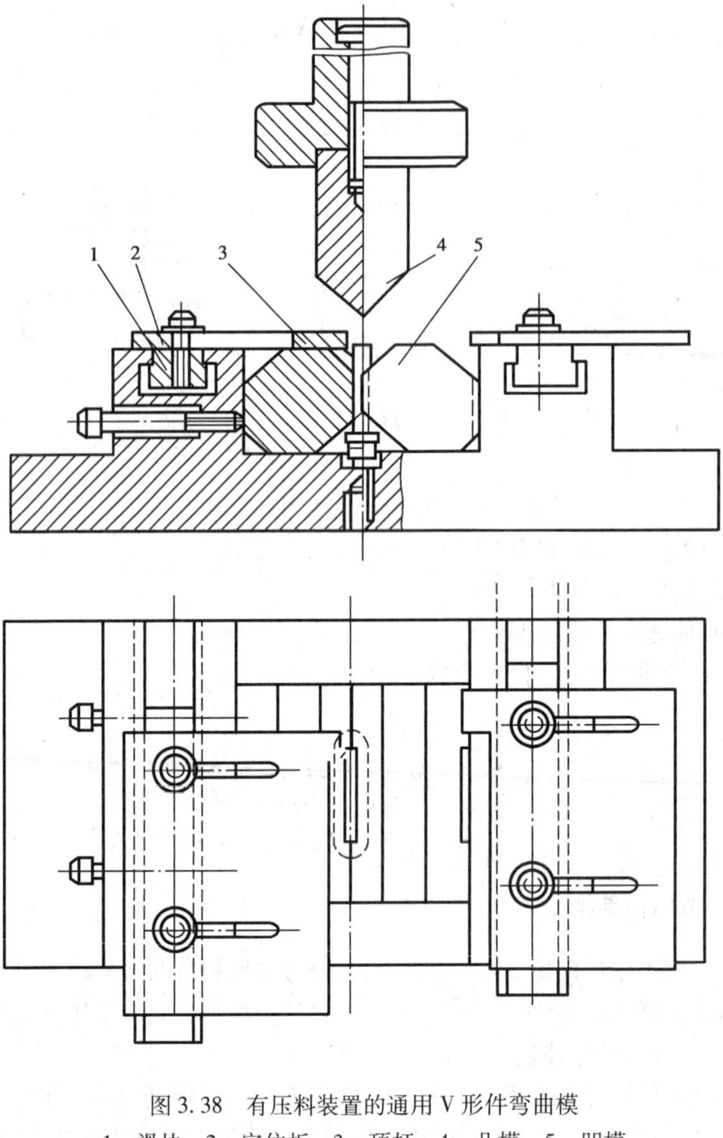

图 3.38　有压料装置的通用 V 形件弯曲模

1—滑块　2—定位板　3—顶杆　4—凸模　5—凹模

凸模继续下压时,两侧的转动凹模使坯料最后压弯成小于 90°的 U 形件。凸模上升,弹簧使转动凹模复位,U 形件则由垂直于图面方向从凸模上卸下。

图 3.41 为带斜楔的 U 形弯曲模,弯曲开始时凸模 5 先将毛坯弯成 U 形,随着上模的继续下行凸模到位,弹簧 3 被压缩,两侧的斜楔 1 压向滚柱 11,使装有滚柱的左右活动凹模 7、8 向中间运动,将 U 形件两侧向内压弯面形。当上模回程时,弹簧 9 使活动凹模复位。

3)⎍形件弯曲模

⎍形件弯曲一般有两类。一类是一次成形弯曲模,其中有如图 3.42 所示的简单弯曲模,也有复合弯曲模(本节后面讨论);另一类是二次弯曲成形模,如图 3.43 所示。

在图 3.42 中,由于凸模肩部妨碍坯料在弯曲过程中的转动,由 *B* 点到 *C* 点,坯料通过凹模圆角的摩擦力增大,使弯曲件侧壁容易擦伤和变薄,同时弯曲件两肩部与底面不易平行。为了保证弯曲件质量,实际中多采用两次弯曲成形模。

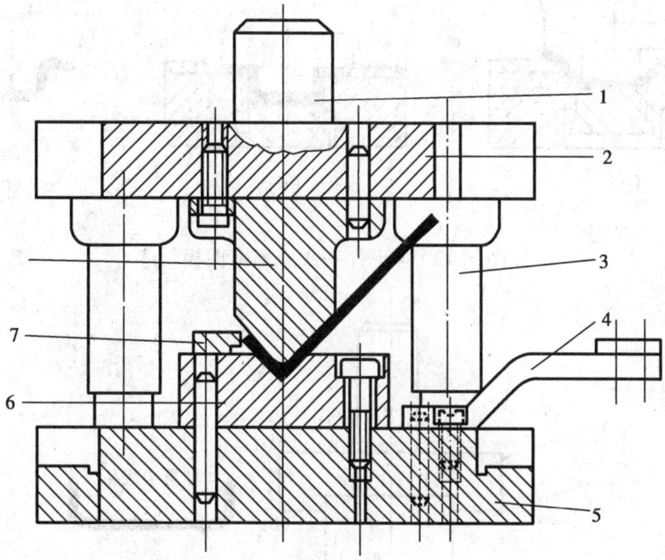

图3.39　无压料装置的V形件弯曲模

1—模柄　2—上模座　3—导柱　4、7—定位板　5—下模座　6—凹模　8—凸模

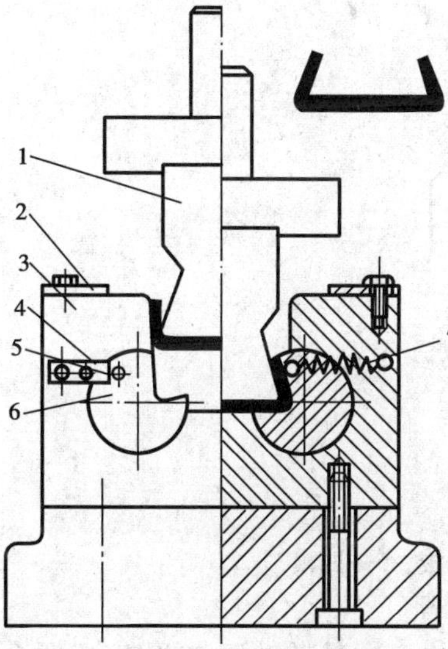

图3.40　弯曲角小于90°的U形件弯曲模

1—凸模　2—定位板　3—凹模　4—止动块　5—销钉　6—活动模块　7—弹簧

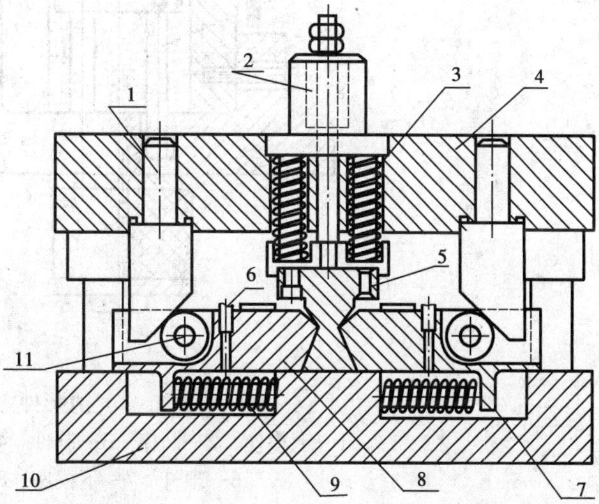

图3.41　斜楔结构的U形件弯曲模

1—斜楔　2—凸模支杆　3—弹簧　4—上模座　5—凸模　6—定位销　7、8—活动凹模　9—弹簧　10—下模座　11—滚柱

图3.43的⛫形件弯曲模是在坯料先弯成U形后使用的弯曲模，由凸、凹模（兼作定位元件），上、下模座，压料板等组成。凹模分成两块分别固定在下模座上，制件弯曲后由弹顶器顶出。

图3.44所示为摆块式⛫形件一次弯曲模，弯曲前坯料靠活动凸模2的上端面和两侧挡板定位，弯曲时凸模在弹顶装置弹力的作用下与下行的凹模1一起压紧中间坯料，弯出两个内

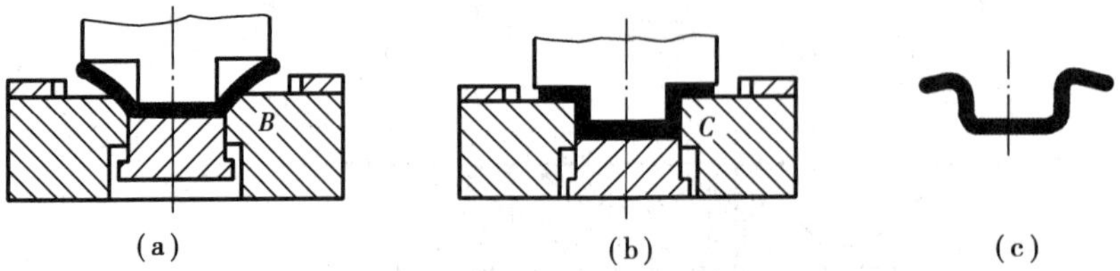

图 3. 42　⎍形件一次成形弯曲模

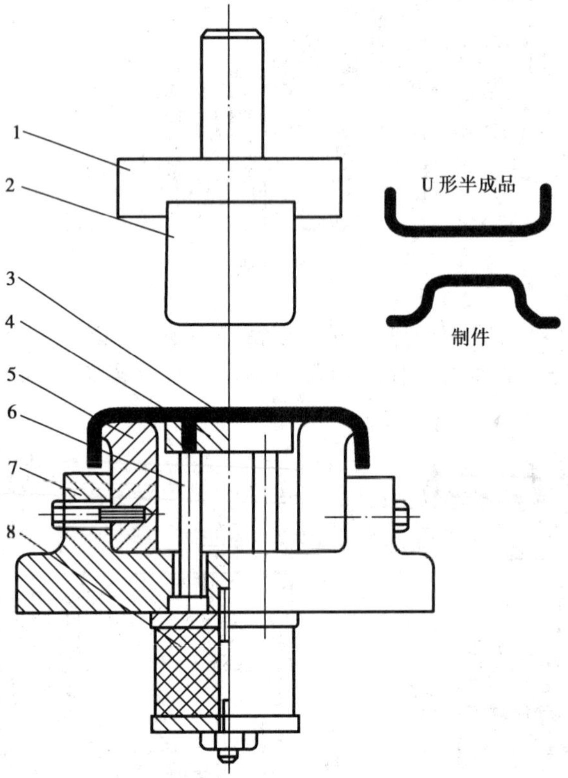

图 3. 43　⎍形件弯曲模

1—上模座　2—凸模　3—制件　4—压料板　5—凹模

6—顶杆　7—下模座　8—弹顶器

角。然后凹模进一步下压，带动活动凸模下移，迫使两侧摆块 3 向外转动至水平，完成两个外角的弯曲。这种弯曲也避免了一次弯曲中的擦伤和变薄现象。

4）Z 形件弯曲模

Z 形件一次弯曲即可成形。图 3. 45 所示弯曲模，在冲压前压块 6 在橡胶 2 的作用下与凸模 7 端面齐平。弯曲时压块 6 与顶块 4 将坯料夹紧，由于橡胶的弹力较大，推动顶块 4 下移使坯料弯曲。当顶块 4 向下运动到与下模座 5 相接触时，橡胶 2 开始压缩，使凸模 7 相对于压块 6 产生向下的相对运动，从而完成坯料右端的弯曲。当限位块 1 与上模座 8 相接触时，制件得到校正。

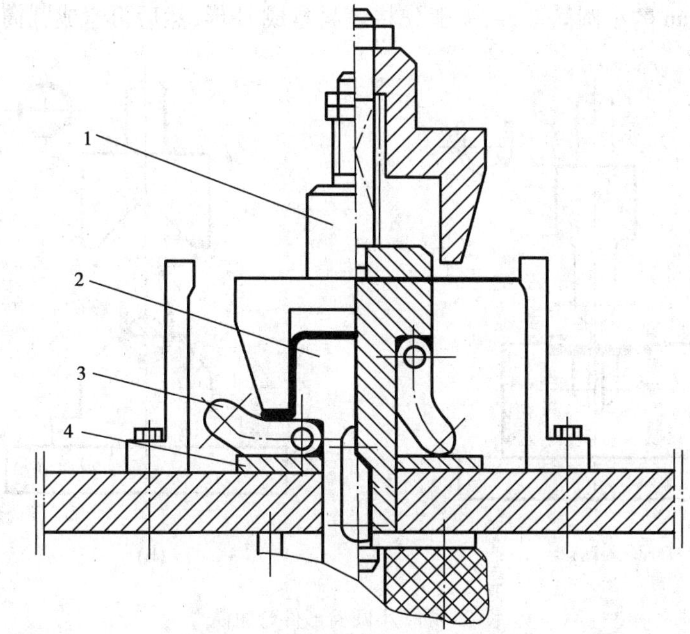

图3.44　摆块式⎍形件一次弯曲模

1—凹模　2—活动凸模　3—摆块　4—垫板

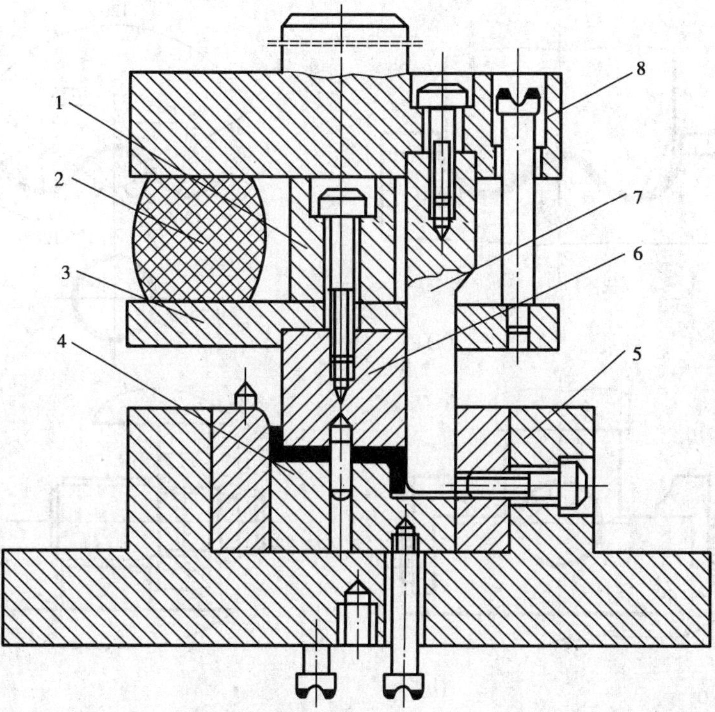

图3.45　*Z*形件弯曲模

1—限位块　2—橡胶　3—托板　4—顶块　5—下模座　6—压块　7—凸模　8—上模座

5)圆筒形件弯曲模

圆筒形件的尺寸大小不同,其弯曲方法也不同,一般按直径分为两种。

①直径 $d<5$mm 的小圆筒形件,一般先将坯料弯成 U 形,然后再弯成圆筒形。见图 3.46。

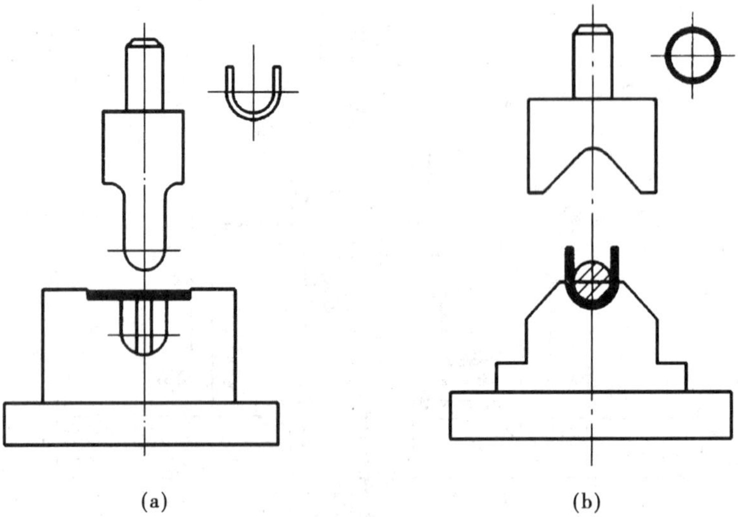

图 3.46 小圆筒形件弯曲模

②直径 $d\geqslant 20$mm 的大圆筒形件,一般先将毛坯弯成波浪形,然后再弯成圆筒形,见图 3.47。

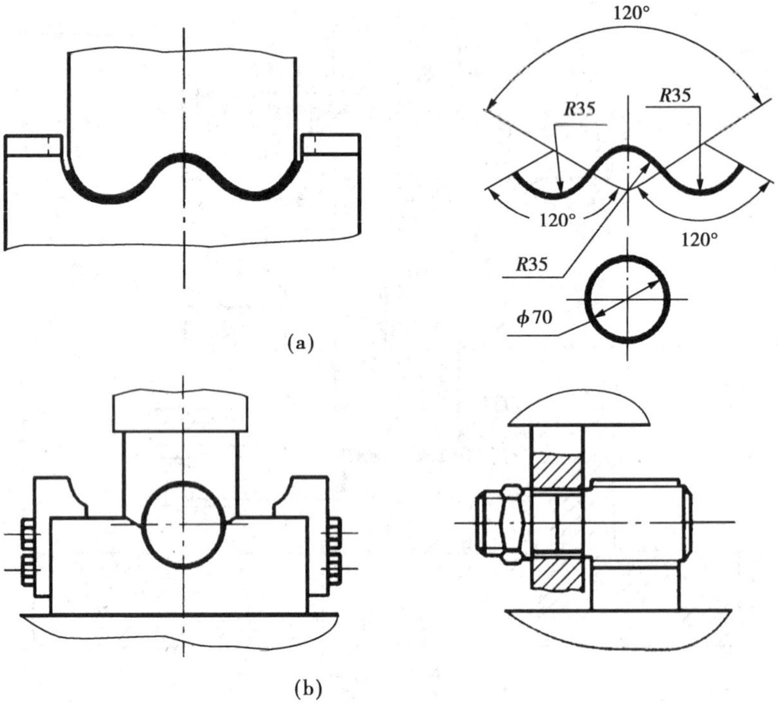

图 3.47 大圆筒形件弯曲模

图 3.48 所示为带摆动凹模的一次弯曲成形模,坯料先由两侧定位板以及凹模块 1 的上端定位,弯曲时凸模 3 先将坯料压成 U 形,然后凸模继续下行,下压凹模块的底部,使凹模块绕销轴向内摆动,将工件弯成圆形,弯曲结束后向右推开支撑 4,将工件从凸模上取下。这种方

法生产效率较高，但由于回弹在零件接缝之处留有缝隙和少量直边，制件精度差，模具结构也较复杂。

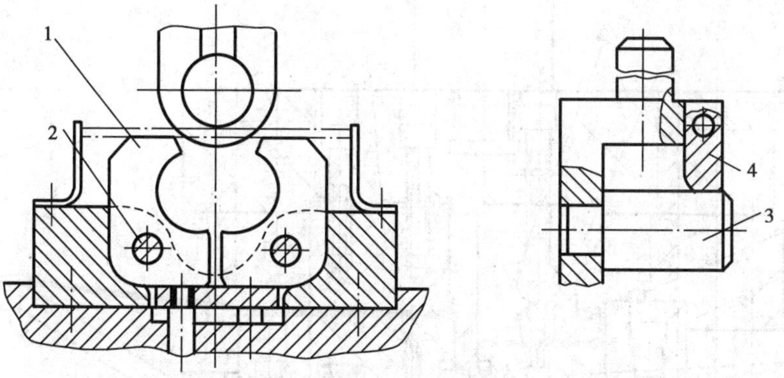

图3.48　大圆筒形件一次弯曲成形模
1—凹模块　2—销轴　3—凸模　4—支撑

6）铰链件弯曲模

常见的铰链件结构及弯曲工序安排如图3.49所示。图3.50中（a）为预弯模；（b）为立式卷圆模，其结构简单；（c）为卧式卷圆模，这种模具由于有压料装置，不仅操作方便，零件质量也好。卷圆的成形原理通常采用推圆法。

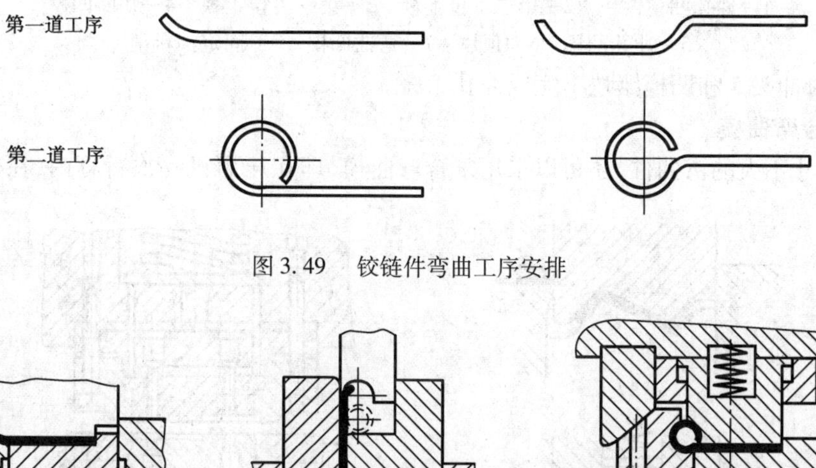

图3.49　铰链件弯曲工序安排

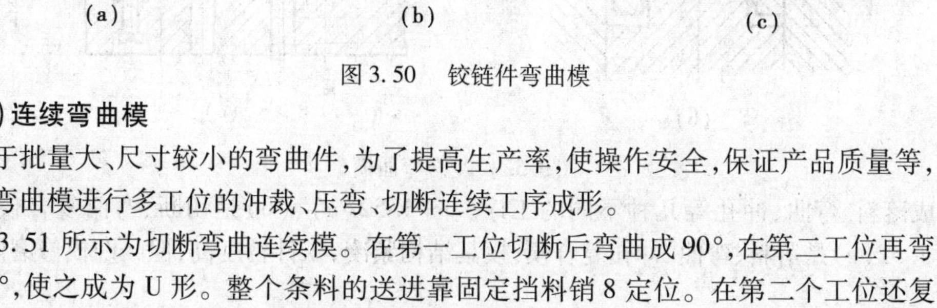

图3.50　铰链件弯曲模

（2）连续弯曲模

对于批量大、尺寸较小的弯曲件，为了提高生产率，使操作安全，保证产品质量等，可以采用连续弯曲模进行多工位的冲裁、压弯、切断连续工序成形。

图3.51所示为切断弯曲连续模。在第一工位切断后弯曲成90°，在第二工位再弯曲成另一个90°，使之成为U形。整个条料的送进靠固定挡料销8定位。在第二个工位还复合了冲

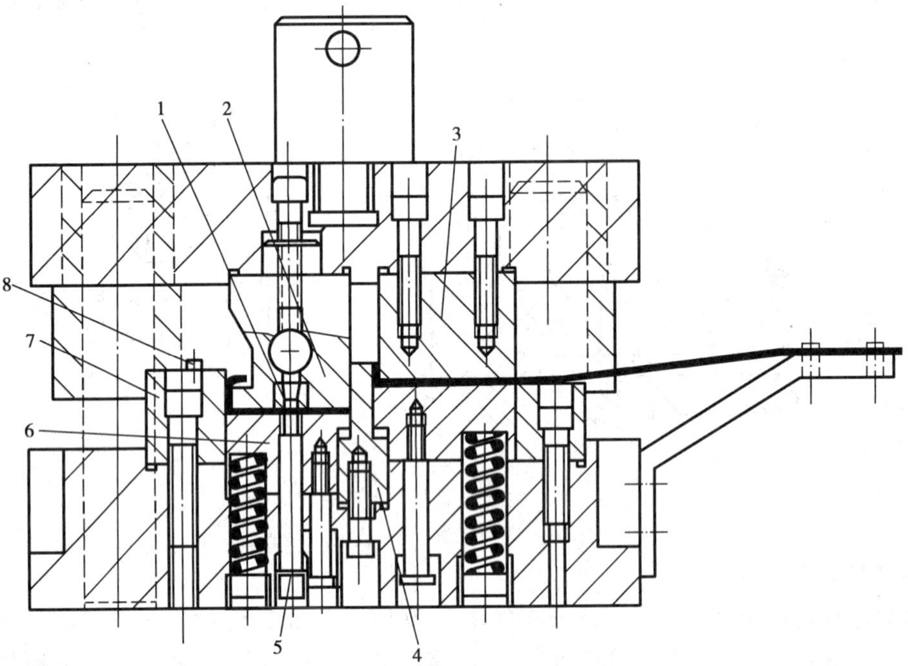

图 3.51　连续弯曲模

1—冲孔凹模镶块　2—第二工位上模　3—第一工位上模　4—切断凹模

5—冲孔凸模　6—顶块　7—弯曲凹模　8—固定挡料销

孔工序，即由冲头 5 和凹模镶块 1 完成冲孔工序。

(3) 复合弯曲模

对于尺寸不大的弯曲件，还可以采用复合弯曲模，即在压力机一次行程内，在模具同一位

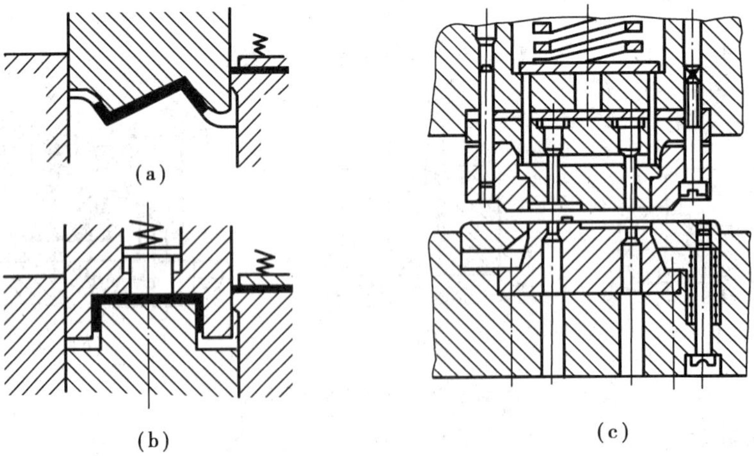

图 3.52　复合弯曲模

置上完成落料、弯曲、冲孔等几种不同的工序。图 3.52(a)、(b)是切断、弯曲复合模结构简图。图 3.52(c)是落料、弯曲、冲孔复合模，模具结构紧凑，工件精度高，但凸凹模修磨困难。

3.7.2　弯曲模设计实例

例3.1　试计算图3.53所示弯曲制件的毛坯尺寸、弯曲力(校正弯曲)、工作部分的尺寸，并绘制弯曲模具图($t=2$ mm)。

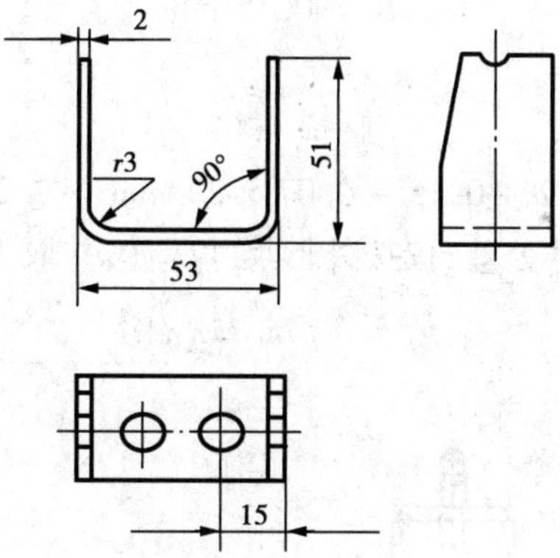

图3.53　制件图

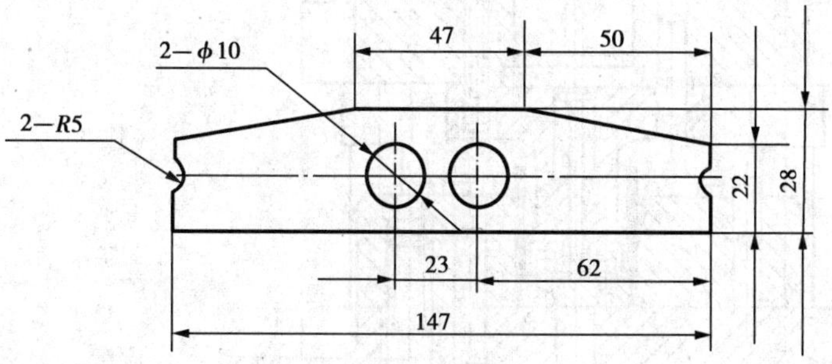

图3.54　坯料图

解　1)坯料尺寸计算

由于$r>0.5t$,查得$x=0.36$由公式(3.8)可得:

$$L=\sum l_i+\sum \frac{\pi\alpha_i}{180°}(r_i+x_i t)$$

$$=[(51-3-2)\times 2+(53-2\times 3-2\times 2)]+2\times\frac{90°}{180°}\pi(3+0.36\times 2)$$

$$=135+11.68\approx 147\ \text{mm}$$

即

坯料展开长度为147 mm。毛坯图如图3.54所示。

2)计算弯曲力

$$F_{校}=Ap$$

$$A=28\times(53-2\times 2)=1\ 376\ \text{mm}^2=1\ 376\times 10^{-6}\ \text{m}^2$$

查表3.6取$p=60$ MPa

$$F_{校}=1\ 376\times 60\ \text{N}=82\ 320\ \text{N}$$

3)凸凹模工作部分尺寸

凹模圆角半径：由 $t=2$ mm，$r_A=(3\sim6)t$ 取 $r_A=3t=6$ mm

凹模深度：根据制件要求选用图 3.35 结构，查表 3.9 得：$l_0=25$ mm

凸、凹间隙 $Z=t+\Delta+ct$

由有关手册查得

$$\Delta = 0.15 \text{ mm}$$

查表 3.10 得

$$c = 0.07$$

$$Z = (2+0.15+0.07\times2)\text{ mm} = 2.29 \text{ mm}$$

凹模宽度：制件未标注尺寸公差，仅按外形尺寸标注，并取为双向偏差。

$$L_A = \left(L-\frac{1}{2}\Delta\right)^{+\delta_A}$$

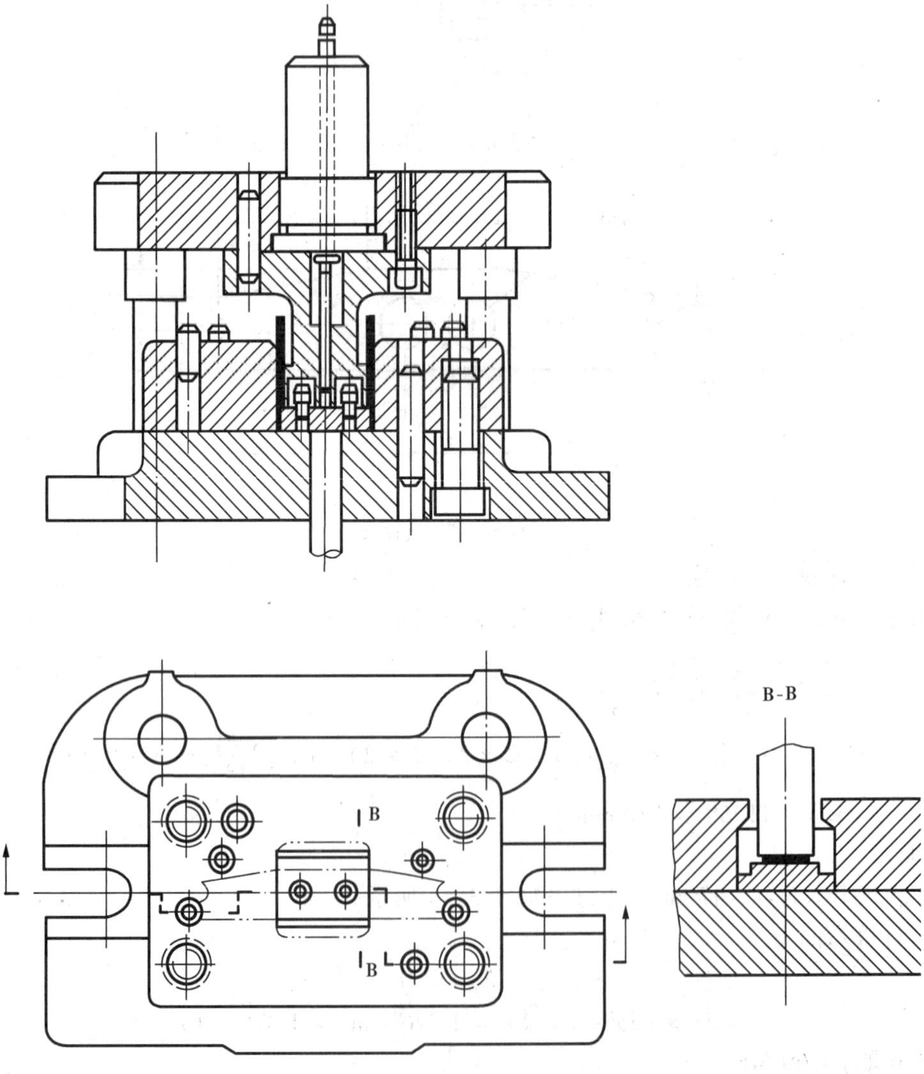

图 3.55　制件弯曲模

查有关资料得

$$\Delta = 0.74 \text{ mm}$$

δ_A取为 IT8，查公差表得

$$\delta_A = 74\ \mu\text{m} = 0.074 \text{ mm}$$

$$L_A = (53 - 0.5 \times 0.74)_{0}^{+0.074} \text{ mm}$$

$$= 52.63_{0}^{+0.074} \text{ mm}$$

$$L_T = (52.63 - 2 \times 2.29) \text{ mm} = 48.05 \text{ mm} \approx 48.1 \text{ mm}$$

4）模具结构如图 3.55 所示。

习　题

1. 什么是弯曲？弯曲过程中各阶段的应力与应变状态如何？

2. 什么是最小弯曲半径？其影响因素有哪些？

3. 影响回弹的因素是什么？减小回弹的措施有哪些？

4. 求图 3.56 所示两个零件的展开长度。

5. 试完成图 3.57 所示弯曲制件的毛坯图、冲压工序安排、计算校正弯曲力、模具工作部分尺寸，计算并标注公差，绘制弯曲模装配图。材料为 08F。

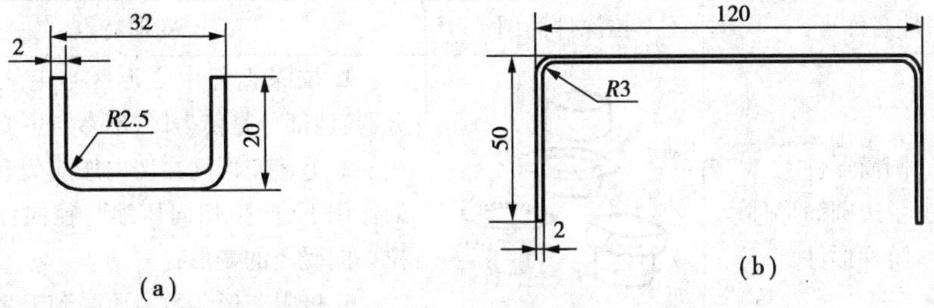

图 3.56　零件简图

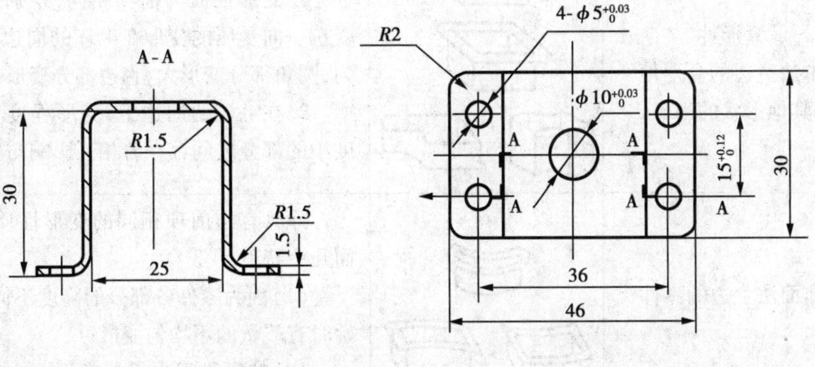

图 3.57　零件简图

第 4 章 拉深工艺及模具设计

拉深是利用模具将板料毛坯或半成品毛坯加工成开口空心件的一种冷冲压工艺。拉深零件的尺寸，可从直径几毫米至两三米，厚度从 0.2～300 mm。拉深工艺可制成的制品形状有：圆筒形、阶梯形、球形、锥形、矩形及其他各种不规则的开口空心零件。拉深工艺与其他冲压工艺结合，可制造形状复杂的零件。日常生活中常见的拉深制品有：旋转体零件：如搪瓷脸盆，铝锅；方形零件：如饭盒，汽车油箱；复杂零件：如汽车覆盖件。

表 4.1　拉深零件的分类（按变形特点）

<table>
<tr><th colspan="3">拉深件名称</th><th>拉深件简图</th><th>变形特点</th></tr>
<tr><td rowspan="3">直壁类拉深件</td><td>轴对称零件</td><td>圆筒形件
带法兰边圆筒形件
阶梯形件</td><td></td><td>1. 拉深过程中变形区是毛坯的法兰边部分，其他部分是传力区，不参与主要变形；
2. 毛坯变形区在切向压应力和径向拉应力的作用下，产生切向压缩与径向伸长的一向受拉一向受压的变形；
3. 极限变形参数主要受到毛坯传力区的承载能力的限制</td></tr>
<tr><td rowspan="2">非轴对称零件</td><td>盒形件
带法兰边的盒形件
其他形状的零件</td><td>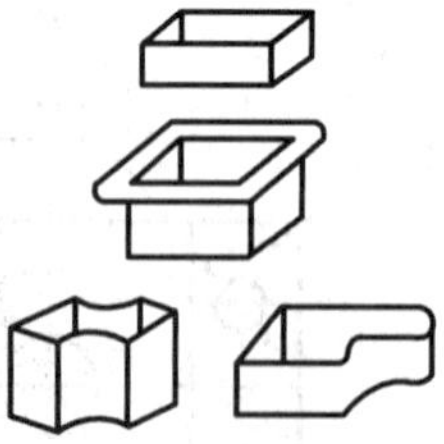</td><td>1. 变形性质与前项相同，差别仅在于一向受拉一向受压的变形在毛坯的周边上分布不均匀，圆角部分变形大，直边部分变形小；
2. 在毛坯的周边上，变形程度大与变形程度小的部分之间存在着相互影响与作用</td></tr>
<tr><td>曲面法兰边的零件</td><td>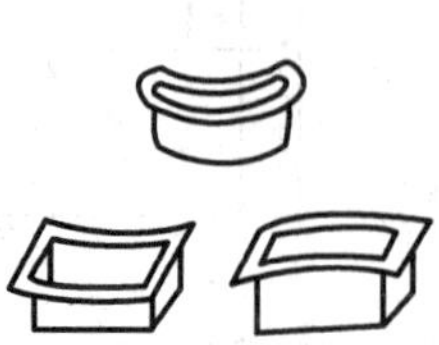</td><td>除具有与前项相同的变形性质外，还有下面几个特点：
（1）因为零件各部分的高度不同，在拉深开始时有严重的不均匀变形；
（2）拉深过程中毛坯变形区内还要发生剪切变形</td></tr>
</table>

续表

拉深件名称			拉深件简图	变形特点
曲面类	轴对称零件	球面类零件 锥形件 其他曲面零件		拉深时毛坯的变形区由两部分组成： (1)毛坯的外周是一向受拉一向受压的拉深变形区； (2)毛坯的中间部分是受两向拉应力作用的胀形变形区
拉深件	非轴对称零件	平面法兰边零件 曲面法兰边零件	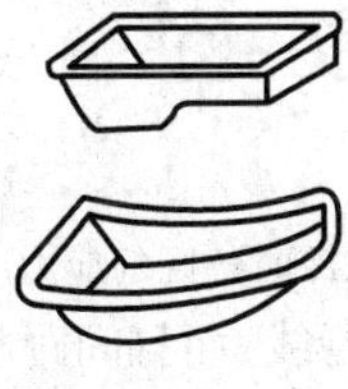	1. 拉深毛坯的变形区也是由外部的拉深变形区与内部的胀形变形区所组成，但这两种变形在毛坯周边上的分布是不均匀的； 2. 曲面法兰边零件拉深时，在毛坯外周变形区内还有剪切变形

板料成形包括多种变形过程，圆筒件拉深是其中的一种极端情形。它在板料平面内，一个主应力为正，另一个为负，厚度变化很小。板料成形的另一极端情形为双向等拉（胀形）。它的两个主应变均为拉伸，厚度变薄。其他成形工序则界于两者之间。在同一工序中，在某一区域可能是双向拉伸占优势，而在另一区域可能是拉深占优势。

由于拉深零件的形状尺寸不同，毛坯在变形过程中的应力应变分布也不一样。故在确定工艺方案、工艺参数和模具设计时，应根据具体情况，进行分析计算，以决定合理的毛坯尺寸和每一工步的几何尺寸、模具结构和设备型号，才能获得质量合格的零件。下面以圆筒件拉深为例，介绍拉深工艺的一般规律。

4.1 圆筒件拉深的变形过程

4.1.1 圆筒件拉深时的应力应变状态分析

图 4.1 所示圆筒件拉深时各区的应力应变状态。法兰区受径向拉应力和切向（圆周方向）压应力，并在径向和切向分别产生伸长和压缩变形，板厚稍有增大，在法兰外缘厚度增加最大。在凹模圆角处，材料除受径向拉深外，同时产生塑性弯曲，使板料厚度减小。材料离开凹模圆角后，产生反向弯曲（校直）。圆筒侧壁受轴向拉伸，为传力区。圆筒底部处于双向拉伸。在凸模圆角处，板料产生塑性弯曲和径向拉伸。

可以用坐标网格试验法来分析圆筒件拉深过程，具体方法是：

在圆形板料毛坯上画上均匀的网格，拉深时压边圈先把板料毛坯压紧，凸模下行，强迫位于压边圈下的材料（法兰部分）产生塑性变形而流入凸凹模间隙形成圆筒侧壁。观察拉深后的网格发现：底部网格基本保持不变，筒壁部分发生较大变化。

1）原间格相等的同心圆成了长度相等，间距增大的圆周线，越接近筒口，间距增大。

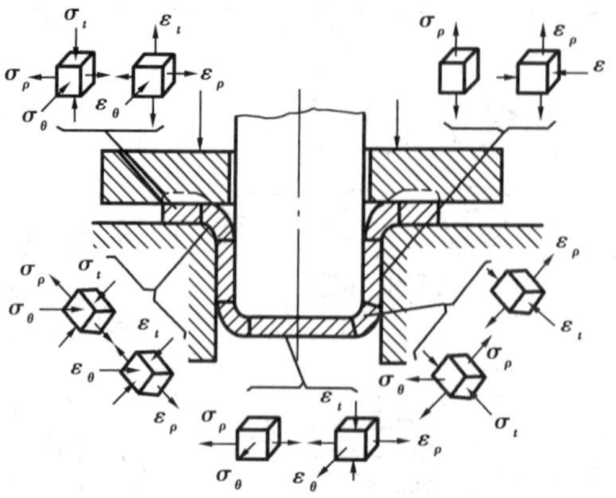

图 4.1　圆筒件拉深时各区的应力应变状态

2)原分度相等的辐射线变成垂直的平行线,而且间距相等。

3)法兰材料发生径向伸长变形和切向压缩变形。

实验发现拉深材料的变形主要发生在法兰部分,拉深变形的过程实质上是法兰处的材料在径向拉应力和切向压应力的作用下产生塑性变形,法兰不断收缩而转化为筒壁的过程,这种变形程度在法兰的最外缘为最大。实验结果和理论分析是一致的。

4.1.2　影响圆筒件拉深过程的因素

(1)板料性能对圆筒件拉深过程的影响

图 4.2 所示为斯威富特拉深试验。这里有两个重要区域,即产生塑性变形的法兰区和传力的筒壁区。若毛坯直径增大,筒壁传力过大,可能引起屈服而最后拉断。板料的成形能力,可用极限拉深比(LDR)$\frac{D}{d_1}$(毛坯直径/圆筒直径)来表示。极限拉深比的大小主要取决于平均应变比 $\overline{R}$。为了便于分析,采用图 4.3 所示的坐标系,并作如下假定:

1)所有能量消耗于法兰区的变形。最初分析时,忽略毛坯通过凹模口部的摩擦、弯曲和反弯曲所消耗的功。但在最后计算效率时,则不能忽略。

2)材料无加工硬化($n=0$)。

3)法兰区为平面应变,即 $\varepsilon=0$(板厚不变)。实际上靠近筒底部稍有变薄,端部筒壁变厚,但数值很小,若忽略不计,能使分析大大简化。

4)材料性质为旋转对称,即平面各向同性和厚向异性。对于实际金属板料,随角度 θ 变化的 R 值,常用平均应变比 $\overline{R}=\frac{(R_0+2R_{45}+R_{90})}{4}$来代替。

5)利用希尔各向异性屈服准则。

由于推导过程较复杂,从略。从实验结果可知 LDR 随着 $\overline{R}$ 增大而增大。

(2)凸、凹模圆角半径和摩擦对圆筒件拉深的影响

上面分析了材料性质的影响,而模具和润滑对圆筒拉深也有重要的作用。当毛坯流过凹模口部时,消耗于弯曲-反弯曲的功,随着板厚对凹模圆角半径的比值增大而增大,从而使拉深力增大和 LDR 降低。但是,若凹模圆角半径过大,将在毛坯自由表面起皱。

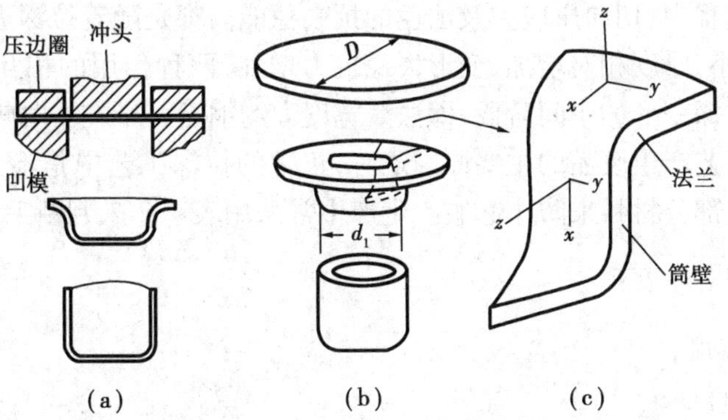

图4.2

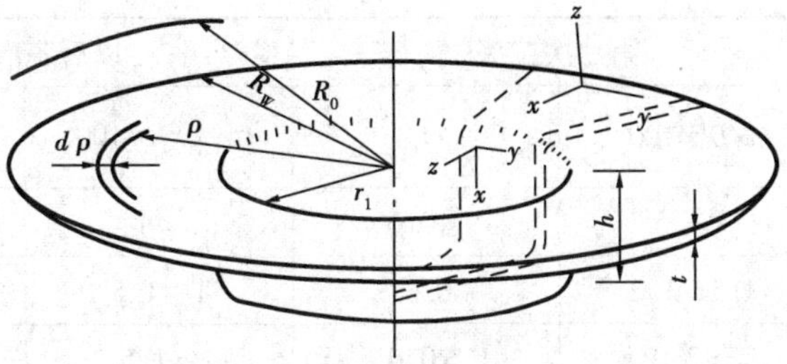

图4.3

凸模圆角半径也很重要。破裂往往发生在筒壁和筒底过渡区,此处加工硬化最小,是筒壁的薄弱部分。当凸模圆角半径较大时,破裂将移到已有加工硬化的区域。摩擦的影响具有两重性。法兰部分的润滑是有益的,它能减少摩擦功。另一方面。凸模与筒壁间的摩擦可增大拉深能力。当筒壁受到拉深时,筒壁单元将沿冲头向上移动,使凸模和筒壁产生剪切应力,以致靠近底部的筒壁不能承受全部拉深力。因筒壁底部的加工硬化小于筒壁的上部,故粗糙凸模能增大拉深能力。但由于凸模磨损后变得光滑,这种效果很难保持。若将毛坯另一表面与高压液体接触,强迫筒壁贴紧凸模,显然对拉深时防止破坏是有利的。若摩擦系数低,筒底容易变薄,破裂将下移到凸模圆角处。

若能使凸模温度低于法兰部分,就能使法兰区的流动应力低于筒壁的流动应力。最理想的是将压边力调整到刚好能阻止法兰起皱。压边力增大,法兰区摩擦力增大。斯威富特指出,压边力应为流动应力的0.5%～1%。最佳压边力随毛坯厚径比$\frac{t}{D}$增大而减小。当$\frac{t}{D}$大于0.025时,不需压力。对于薄板,压边力增大,使摩擦力增大,LDR降低。

4.1.3　圆筒件拉深过程中出现的问题及其防止措施

由于拉深时各部分的应力(受力情况)和变形情况不一样,使拉深工艺出现了一些特有的现象:

(1)起皱及防止措施

拉深时毛坯法兰部分的切向压应力大到超出材料的抗失稳能力,法兰部分材料会失稳而发生隆起现象,这种现象称起皱.起皱首先在切向压应力最大的外边缘发生,起皱严重时坯料会被拉断。

在拉深变形过程中,切向压应力及法兰的抗失稳能力都是随着拉深进行,切向压应力是不断增大,变形区变小,厚度相对增加,变形失稳抗力增加,两种作用的相互抵消,使法兰最易起皱的时刻发生于拉深变形的中间阶段,即法兰宽度大约缩至一半左右时较易发生起皱现象。

起皱是拉深工艺产生废品的主要原因之一,正常的拉深工艺中是不允许的。常采用压力圈的压力压住法兰部分材料来防止起皱。生产中常采用表 4.2 来判断毛坯是否起皱和采用压边圈。表中$\frac{t}{D}$为相对厚度:

其中 t——毛坯厚度;

D——毛坯直径;

d——圆筒直径。

表 4.2 是否采用压边圈的条件

拉深方法	第一次拉深		以后各次拉深	
	$t/D\times100$	m_1	$t/d_{n-1}\times100$	m_n
用压边圈	<1.5	<0.6	<1	<0.8
可用,可不用	1.5~1.2	0.6	1~1.5	0.8
不用压边圈	>2.0	>0.6	>1.5	>0.8

也可用经验公式判断首次拉深时,法兰不产生起皱的条件:

$$D-d=18\sim22t$$

压边力 $F_{压}$的大小对拉深力有很大的影响。$F_{压}$ 太大会增加危险断面的拉应力,导致拉裂或严重变薄,太小防皱效果不好。在理论上 $F_{压}$ 的大小最好按图 4.4 所示的规律变化,即应随着起皱的趋势变化,其变化规律与最大拉深力的变化一致,当毛坯外径减至 $R_w=0.85\ R_0$ 时起皱最严重,压边力 $F_{压}$ 亦应最大,但实际上很难实现。在生产中单位压边力 $F_{压}$可按表 4.3 选取。

表 4.3 单位压边力 p

材料名称	单位压边力 p	材料名称	单位压边力 p
铝	0.8~1.2	镀锡钢板	2.5~3.0
紫铜、硬铝(已退火)	1.2~1.8	高合金钢 不锈钢	3.0~4.5
黄铜	1.5~2.0		
软钢 $t<0.5$ mm	2.5~3.0	高温合金	2.8~3.5
软钢 $t>0.5$ mm	2.0~2.5		

压边装置有刚性和弹性两种。刚性压边装置是在双动压力机上利用外滑块压边,如图4.5所示。压边圈 4 装在外滑块 2 上。冲压开始时,外滑块带动压边圈下降压在毛坯上。接着内滑块带动凸模进行拉深。

刚性压边圈压边力的大小,靠调整压边圈和凹模之间的间隙 c 来调节。因法兰厚度会增

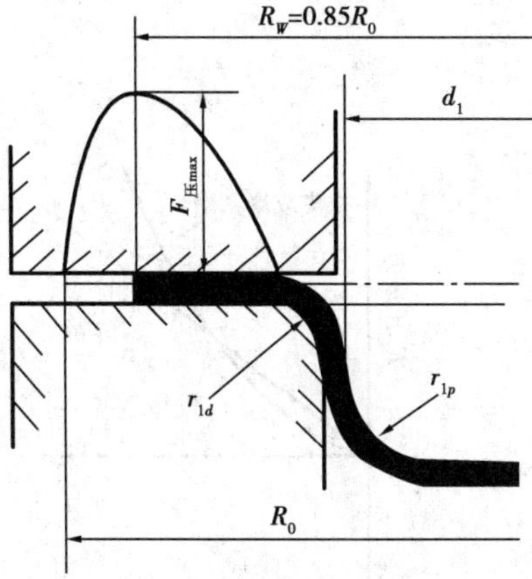

图 4.4　第一道拉深时压边力的理论变化曲线

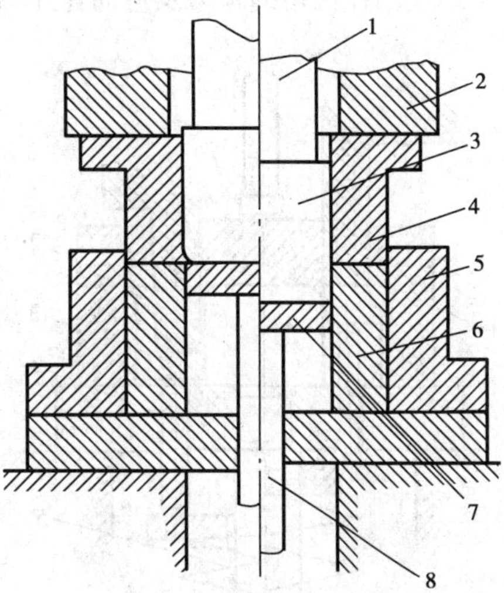

图 4.5　刚性压边装置

1—内滑块　2—外滑块　3—拉深凸模　4—压边圈　5—凹模　6—拉深凹模　7—压块　8—顶杆

大，应使 c 值略大于材料厚度。一般 $c=(1.03\sim1.07)t$，如果 4.6(a) 所示。也可以将压边圈做成锥面，$e=(0.2\sim0.5)t$，如图 4.6(b) 所示。

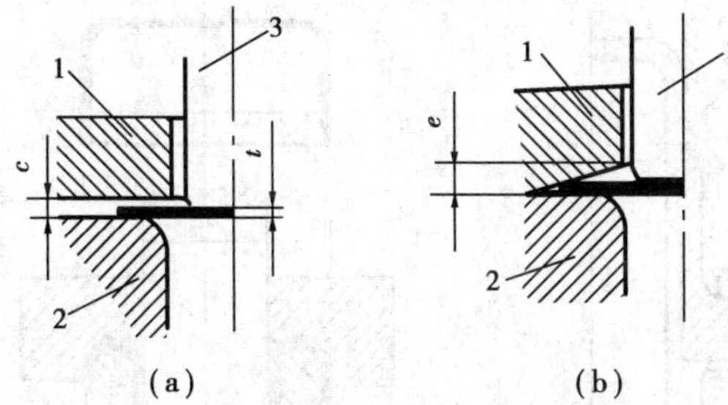

图 4.6

(a) 刚性压边圈　(b) 锥形压边圈

弹性压边装置(4.7)用于单动压力机。压边力由气垫、弹簧或橡皮产生，压边力与压力机行程的关系如图 4.8 所示。气垫压边力不随凸模行程变化，压边效果好。弹簧和橡皮的压边力随着行程增大而上升，对拉深不利，只适合拉深高度不大的零件。但其结构简单，制造容易，特别是装上限制压边力的限位器后(图 4.9)，还是比较实用的。

多道工序拉深时，也可用反拉深防止起皱。图 4.10 示出反拉深情况。由前道拉深得到直径为 d_1 的半成品，套在筒状凹模 1 上进行反拉深，使毛坯内表面变成外表面。由于反拉深时毛坯与凹模的包角为 180°，板料沿凹模流动的摩擦阻力和变形抗力显著增大，从而使径向拉应力增大，切向压应力的作用相应减少，能有效地防止起皱。故反拉深的拉深系数可比正拉深降低 10%～15%，拉深力则增大 10%～20%。

外采用拉深筋或拉深槛，同样能有效地增加径向拉应力和减少切向压应力的作用，也是防止起皱的有效措施。

(2) 拉裂

拉深时材料各部分厚度都发生变化，而且变化是不均匀的。法兰外边缘材料厚度变化最大，拉深件成形后，拉深件的坯口材料最厚，往里逐渐减薄，而材料底部由于摩擦作用(拉深凸模与底部材料间)阻止材料的伸长变形而使底部材料变薄较小，而底部圆角部分材料拉深中始终受凸模圆角的顶力及弯曲作用,在整个拉深中一直受到拉应力作用,造成此处变薄最大。

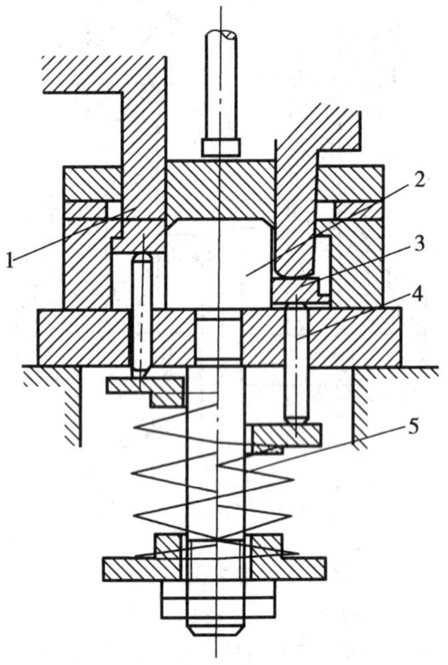

图 4.7　弹性压边装置
1—凹模　2—凸模　3—压边圈
4—顶出杆　5—弹簧或橡皮

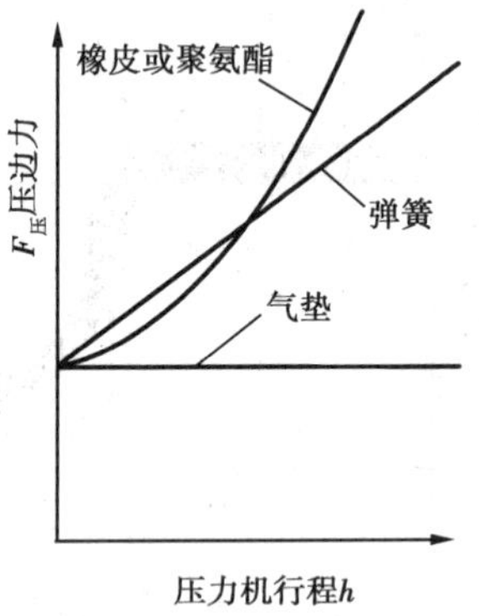

图 4.8　压边力与压力机行程的关系

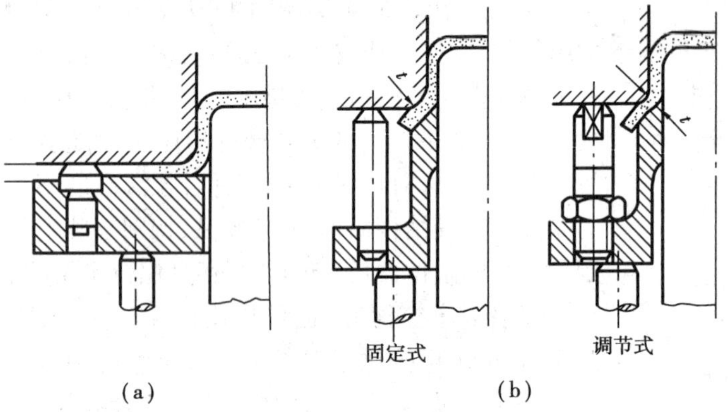

图 4.9　带限位装置的压边圈
(a)第一次拉深　(b)第二次以后拉深

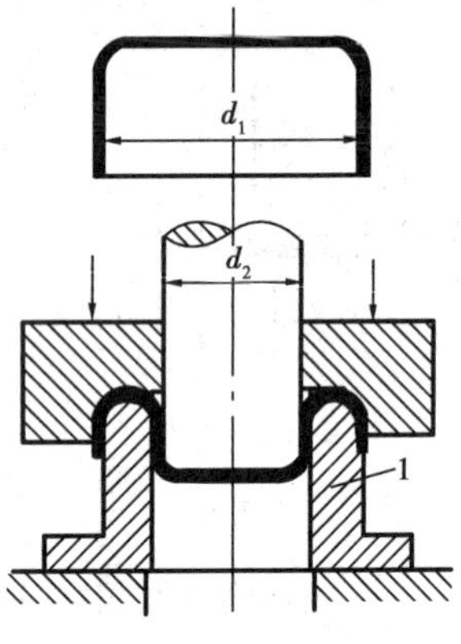

图 4.10　反拉深

所以拉深中厚度变薄主要集中于底部圆角部分及圆筒侧壁部分,把这一变薄最严重的部位称做危险断面。拉深过程中,圆筒侧壁起到传递凸模拉力给法兰的作用,当传力区的径向拉应力超出材料极限,便出现拉裂现象。

另外由于材料硬化不均匀,拉深后材料发生塑性变形,引起材料的冷作硬化。由于各部分变形程度不一样,冷作硬化的程度亦不一样,其中口部最大,往下硬化程度降低,拉近底部时,由于切向压缩变形较小,冷作硬化最小,材料的屈服极限和强度都较低,此处最易产生拉裂现象。

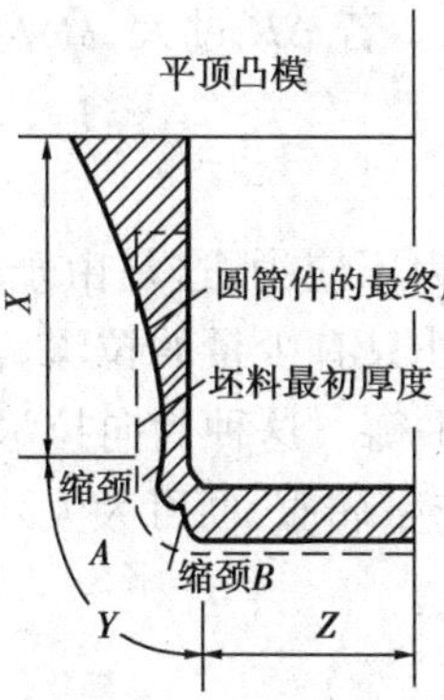

图 4.11　圆筒拉深件的截面形状

图 4.12

图 4.11 表示圆筒件拉深后的厚度变化。在 A、B 两处可能产生缩颈，即拉深过程中板料变薄最剧烈处。若径向拉应力大于板料的抗拉强度 σ_b，便会在此处产生拉裂，且多半产生在 B 处。圆筒件拉深时产生破裂的原因，可能是由于法兰起皱，坯料不能通过凸、凹模间隙，使 σ_ρ 增大；或者由于压边力过大，使 σ_ρ 增大；或者是变形程度太大，即拉深比 $\dfrac{D}{d_1}$ 大于极限值。要防止产生拉裂，应根据板料成形性能，采用适当的拉深比和压边力。增加凸模表面的粗糙度，可以减小颈缩处的变薄。此外，材料的 $\dfrac{\sigma_s}{\sigma_b}$ 比值小、n 值和 $\bar{R}$ 值大，较难产生拉裂。

(3) 凸耳现象

由于模具间隙不均匀，板厚变化，摩擦阻力不等，定位不准及材料机械性能的方向性等，造成拉深件口部高低不齐，出现凸耳现象。对于要求高的拉深件，需增加一道切边工序。而多次拉深就更明显。

拉深后的圆筒端部出现凸耳，如图4.12所示。一般有 4 个凸耳，有时是两个或 6 个、甚至 8 个凸耳，产生凸耳的原因是坯料的各向异性，它随角度变化与 R 值的变化是一致的，如图 4.13所示。在低 R 值的角度方向，板料变厚，筒壁高度较低。在具有高 R 值的方向，板料厚度变化不大，故筒壁高度较高。凸耳的高度和位置与参数 ΔR 的关系示于图 4.14。

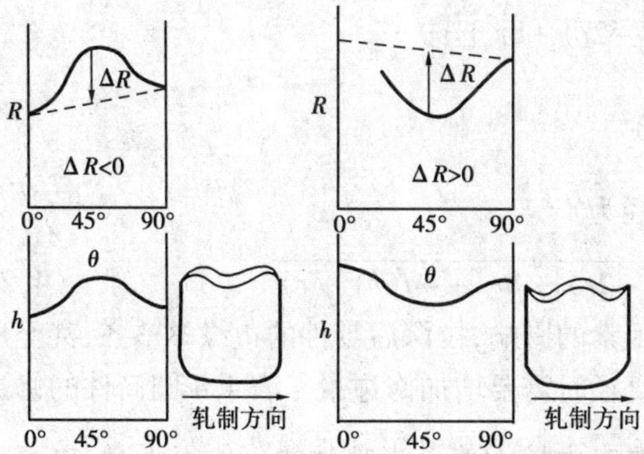

图 4.13

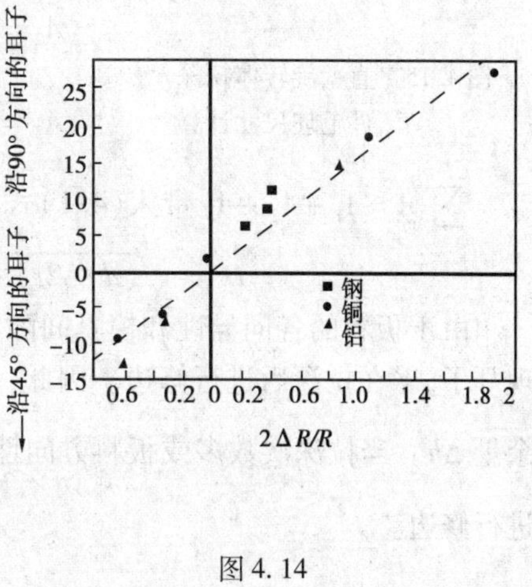

图 4.14

当 $\Delta R>0$,耳子在 0°和 90°处出现;当 $\Delta R<0$,耳子在 ±45°出现。若 ΔR 过大,高 R 值对 LDR 的有利影响便消失。

(4)残余应力

拉深后的圆筒中留有大量残余应力。外表面为拉应力,内表面为压应力,这是由于弯曲-反向弯曲所引起,靠近圆筒口部最大,因为弯曲发生在拉深后期,此处只有少量的拉深。这种残余应力在圆壁产生弯曲力矩,它由圆筒壁端部附近的周向拉深所平衡。这种周向拉深应力的存在,会使圆筒壁由于应力腐蚀而开裂,若使板料变薄,整个断面产生屈服,便可大大减少残余应力。

4.2 圆筒件拉深工艺计算及模具设计

4.2.1 拉深零件毛坯尺寸计算

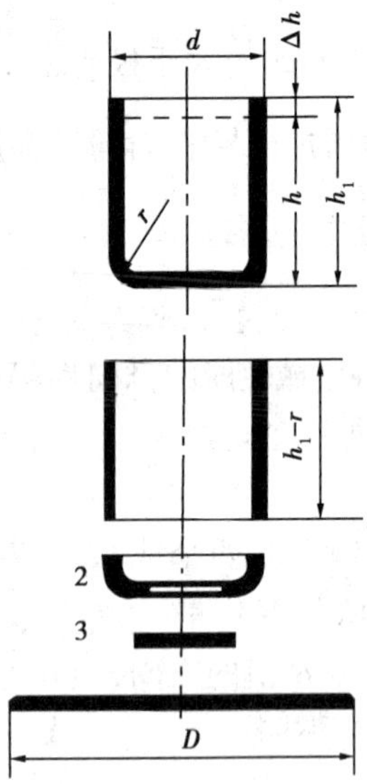

图 4.15 直壁旋转体拉深件毛坯尺寸计算

根据塑性变形体积不变原理,并略去拉深中的壁厚的变化。拉深零件毛坯尺寸的计算以拉深前后毛坯与工件表面积相等的原则进行,此种方法称做等面积法。

旋转体零件采用圆形毛坯,其直径按面积相等的原则计算(不考虑板料的厚度变化)。计算毛坯尺寸时,先将零件划分为若干便于计算的简单几何体,分别求出其面积后相加。得零件面积 $\sum A$,则毛坯直径

$$D=\sqrt{\frac{4}{\pi}\sum A} \tag{4.1}$$

例如,图 4.15 所示的圆筒件,可划分为 3 部分,每部分面积分别为

$$A_1=\pi d(h_1-r)$$

$$A_2=\frac{\pi}{4}[2\pi r(d-2r)+8r^2]$$

$$A_3=\frac{\pi}{4}(d-2r)^2$$

$\sum A=A_1+A_2+A_3$ 带入(4.1)式得毛坯直径为

$$D=\sqrt{(d-2r)^2+2\pi r(d-2r)+8r^2+4d(h_1-r)} \tag{4.2}$$

由于板料的各向异性和模具间隙不均匀等因素的影响,拉深后零件的边缘不整齐,甚至出现耳子,需在拉深后进行修边。因此,计算毛坯直径时需要增加修边量。表 4.4 圆筒件的修边余量 Δh。当拉深次数多或板料方向性较大时,取表中较大值。当零件的 $\frac{h}{d}$ 值很小时,也可不进行修边。

表 4.4　圆筒件拉深的修边余量 Δh

零件高度/mm	修边余量 Δh/mm	零件高度/mm	修边余量 Δh/mm
10 ~ 50	1 ~ 4	100 ~ 200	3 ~ 10
50 ~ 100	2 ~ 6	200 ~ 300	5 ~ 12

4.2.2　拉深系数的概念及选取

拉深系数是指拉深后工件直径 d 与拉深前毛坯直径 D 之比。

$$m = \frac{d}{D}$$

式中　D——平均毛坯直径；

　　d——拉深后的圆筒直径。

拉深比　$K = \frac{1}{m} = \frac{D}{d}$

圆筒件第 n 次拉深系数为 $m_n = \frac{d_n}{d_{n-1}} (n = 1, 2, \cdots)$

拉深系数 m 反映了拉深时材料变形程度的大小，m 越小，表明变形程度越大。拉深系数 m 是拉深工艺中的一个重要参数，是拉深工艺计算和模具设计的重要依据。实际生产中，为减少拉深次数，m 一般取最小值。当 m 小到一定值时，凸缘外边缘便会出现起皱现象，但可用增加压力圈的压边力防止起皱的出现。当 m 小到一定值时，出现拉破现象，拉破一般出现在拉深力快出现峰值时，即拉深的初始阶段。

在危险断面不被拉破的条件下，所能采用的最小拉深系数称做极限拉深系数。极限拉深系数与板料成形性能、毛坯相对厚度 $\frac{t}{D}$、凸模、凹模间隙及其圆角半径等有关。它与 $\frac{t}{D}$ 的关系如表 4.5 所示。

表 4.5　极限拉深系数

拉深系数	毛坯的相对厚度 $\frac{t}{D} \times 100$					
	0.08 ~ 0.15	0.15 ~ 0.30	0.30 ~ 0.60	0.6 ~ 1.0	1.0 ~ 1.5	1.5 ~ 2.0
m_1	0.63	0.60	0.58	0.55	0.53	0.50
m_2	0.82	0.80	0.79	0.78	0.76	0.75
m_3	0.84	0.82	0.81	0.80	0.79	0.78
m_4	0.86	0.85	0.83	0.82	0.81	0.80
m_5	0.88	0.87	0.86	0.85	0.84	0.83

表中数值系由实验得出，$m_1, m_2, m_3, m_4, m_5, \cdots$ 分别表示第一，二，…次拉深工序的极限系数。

由于影响材料拉深系数的因素很多，理论计算与实际相差太大，各种材料的拉深系数都是由实验方法获得的。工艺设计时，按表4.5决定极限拉深系数后，就可根据圆筒件和平板毛坯尺寸，从第一次拉深开始依次向后推算，便可得出所需拉深次数和各中间工序尺寸。

当零件要求较高时，为了防止毛坯在凸模圆角处过分变薄，一般采用比极限拉深系数稍大的值。

例如：圆筒件需要的拉深系数为 $m=\frac{d}{D}$。若 $m \geqslant m_1$，则可一次拉深成形。若 $m < m_1$，则需要的拉深次数 n 为

$$m_1 m_2 \cdots m_n \leqslant m$$

其中　n——拉深次数。

为了保证拉深工序的顺利进行，设实际采用的拉深系数为 $m'_1, m'_2, \cdots, m'_n$，应使

$$m_1 - m'_1 \approx m_2 - m'_2 \approx \cdots \approx m_n - m'_n$$

即每次拉深系数保持一致。于是得到各次拉深后的圆筒直径为

$$d_1 = m'_1 D$$

$$d_2 = m'_2 d_1 = m'_1 m'_2 D$$

$$\cdots$$

$$d_n = m'_n d_{n-1} = m'_1 m'_2 \cdots m'_n D = d$$

4.2.3　再次拉深的特点

再次拉深时，变形仍然是依靠径向拉应力和切向压应力的联合作用。使半成品的直径发生收缩，增加高度。它与首次拉深的不同主要表现见表4.6。

表4.6　再次拉深和首次拉深的特点

	首次拉深	再次拉深
毛坯	平板(厚度均，机械性能均匀)	半成品(厚度不均，各处性能不一)
变形区	整个法兰部分始终参与变形	只有台肩部分参与变形
拉深力	初始阶段较大，以后逐渐减小	逐渐增大
危险断面	拉裂出现在初始阶段，在凸模圆角处	拉裂出现在拉深末期，在凸模圆角处
起皱	法兰易起皱	起皱不易发生，只是在拉深末期发生
拉深系数	最小	逐次增大

4.2.4　影响拉深系数的因素

材料的机械性能：材料的塑性好，屈服比 σ_s/σ_b 小的材料，m 可小些，因 σ_s 小，说明材料易变形，σ_b 大，说明危险断面承载能力高，不易拉断。

毛坯的相对厚度为 t/D。

拉深方式：有压力圈时，拉深系数 m 可小些。

模具结构：拉深模的凸，凹模圆角的大小，及凸，凹模之间的间隙大小，对拉深系数影响很大。

磨擦与润滑条件：要求凹模、压力圈与毛坯接触面应光滑，要求润滑，但凸模与毛坯接触面

要粗糙些好，不要润滑，以增加摩擦力，减少拉裂的可能性。

4.2.5　拉深模工作部分尺寸的确定

其工作部分主要是指拉深凸模、凹模和压边圈。这些工作部件的结构尺寸对拉深件的变形和拉深件的质量有很大的影响。

(1)拉深间隙 c

拉深间隙 c 对拉深件筒形直壁部分有校正作用：间隙大，则校正作用减小，效果不明显，形成口大底小的锥形；间隙减小，则拉深力增大，易造成拉破的现象，而且模具的磨损快。

考虑到拉深中法兰的变厚，除最后一次拉深间隙取等于或略小于板料厚度以外（以保证工件精度），其余拉深都应把间隙取为稍大于材料厚度。

对于不用压边圈的拉深　$c=(1\sim1.1)t_{max}$，末次拉深用小值，中间拉深用大值。

对于不用压边圈的拉深　$c=t_{max}+kt$

式中　t_{max}——材料最大厚度；

k——间隙系数，见表4.7。

表4.7　间隙系数 k

拉深工序数		材料厚度		
		0.52	24	46
1	第一次	0.2(0)	0.1(0)	0.1(0)
2	第1次	0.3	0.25	0.2
	第2次	0.1(0)	0.1(0)	0.1(0)
3	第1次	0.5	0.4	0.35
	第2次	0.3	0.25	0.2
	第3次	0.1(0)	0.1(0)	0.1(0)
4	第1、2次	0.5	0.4	0.35
	第3次	0.3	0.25	0.2
	第4次	0.1(0)	0.1(0)	0.1(0)
5	第1、2、3次	0.5	0.4	0.35
	第4次	0.3	0.25	0.2
	第5次	0.1(0)	0.1(0)	0.1(0)

注：①表中数值适用于一般精度（未注公差尺寸的极限偏差）工件拉深；

②末道工序括弧内的数字，适用较精密的拉深件（IT11～13）级。

当拉深件精度要求达到IT11～13级时，最后一道拉深工序间隙取为：

$c=t$…对黑色金属；

$c=0.95t$…对有色金属。

式中　t——板料厚度。

(2)拉深凸、凹模圆角半径

1)凹模圆角半径 r_d

r_d 与毛坯厚度、零件的形状尺寸和拉深方法等有关,可查设计手册确定,也可按经验公式计算:

$$r_d = 0.8\sqrt{(D - d_d)t} \tag{4.3}$$

式中 r_d—— 凹模圆角半径;

D—— 毛坯直径;

d_d——凹模内径;

t——板料厚度。

上式适用于 $D - d_d \leqslant 30$。

当 $D - d_d > 30$ 时,应取较大的 r_d 值。

当工件直径 $d > 200$ mm 时,r_d 可按下式确定:

$$r_{d\,\min} = 0.039d + 2 \tag{4.4}$$

第一次拉深的 r_d 也可按表 4.8 选取。

表 4.8 第一次拉深凹模圆角半径 r_d/mm

r_{d1}	t(料厚/mm)				
	2.0 ~ 1.5	1.5 ~ 1.0	1.0 ~ 0.6	0.6 ~ 0.3	0.3 ~ 0.1
无法兰拉深	$(4 \sim 7)t$	$(5 \sim 8)t$	$(6 \sim 9)t$	$(7 \sim 10)t$	$(8 \sim 13)t$
有法兰拉深	$(6 \sim 10)t$	$(8 \sim 13)t$	$(10 \sim 16)t$	$(12 \sim 18)t$	$(15 \sim 22)t$

注:材料拉深性能好,且使用适当的润滑剂时可取小值。

对以后各次拉深,r_d 可由下式确定:

$$r_{d2} = (0.6 \sim 0.8)r_{d1} \tag{4.5}$$

$$r_{dn} = (0.7 \sim 0.9)\ r_{dn-1} \tag{4.6}$$

式中

r_{d2}——第二次拉深凹模圆角半径;

r_{dn}——第 n 次拉深凹模圆角半径。

r_d 过小,会使拉深力增大,影响模具寿命。过大则会减小压边面积,在拉深后期,毛坯外缘过早地离开压边圈,容易起皱,甚至拉裂。

2)凸模圆角半径 r_p

一般取 $r_d = r_p$ 或 $r_p = (0.6 \sim 1)r_d$。最后一道拉深时 r_p 等于零件的圆角半径。

当各次拉深件的直径 d 确定后,初始拉深直径 $d_1 > 50t$ 时,按图 4.16 决定 r_p 和倾角 α;初次拉深直径 $d_1 < 50t$ 时,按图 4.17 决定 r_p。

4.2.6 凸、凹模尺寸及制造公差

最后一道拉深模的尺寸公差决定了零件的尺寸精度,故其尺寸公差应按零件要求来确定。对于多次拉深的第一次拉深和中间工序的毛坯尺寸公差没有必要限制,此时,可取模具尺寸等

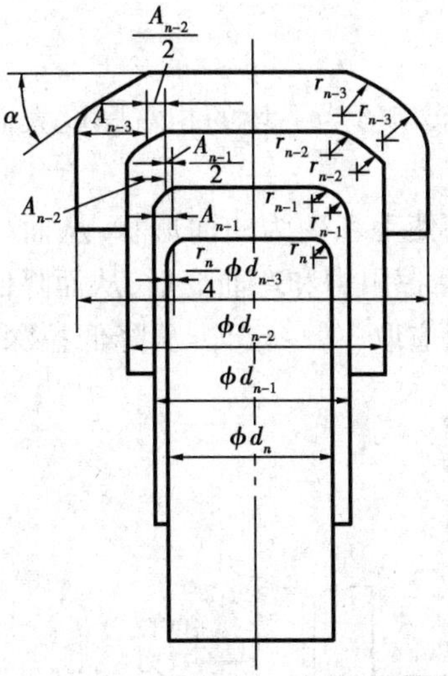

t=0.8 mm,　　α=30°

t=0.8~1.6 mm　　α=40°

t>1.6 mm　　α=45°

$$A_{n-1}=\frac{d_{n-1}-d_n}{2}+\frac{r_n}{4},\ A_{n-2}=\frac{d_{n-2}-d_{n-1}}{2}+\frac{A_{n-1}}{2},$$

$$A_{n-3}=\frac{d_{n-3}-d_{n-2}}{2}+\frac{A_{n-2}}{2}$$

$$r_{n-1}=0.6A_{n-1},\ r_{n-2}=0.6A_{n-2},\ r_{n-3}=0.6A_{n-3}$$

图 4.16　$d_1>50t$ 时各次拉深的 r_p

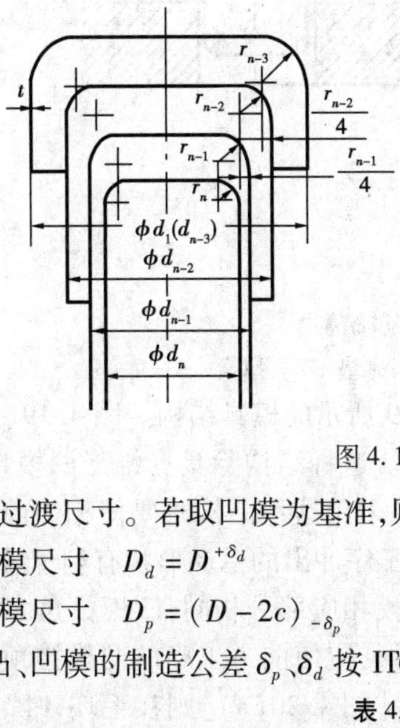

$$r_{n-1}=\frac{d_{n-1}-d_n}{2}+r_n,\ r_{n-2}=\frac{d_{n-2}-d_{n-1}}{2}+\frac{r_{n-1}}{4},$$

$$r_{n-3}=\frac{d_{n-3}-d_{n-2}}{2}+\frac{r_{n-2}}{4}$$

图 4.17　$d_1<50t$ 时各次拉深的 r_p

于毛坯过渡尺寸。若取凹模为基准，则

凹模尺寸　$D_d=D^{+\delta_d}$

凸模尺寸　$D_p=(D-2c)_{-\delta_p}$

式中，凸、凹模的制造公差 δ_p、δ_d 按 IT6 ~ IT9 级选取，或查表 4.9。

表 4.9　凸、凹模制造公差/mm

材料厚度 t/mm	拉深直径/mm					
	≤20		20 ~ 100		100	
	δ_d	δ_p	δ_d	δ_p	δ_d	δ_p
≤0.5	0.02	0.01	0.03	0.02	—	—
>0.5 ~ 1.5	0.04	0.02	0.05	0.03	0.08	0.05
>1.5	0.06	0.04	0.08	0.05	0.10	0.06

注：凸模制造公差必要时可提高到 IT6 ~ IT 7 级。

4.2.7　凸、凹模结构

凸、凹模结构对拉深时的毛坯变形和拉深件质量均有影响。当毛坯的相对厚度大而不用压边圈时,可采用图 4.18 所示的凹模结构。

图 4.18(b)所示的锥形凹模对拉深变形极为有利。它使毛坯变为曲面形状,从而减少了起皱的趋势。此外,凹模锥面减小了凹模圆角半径造成的摩擦阻力和弯曲变形,从而降低了拉深力,使有可能采用较小的拉深系数。从防止起皱看,锥度应取 30°~60°。从降低拉深力看,应取 20°~60°。综合考虑,常用锥角 30°。

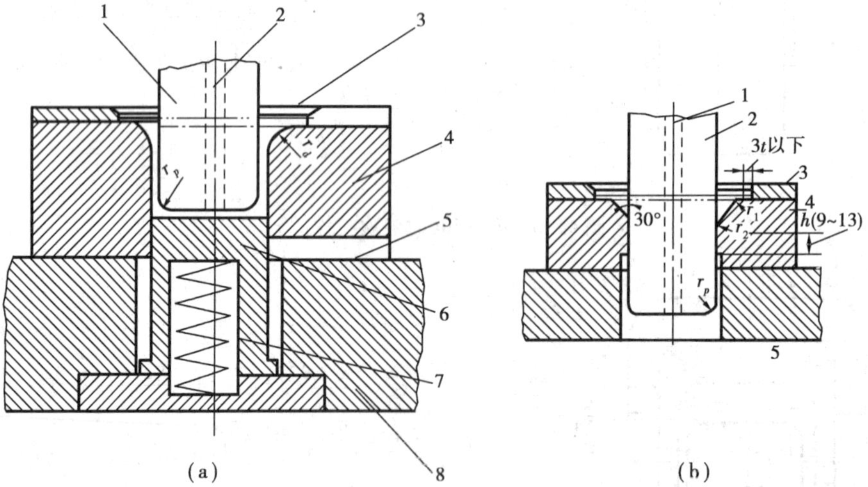

图 4.18　不用压边圈拉深的凹模结构

1、5—气孔　2—凸模　3—定位板　4—凹模　6—衬垫　7—弹簧　8—底座

当毛坯相对厚度较小必须采用压边圈时,采用图 4.19 所示的模具结构。图 4.19(a)用于尺寸较小的圆筒件;(b)用于直径大于 100 mm 的拉深件。这种结构除具有锥形凹模特点外,还可以减轻毛坯的反复弯曲变形,以提高零件侧壁质量。采用这种结构时要使相邻前后两道工序中凸、凹模的形状尺寸具有恰当的关系,尽量使前道工序冲出的毛坯形状有利于后续工序的成形。压边圈工作部分的形状尺寸应与前道工序的凸模相应部分相同,凹模锥角 α 也要与前道工序的凸模斜角相等。为了减轻毛坯的反复弯曲变形,应使前道工序的凸模锥顶角直径 d_1 小于后续工序的凹模直径 d_2[图 4.20(b)]。若 $d_1 = d_2$[图 4.20(a)]则在毛坯 A 除可能产生反复弯曲。在最后一道拉深中,为保证零件底部平整,应按图 4.21 所示尺寸设计。

凸模与凹模的锥角 α 越大,对拉深变形越有利。但当毛坯相对厚度较小时,α 过大会引起毛坯起皱。锥角 α 可按表 4.10 选取。

表 4.10

材料厚度	锥角 α	材料厚度	锥角 α
0.5~1	30°~40°	1~2	40°~50°

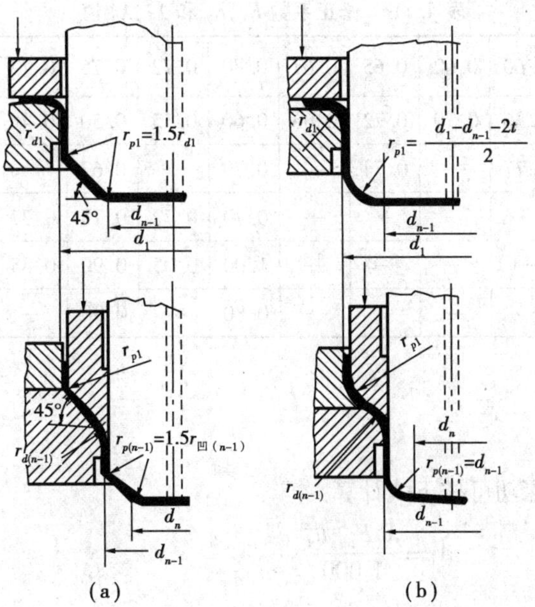

图 4.19　凸、凹模圆角半径的相互关系

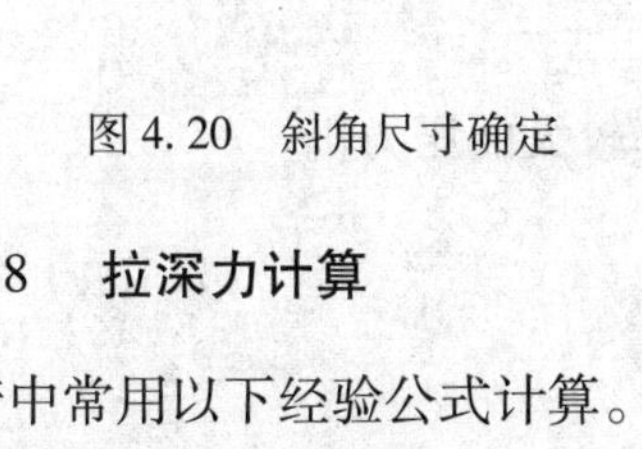

图 4.20　斜角尺寸确定

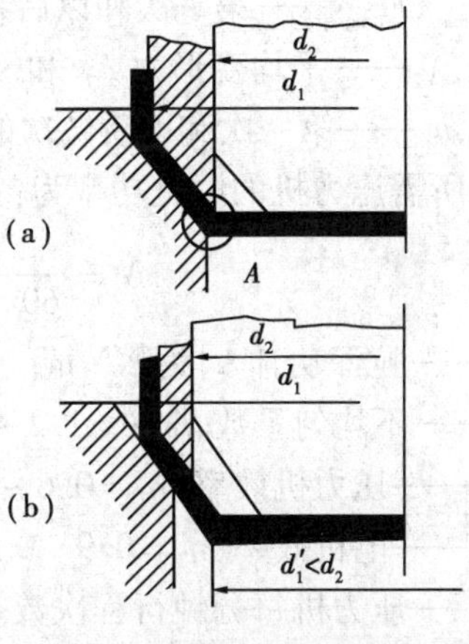

图 4.21　最后拉深时毛坯尺寸变化

4.2.8　拉深力计算

生产中常用以下经验公式计算。

第一次拉深　　$F_1 = \pi d_1 t \sigma_b K_1$　　(4.7)

第二次及第 n 次拉深　　$F_n = \pi d_n t \sigma_b K_2$　　(4.8)

式中　t——料厚；

d_1, d_n——第一次、第 n 次拉深半成品直径；

σ_b——抗拉强度；

K_1, K_2——系数，查表 4.11。

表 4.11 修正系数 K_1, K_2 和 λ_1, λ_2 值

拉深系数 m_1	0.55	0.57	0.60	0.62	0.65	0.67	0.70	0.72	0.75	0.77	0.80	—	—	—
K_1	1.00	0.93	0.86	0.79	0.72	0.66	0.60	0.55	0.50	0.45	0.40	—	—	—
λ_1	0.80	—	0.77	—	0.74	—	0.70	—	0.67	—	0.64	—	—	—
拉深系数 m_2	—	—	—	—	—	—	0.70	0.72	0.75	0.77	0.80	0.85	0.90	0.95
K_2	—	—	—	—	—	—	1.00	0.95	0.90	0.85	0.80	0.70	0.60	0.50
λ_2	—	—	—	—	—	—	0.80	—	0.90	—	0.75	—	0.70	—

4.2.9 拉深功

单次行程所需的拉深功可按下式计算。

第一次拉深
$$A_1 = \frac{\lambda_1 F_{\max} h_1}{1\ 000} \tag{4.9}$$

以后各次拉深
$$A_n = \frac{\lambda_2 F_{n\max} h_n}{1\ 000} \tag{4.10}$$

式中 $F_{1\max}$, $F_{n\max}$——第一次和以后各次拉深的最大拉深的最大拉深力，[$F_{1\max}$, $F_{n\max}$]为 N；

λ_1, λ_2——平均变形力 F_P 和最大变形力 $F_{\max}$ 的比值，它与拉深系数有关，见表4.9；

h_1, h_n——第一次和以后各次的拉深高度，[h_1, h_n]为 mm。

拉深所需压力机的电机功率为：

$$N = \frac{A\xi n}{60 \times 75 \times \eta_1\eta_2 \times 1.36 \times 10}\ \text{kW} \tag{4.11}$$

式中 A——拉深功，[A]为 N · m；

ξ——不均匀系数，取 $\xi = 1.2 \sim 1.4$；

η_1——压力机效率，$\eta_1 = 0.6 \sim 0.8$；

η_2——电机效率，$\eta_2 = 0.9 \sim 0.95$；

n——压力机每分钟行程次数。

若所选压力机的电机功率小于计算值，则应选择功率较大的压力机。

4.2.10 无法兰筒形件拉深设计计算的一般步骤

(1) 拉深次数的确定

1)求出工件的拉深系数：$m = d/D$

2)如果 $m > m_1$，则可一次拉深成形；如 $m < m_1$，则需多次拉深(两次或两次以上)

3)求 $m_1, m_2, m_3, \cdots, m_n$ 直到小于或等于 m 为止，此时的 n 即是拉深的次数。

4)另一种方法是由工件的相对高度 h/d 和相对厚度 t/D 确定 n。

(2)工艺计算程序

1)确定切边余量 Δh。

2)计算毛坯的直径 D。

3)确定是否用压边圈。

4）确定拉深系数与拉深次数 m、n。

5）确定各次拉深的圆筒直径 d_n。

6）确定各次拉深的凸、凹模圆角半径 r_{dn}，r_{pn}。

7）确定各次拉深半成品的高度 h_n，它是在工序次数和各道工序半成品直径以及底部圆角半径确定后，可根据圆形件不同的底部形状，根据设计手册给出的相关公式计算各道工序的拉深高度。圆角底筒形件的拉深高度计算公式为：

第1次拉深　$h_1 = 0.25(DK_1 - d_1) + 0.43\dfrac{r_1}{d_1}(d_1 + 0.32r_1)$　（4.12）

第2次拉深　$h_2 = 0.25(DK_1K_2 - d_2) + 0.43\dfrac{r_2}{d_2}(d_1 + 0.32r_2)$　（4.13）

式中　D——毛坯直径；

K_1，K_2——第1、2工序拉深的工件的拉深比；

d_1，d_2——第1、2工序拉深的工件直径；

r_1，r_2——第1、2工序拉深件底部圆角半径；

h_1，h_2——第1、2工序拉深的拉深高度。

例4.1　试确定图4.22所示圆筒件（材料：08钢）所需的毛坯直径，拉深次数及拉深程序。

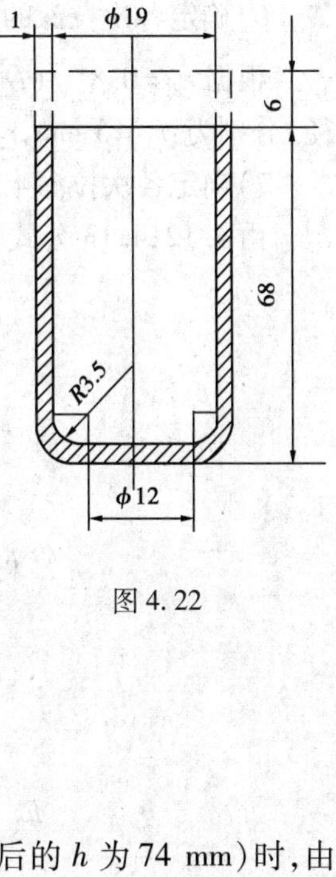

图4.22

计算步骤：

1）确定切边余量 Δh。

查表4.4，　$\dfrac{h}{d} = \dfrac{68}{20} = 3.4$，取 $\Delta h = 6$ mm

2）计算毛坯的直径 D。

$$\begin{aligned} D &= \sqrt{d_1^2 + 4d_2h + 6.28rd_1 + 8r^2} \\ &= \sqrt{12^2 + 4 \times 20 \times 69.5 + 6.28 \times 4 \times 12 + 8 \times 4^2} \\ &= \sqrt{6\,134.4} \approx 78 \text{ mm} \end{aligned}$$

3）确定是否用压边圈。

毛坯相对厚度

$$\frac{t}{D} \times 100 = \frac{1}{78} \times 100 \approx 1.28, \frac{h}{D} = 3.7$$

查表4.2应采用压边圈。

4）确定拉深系数与拉深次数 m、n。

毛坯相对厚度 $\dfrac{t}{D} \times 100 = \dfrac{1}{78} \times 100 \approx 1.28$，$\dfrac{h}{D} = 3.7$（包括切边余量后的 h 为74 mm）时，由表4.5查得，$m_1 = 0.5$，$m_2 = 0.75$，$m_3 = 0.78$，$m_4 = 0.80$，

因为 $m < m_1$ 则需要的拉深次数 n 为

$$m_1 m_2 \cdots m_n \leqslant m$$

根据这个原则可知 $n = 4$

5）确定各次拉深的圆筒直径 d_n。

根据设计公式

$$d_1 = m'_1 D$$
$$d_2 = m'_2 d_1 = m'_1 m'_2 D$$
$$\cdots$$
$$d_n = m'_n d_{n-1} = m'_1 m'_2 \cdots m'_n D = d$$
$$d_1 = 0.5 \times 78 = 39 \text{ mm}$$
$$d_2 = 0.75 \times 39 = 29.3 \text{ mm}$$
$$d_3 = 0.78 \times 29.3 = 22.8 \text{ mm}$$
$$d_4 = 0.80 \times 22.8 = 18.3 \text{ mm}$$

$d_4 = 18.3$ mm <20 mm(工件直径),说明允许的变形程度未用足,应对各次拉深系数做适当地调整,使均大于相应的极限拉深系数。经调整后,实际选取 $m_1 = 0.53$,$m_2 = 0.76$,$m_3 = 0.79$,$m_4 = 0.82$,各次拉深直径定为:

$$d_1 = 0.53 \times 78 = 41 \text{ mm}$$
$$d_2 = 0.76 \times 41 = 31 \text{ mm}$$
$$d_3 = 0.79 \times 31 = 24.5 \text{ mm}$$
$$d_4 = 0.83 \times 24.5 = 20 \text{ mm}$$

6)确定各次拉深的凸、凹模圆角半径 r_{dn},r_{pn}。

根据 $r_d = 0.8\sqrt{(D-d_d)t}$和 $r_p = (0.6 \sim 1)r_d$ 的关系,取各次的 r_p(即半成品底部的圆角半径)分别为:$r_1 = 5$ mm,$r_2 = 4.5$ mm,$r_3 = 4$ mm,$r_4 = 3.5$ mm。

7)确定各次拉深半成品的高度 h_n。

由 4.12,4.13 公式计算可得:

$$h_1 = 0.25(DK_1 - d_1) + 0.43\frac{r_1}{d_1}(d_1 + 0.32r_1)$$
$$= 0.25 \times \left(78 \times \frac{78}{41} - 41\right) + 0.43 \times \frac{5}{41}(41 + 0.32 \times 5)$$
$$= 30.04 \text{ mm}$$

$$h_2 = 0.25(DK_1K_2 - d_2) + 0.43\frac{r_2}{d_2}(d_1 + 0.32r_2)$$
$$= 0.25\left(78 \times \frac{78}{41} \times \frac{41}{31} - 31\right) + 0.43 \times \frac{4.5}{31}(31 + 0.32 \times 4.5)$$
$$= 43.4 \text{ mm}$$

$$h_2 = 0.25(DK_1K_2K_3 - d_3) + 0.43\frac{r_3}{D_3}(D_3 + 0.32r_3)$$
$$= 0.25\left(78 \times \frac{78}{41} \times \frac{41}{31} \times \frac{31}{24.5} - 24.5\right) + 0.43 \times \frac{4}{24.5}(24.5 + 0.32 \times 4)$$
$$= 58 \text{ mm}$$
$$h_4 = 74 \text{ mm}$$

8)画出工序图(图 4.23)

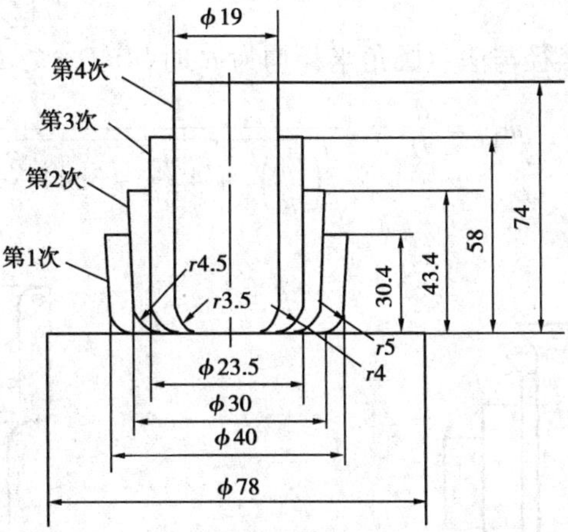

图 4.23

4.3　带法兰筒形件拉深的工艺计算

带法兰边的拉深件与毛坯如图 4.24。

4.3.1　带法兰(法兰边)筒形件分类

(1)窄法兰边零件$\frac{d_F}{d} \leqslant 1.4$

这类零件法兰相对直径很小，相对高度较大$\frac{h}{d}>1$，可以按无法兰筒形件进行工艺计算和拉深，即：首次拉深不留法兰，再次拉深时留出锥形法兰，最后工序把法兰压平修边得到 d_F。如图 4.25 所示。

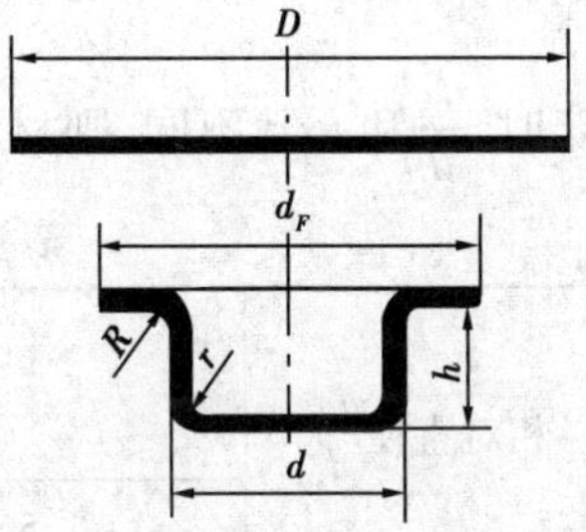

图 4.24　带法兰边的拉深件与毛坯

若$\frac{h}{d} \leqslant 1$时，则第一次即可拉深成锥形法兰边的圆筒件，最后整形成平法兰边。

(2)宽法兰边零件$\frac{d_F}{d}>1.4$(图 4.26)

法兰相对半径较大，相对高度也较大，这类称宽法兰筒形件，即带法兰筒形件，它有两种成形方法：第一种是每次拉深高度不变，通过改变圆角半径 r 及 R，逐渐缩小筒形部分的直径达到要求；第二种是改变每次拉深的直径来增加高度。

4.3.2　带法兰筒形件的拉深工艺确定

法兰零件的拉深系数

$$m_F = \frac{d}{D}$$

式中　d——零件圆筒部分的直径；

D——毛坯直径。

当零件底部圆角半径与法兰圆角半径均为 R 时，有 $D=\sqrt{d_F^2+4dh-3.44dR}$ 得

$$m_F=\frac{d}{D}=\frac{1}{\sqrt{\left(\frac{d_F}{d}\right)^2+4\frac{h}{d}-3.44\frac{R}{d}}} \tag{4.14}$$

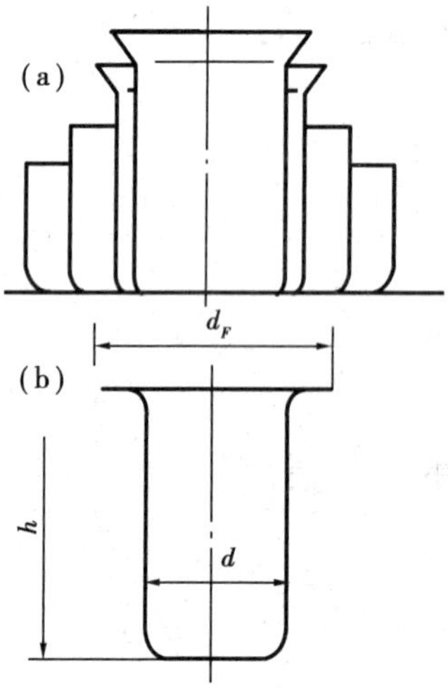

图 4.25　窄法兰边件拉深
(a)各道拉深工序　(b)校正修边工序

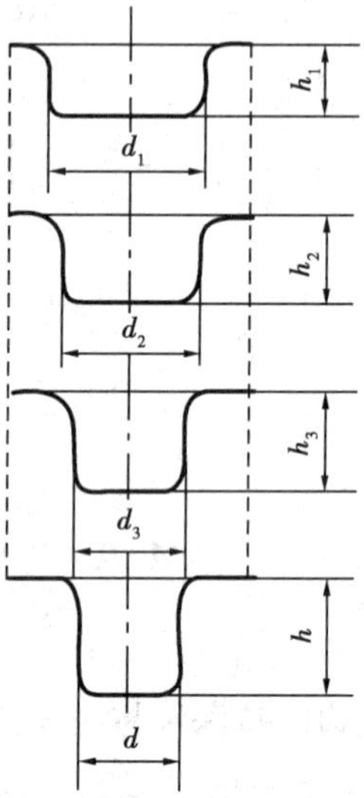

图 4.26　带宽法兰边零件的多次拉深

m_F 由以上 3 个尺寸因素确定，其中 $\frac{d_F}{d}$ 影响最大，而 $\frac{R}{d}$ 影响最小，当毛坯直径 D 及拉深系数一定时，$\frac{d_F}{d}$ 和 h/d 不同，则材料的变形程度不同，$\frac{d_F}{d}$ 越小，h/d 越大，则变形程度越大。

表 4.12　法兰圆筒零件的极限拉深系数 m_F

法兰相对直径 $\frac{d_F}{d}$	毛坯相对厚度 $\frac{t}{D}\times 100$				
	2～1.5	1.5～1.0	1.0～0.6	0.6～0.3	0.3～0.1
<1.1	0.51	0.53	0.55	0.57	0.59
1.3	0.49	0.51	0.53	0.54	0.55
1.5	0.47	0.49	0.50	0.51	0.52
1.8	0.45	0.46	0.47	0.48	0.48
2.0	0.42	0.43	0.44	0.45	0.45
2.2	0.40	0.41	0.42	0.42	0.42
2.5	0.37	0.38	0.38	0.38	0.38
2.8	0.34	0.35	0.35	0.35	0.35
3.0	0.32	0.33	0.33	0.33	0.33

宽法兰筒件第一次拉深力按下式计算

$$F_{max} = \pi d_1 t \sigma_b K \tag{4.15}$$

式中　d_1——第一次拉深半成品圆筒直径；

t——材料厚度；

σ_b——材料强度极限；

K——系数，由表 4.13 查取。

表 4.13　系数 K 值

$\frac{d_F}{d}$	第一次拉深系数 m_F									
	0.35	0.38	0.40	0.42	0.45	0.50	0.55	0.60	0.65	0.70
3.0	1.0	0.9	0.83	0.72	0.68	0.56	0.45	0.37	0.30	0.23
2.8	1.1	1.0	0.9	0.83	0.75	0.62	0.50	0.42	0.34	0.26
2.5		1.1	1.0	0.9	0.82	0.70	0.56	0.46	0.37	0.30
2.2			1.1	1.0	0.90	0.77	0.64	0.52	0.42	0.33
2.0				1.1	1.0	0.85	0.70	0.58	0.47	0.37
1.8					1.1	0.95	0.80	0.65	0.53	0.43
1.5						1.10	0.90	0.75	0.62	0.50
1.3							1.0	0.85	0.70	0.56

注：①当采用拉深筋时，K 值增大 10% ~20%；

②对其他材料，根据材料塑性的变化，对查得值做修正（随着塑性减低而增大）。

4.4　阶梯圆筒件的拉深

阶梯圆筒件的拉深，相当于圆筒件多次拉深的过渡状态。毛坯变形区的应力状态和圆筒件相同。当阶梯圆筒件的相对厚度较大，即 $t/D > 0.1$，而阶梯间的直径差和高度较小，即 $\frac{h_1 + h_2 + \cdots + h_n}{d_n} \leqslant \frac{h}{d_n}$时，可以一次拉深成形。式中，$h_1, \cdots, h_n$ 见图 4.27；h——直径为 d_n的圆筒件一次可能获得的最大高度。

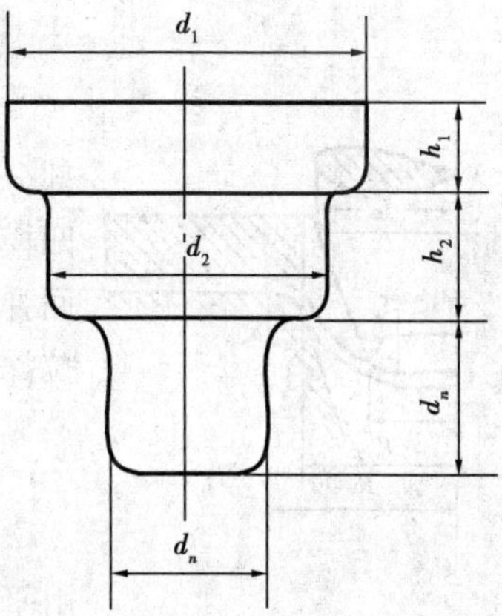

图 4.27　阶梯圆筒件

若不能一次成形，而相邻阶梯的直径$\frac{d_2}{d_1}, \frac{d_3}{d_2}, \cdots, \frac{d_n}{d_{n-1}}$均大于相应圆筒件的极限拉深系数时，则可每次拉深成一个阶梯。当某相邻两阶梯直径比小于圆筒件极限拉深系数时，则该阶梯也可采用法兰圆筒件的拉深方法。当$\frac{d_n}{d_{n-1}}$过小，但最小阶梯高度 h_n 不大时，最小阶梯可用胀形获得。

对浅阶梯零件，每个阶梯高度不大，但相邻阶梯的直径差较大，而不能一次拉深时，可先拉深成球形[图 4.28(a)]或大圆角的圆筒件，然后用校形获得所需的零件形状和尺寸[图 4.28(b)]。

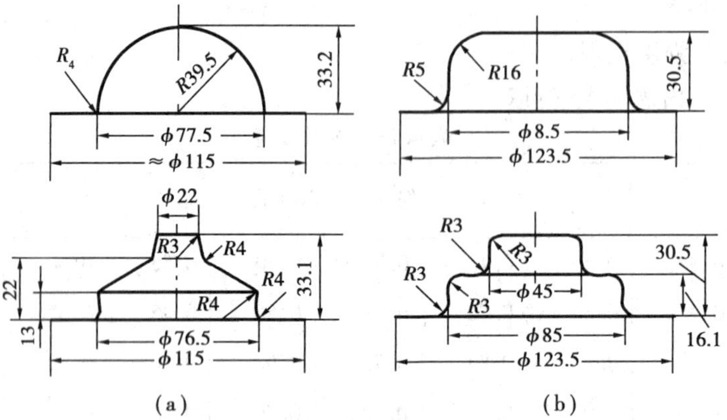

图 4.28 浅阶梯拉深件成形方法

(a) $D=128, t=0.8$, 08 钢 (b) $t=1.5$ 低碳钢

一次拉深能完成阶梯形零件的拉深系数的计算式为

$$m=\frac{\frac{h_1}{h_2}\frac{d_1}{D}+\frac{h_2}{h_3}\frac{d_2}{D}+\cdots\cdots+\frac{h_{n-1}}{h_n}\frac{d_{n-1}}{D}+\frac{d_n}{D}}{\frac{h_1}{h_2}+\frac{h_2}{h_3}+\cdots+\frac{h_{n-1}}{h_n}+1} \tag{4.16}$$

式中 h_i、d_i——第 i 个台阶的高度和直径(从最大直径的台阶数起)。若按上式计算出的 $m=\frac{1}{k}$ 值大于由平面毛坯拉深成圆筒件的允许值，则可以在一次拉深中完成阶梯形零件。

4.5 锥形零件的拉深

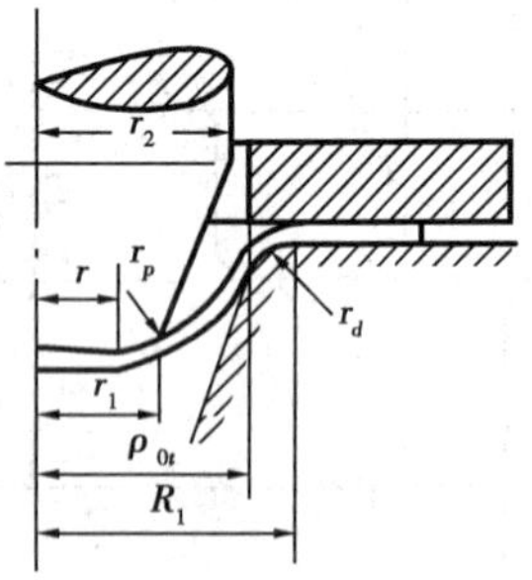

图 4.29

锥形零件拉深时(图 4.29)，在变形开始阶段，变形区可分为 3 部分：法兰平面区(当带压边圈时)，板料与凹模圆角接触区，位于凸、凹模间隙的自由表面。由于自由表面积很大，容易产生失稳起皱和回弹。因此，它与圆筒件拉深不同，不能简单地用拉深系数来判断其拉深的难易程度。

锥形零件拉深方法

锥形件一次拉深允许的拉深比$\left(\frac{\text{毛坯直径}}{\text{锥形件最小直径}}\right)$近似地等于由平面毛坯拉深成圆筒件的允许拉深比。在自由表面区，由于压应力 σ_θ 的作用，可能引起失稳起皱，但起皱程度小于法兰部分(当无压边圈时)。若拉深比$\left(\frac{\text{毛坯直径}}{\text{锥形件最小直径}}\right)$大于允许值,则需进行几次拉深。此时,根据锥形件尺寸不同,而有不同的拉深方法,如图 4.30 所示。

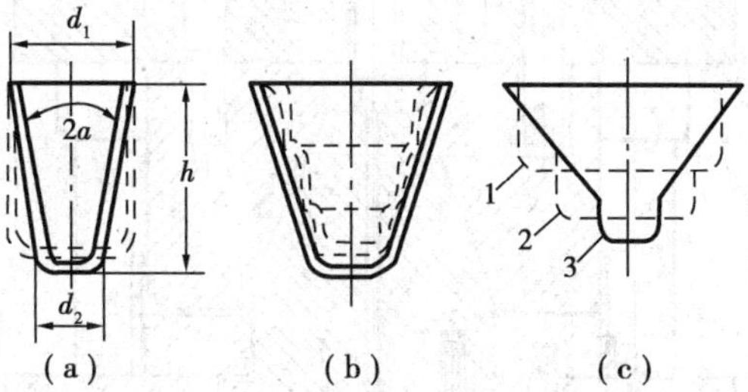

图 4.30

1)锥角 α 和比值$\frac{h_1}{d_2}$很小[图 4.30(a)],且拉深比 $k=\frac{d_1}{d_2}$不大于圆筒件第二次拉深的允许值,即当

$$k=\frac{d_1}{d_2}=1+\frac{2h}{d_2}\tan\alpha \leqslant k_{允许} \tag{4.17}$$

时,则可先拉深成直径为 d_1 的圆筒,然后拉深成锥形件。上式中,$k_{允许}$ 为圆筒件第二次拉深时允许的拉深比。

本法也可先拉深成直径略小于 d_1 的圆筒形,而在最后一次拉深成锥形件时,毛坯边缘直径稍有增大。此时,$k=\frac{d_1}{d_2}$可稍大于 $k_{允许}$。

2)先拉深成阶梯形[图 4.30(b)]使其外轮廓切线与对称轴的交角等于锥角 α,在最后一次将阶梯形毛坯拉深成锥形零件。此时,沿子午面母线的凸形部分长度减小,而凹形部分的长度增加,当毛坯厚度很小时,这种长度减小可能引起失稳而形成纵向皱纹。为了减小凸形部分的周向压缩,建议第一个台阶直径小于锥形件最小直径 d_1。这样,可将毛坯法兰置于凹模平面上,当子午面母线校直时,台阶的垂直位移最小,故凸形部分的周向压缩较小。此方法的缺点是,零件在台阶过渡处留下压痕。

3)逐次拉深成锥面[图 4.30(c)],逐次增加锥面长度。此时,外径保持不变,母线与对称轴的交角等于零件锥角。采用本法,可以获得表面质量较高的锥形零件。

4.6　球面零件的拉深

球面零件底部为凸形(图 4.32),与锥形件拉深一样,有位于压边圈下的平面变形区,与凹模圆角贴合的接触区及位于凸模间隙内的自由表面区。此外,还有与凸模顶部接触的塑性变形区。故球形件拉深时,毛坯产生很大的塑性变形。它与锥形件的一次拉深不同,开始时自由表面区很大,随着凸模下降而逐渐减小。在毛坯中的径向应力 σ_ρ 为拉应力,而周向应力 σ_θ 在靠近凹模口部为压应力,在靠近毛坯中心为拉应力。从法兰到毛坯中心,σ_θ 由压应力逐渐变为拉应力,这正反映了球面零件拉深变形的特点,即由法兰区的拉深变形逐步过渡到毛坯中心

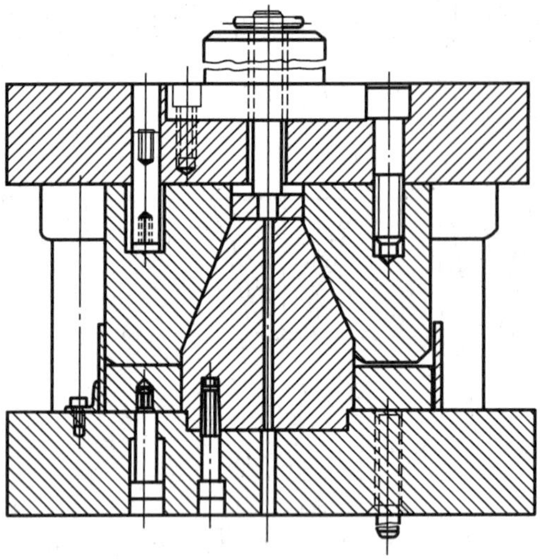

图 4.31　为锥形拉深模

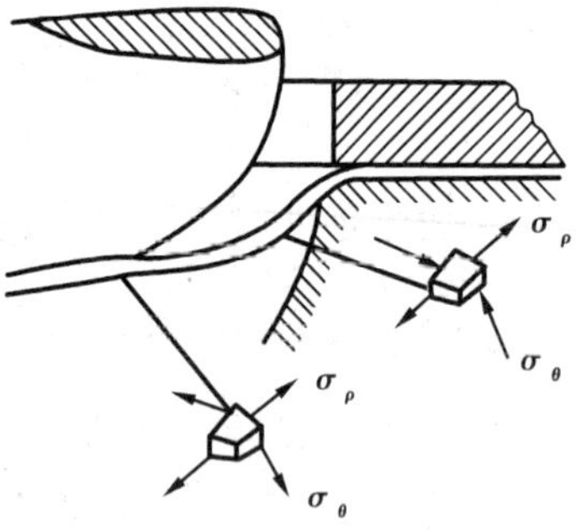

图 4.32

的胀形。由于球面零件拉深时自由表面区很大,容易失稳起皱。加大压边力、采用拉深筋、或反向拉深等方法,以增大径向拉应力和胀形成分,可以防止起皱。毛坯中部胀形区则容易变薄拉裂。采用 n 值较大和变形均匀性好的材料,可以延缓或防止拉裂。

因球形件底部为两向拉伸而变薄,当板料与凸模表面间的摩擦系数小时(尤其在液压胀形时),可能在底部破裂。如果毛坯与凸模接触面间的摩擦较大,便能阻止金属变薄,使危险断面离开球顶,最薄处可能出现在 1/3 ~ 1/4 凸模半径处。

对于具有球面的圆筒件($R_{球} = d/2$),拉深比 $k = D/d$,约等于平底圆筒一次拉深时的拉深比。若 $t/R_{球} \times 100 \geq 1.3$ 时(R 球为球底半径),不会起皱。如果在盲孔凹模中拉深后并整形,则 $t/R_{球} \times 100 > 0.85$ 时可以拉深完成。

为了防止起皱,须增大压边力,从而使 $\sigma_{\rho max}$ 增大,有可能产生拉裂。故球形件的拉深比圆筒件的小。

当 $t/D \times 100 < 3$ 时,须用压边圈,除了防止法兰部分起皱外,同时使径向拉应力增大,增大胀形成分,以防止毛坯中间部分起皱。在单动压力机上多用平面压边圈,如图 4-33 所示。压边力由气垫或弹簧垫提供。气垫压力随着滑块下行将升高 5% ~ 10%,弹簧力升高更大,可能超过 30% ~ 50% 以上。这种随滑块下行而压力增大的现象,对球形件的拉深是有利的。

在双动压力机上拉深时,压边力由外滑块提供,叫刚性压边圈。带拉深筋的刚性压边圈(图 4.34),对板料厚度公差、压力机调整和操作等因素的敏感性低,所以工艺比较稳定,生产中采用较多。刚性平面压边圈的工艺稳定性较差,但制造简单,当相对厚度较大或深度较浅又带宽法兰时,可以采用。

当采用平面压边圈时,压边力不仅要保证法兰不起皱,还要保证中间曲面部分也不起皱。压边力可按下式计算:

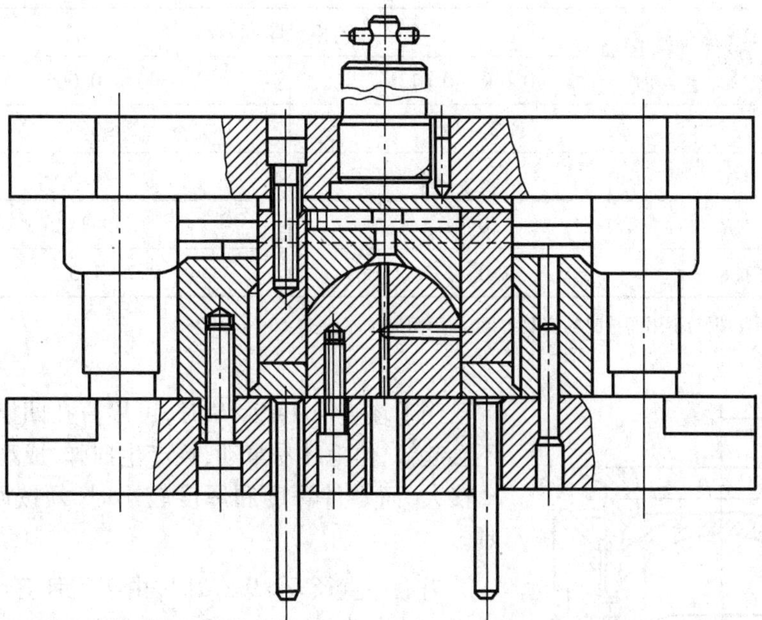

图 4.33　单动压力机上用的落料拉深复合模

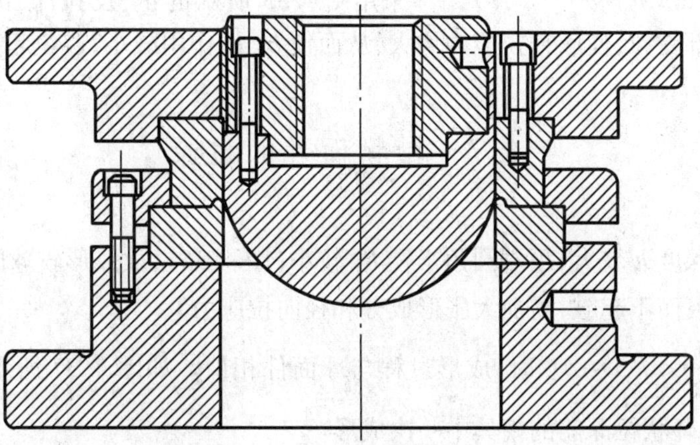

图 4.34　带拉深筋的拉深模

$$F_{压} = \frac{\pi}{4}(D^2 - d^2)p \tag{4.18}$$

式中　D——毛坯初始直径；

d——毛坯球面直径；

p——法兰单位面积上的压力，[p] MPa 为，它与板料性能、毛坯初始直径、成型结束时的毛坯外径和毛坯相对厚度等有关。

表 4.14 中列出的 p 值，适用于厚度为 0.5 ~ 2 mm 的低碳钢冷轧钢板拉深成半球形零件的情况。

表 4.14　防止起皱的初始压边力[p]MPa

D/d	毛坯相对厚度 t/D	
	0.006～0.013	0.003～0.006
1.5	3～3.5	5～6
1.6	1.7～2.2	3.5～4.5
1.7	1.0～1.5	1.5～3
1.8	1.0～1.2	0.7～1.5

注：表中数据为不用润滑时的实验结果，如用润滑时，应提高 50%～100%。

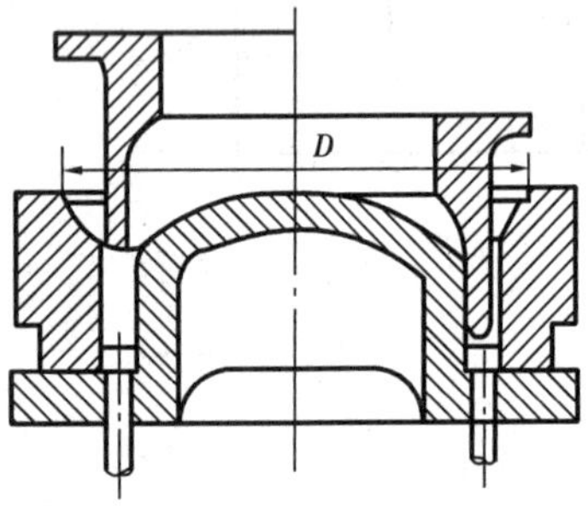

图 4.35　正反拉深法

当毛坯直径$D \geqslant 9\sqrt{Rt}$时，可用盲孔凹模压成。这时，不会起皱，但毛坯易窜动，且产生回弹，成型精度不高. 若 R 较大，而零件深度和厚度较小时，须按回弹量修正模具。

当毛坯直径 $D > 9\sqrt{Rt}$时，由于毛坯容易起皱而不能采用上述方法。这时，应该加宽法兰（工艺余料），并用强力压边圈或拉深筋以增大胀形成分，工艺余料在成形后切去。这样，零件回弹小，尺寸精度高，表面质量好。

采用图 4.35 所示的正、反拉深，可以防止起皱。毛坯在环形凹模口部受拉，使底部拉应力增大，从而使 σ_θ 的作用减小，避免起皱。

4.7　抛物面件的拉深

抛物面件的深度 h 较大，顶端圆角半径 R_1 较小（图 4.36），故成形较球面件困难。为了使毛坯中部紧贴凸模而不起皱，需加大胀形成分和径向拉应力。

当相对深度$\frac{h}{d}<0.5\sim0.6$ 时，成形过程与球面件相似。如图 4.37 所示浅抛物面汽车灯罩，可在带有两个环状拉深筋的模具中一次成形。

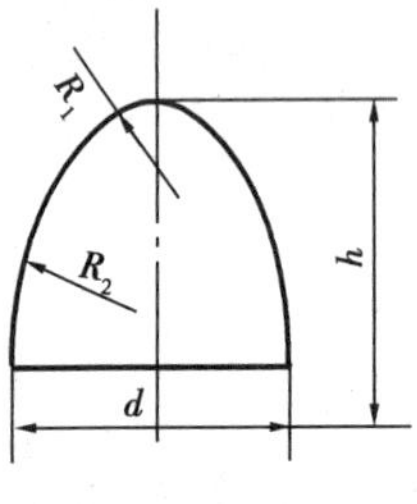

图 4.36　抛物面零件

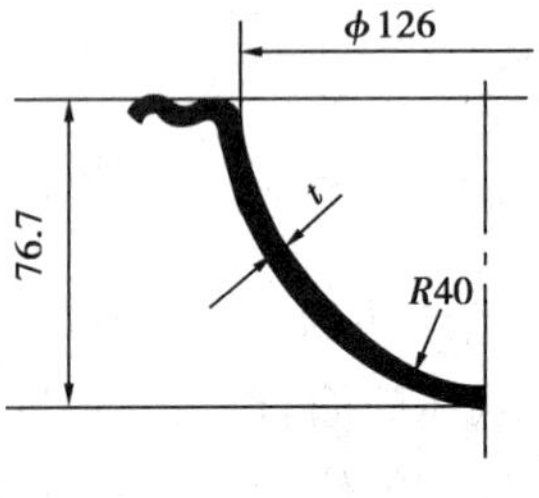

图 4.37　汽车灯外罩

材料 0.8，$t=0.7$ mm，毛坯直径 $D=190$ mm

当$\frac{h}{d}=0.6$时，因增大径向拉应力和胀形成分受到毛坯尖顶承载能力的限制，需用多工序或正、反拉深，以逐渐增加零件深度和减小顶部的圆角半径。为了保证工件的尺寸精度和表面质量，应在最后一道拉深中有一定的胀形成分。因此，应使最后一道用的毛坯表面积稍小于零件表面积。

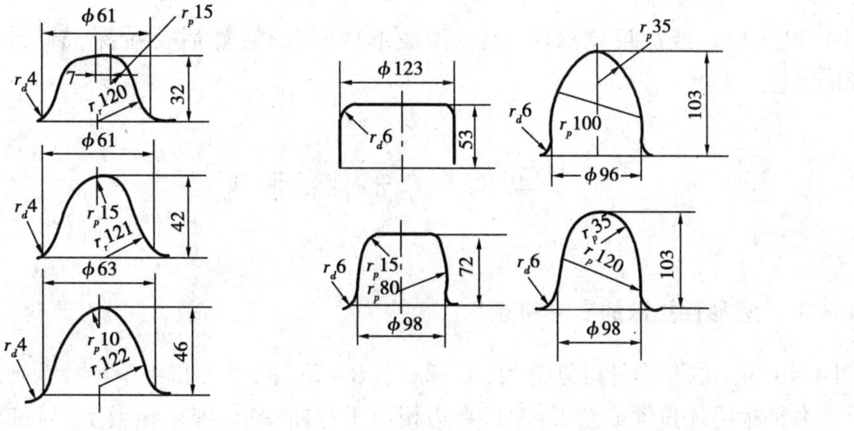

图4.38　抛物面件多次拉深

(a)黄铜板：板厚 $t=0.8$ mm，毛坯 $D=98$ mm　(b)冷扎钢板：板厚 $t=0.8$ mm，毛坯 $D=190$ mm

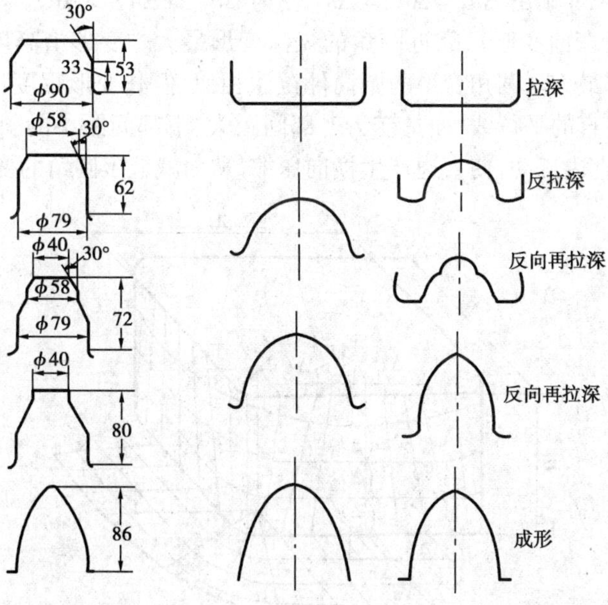

图4.39　抛物面件多次拉深

(a)阶梯法　(b)反拉深法

当$\frac{h}{d}=0.5\sim0.7$时，由于壁部起皱的可能性较小，可直接拉深成形，如图4.38(a)所示。

先使零件下部按图纸尺寸拉深成形。然后使上部接近图纸尺寸,最后全部拉深成形。当$\frac{h}{d}=0.5\sim0.7$而毛坯相对厚度较小时,先拉深成粗形,将凸模头部做成锥形或圆角为r的平底筒形,然后再多次拉深,使零件接近大直径[图4.38(b)]。

当$\frac{t}{D}<0.003$,$\frac{h}{d}=0.7\sim1$时,采用阶梯件拉深方法,拉深近似的阶梯圆筒件,最后胀形成形[图4.39(a)]。或用反拉深法,先拉深成形成圆筒件,然后反拉深,最后用胀形成形[图4.39(b)]

4.8 盒形件的拉深

4.8.1 盒形件拉深的变形特点

图4.40所示的盒形件可划分为$(A-2r)$、$(B-2r)$的直边和4个半径为r的圆角(1/4圆柱面)。由平板毛坯拉深成盒形件时,直边相当于弯曲变形,圆角相当于圆筒拉深。但由于直边与圆角相连成为一个整体,变形时势必互相制约,形成了盒形件拉深变形的特点。从图4.40可知,毛坯表面在变形前划分的网格(圆角由同心圆和半径线组成,直边为矩形网格),拉深后直壁网格发生横向压缩和纵向伸长,即变形前横向尺寸为$\Delta l_1=\Delta l_2=\Delta l_3$,变形后为$\Delta l_3'<\Delta l_2'<\Delta l_1'<\Delta l_1$。纵向尺寸则由$\Delta h_1=\Delta h_2=\Delta h_3$变为$\Delta h_3'>\Delta h_2'>\Delta h_1'>\Delta h_1$。由此可知,直壁中间变形最小(接近弯曲变形),靠近圆角的拉深变形最大。变形沿高度分布也不均匀,靠近底部最小,靠近口部最大。圆角变形与圆筒件拉深相似,但其变形程度比圆筒小,即变形后的网格,不是与底面垂直的平行线,而是变为上部间距大、下部间距小的斜线。这说明盒形件拉深时圆角的金属向直边流动,使直边产生横向压缩,从而减轻了圆角的变形程度。

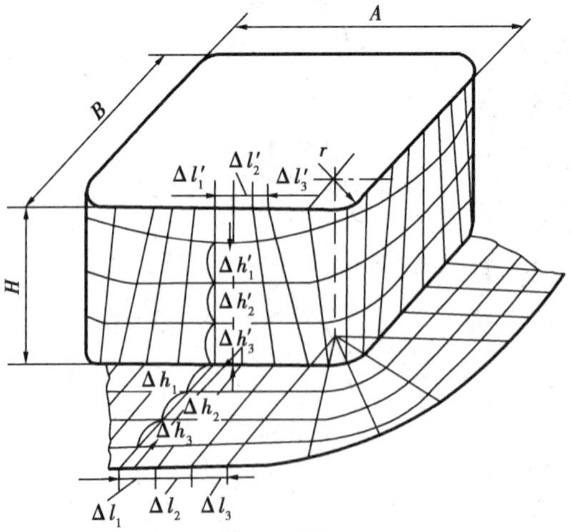

图4.40 盒形件拉深变形特点

由于直边与圆角的变形情况不同,直边的金属流入凹模快、圆角的金属流入凹模慢。因此，毛坯在这两部分连接处产生了剪切变形和切应力。这两部分的相互影响程度、与盒形件相对圆角半径 r/B 有关。

式中　r——圆角半径；

B——短边宽度。

4.8.2　毛坯尺寸的确定

盒形件拉深时，某些圆角部分的金属被挤向直边，r/B 越小，这种现象越严重。在决定毛坯尺寸时，必须考虑这部分材料的转移。

对于一次拉深成形的矩形盒，其毛坯尺寸可计算如下：先将直边按弯曲计算，圆角部分按 1/4 圆筒拉深计算，于是得出毛坯外形 $ABCDEF$（图 4.41）；然后过 BC 和 DE 的中点 G 和 H 作圆弧 R 的切线，再用圆弧将切线和直边展开线连接起来，便得最后修正的毛坯外形 $ALGHMF$。

按弯曲展开的直边部分的长度为

$$l = h + 0.57r_p$$

式中　h——矩形盒高度（包括修边余量 Δh）；

r_p——矩形盒底部圆角半径。

Δh 值可按表 4.15 选取。

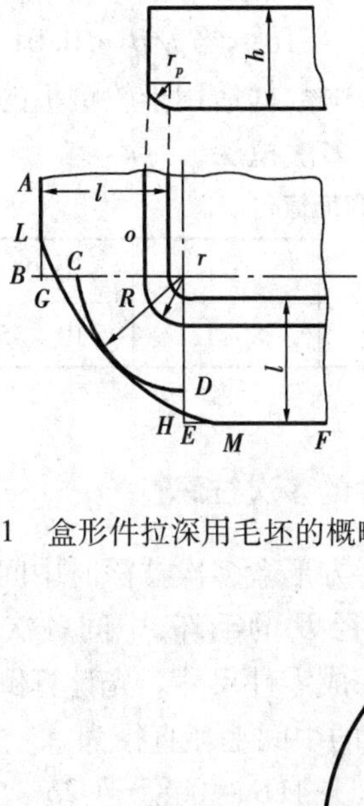

图 4.41　盒形件拉深用毛坯的概略计算

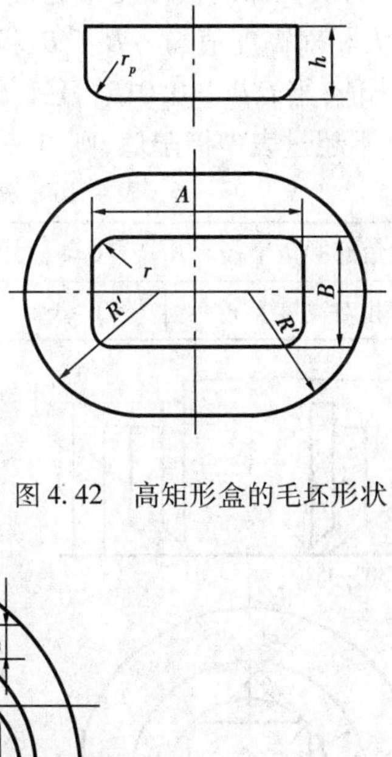

图 4.42　高矩形盒的毛坯形状

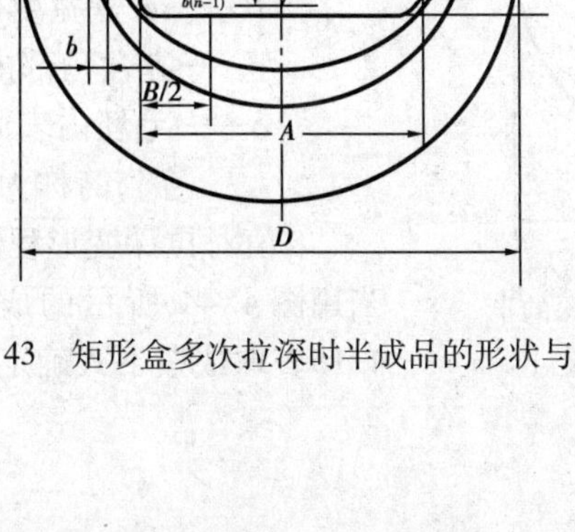

图 4.43　矩形盒多次拉深时半成品的形状与尺寸

表 4.15　矩形盒边余量 Δh

所需拉深次数	1	2	3	4
修边余量 Δh	$(0.03 \sim 0.05)h$	$(0.04 \sim 0.06)h$	$(0.05 \sim 0.08)h$	$(0.06 \sim 0.1)h$

圆角部分按 1/4 圆筒拉深计算，得

$$R = \sqrt{r_2 + 2rh - 0.86r_p(r + 0.16r_p)}$$

若矩形盒高度较大，需多次拉深，可采用圆形毛坯（图 4.41），其直径

$$D = 1.13\sqrt{B^2 + 4B(h - 0.43)r_p - 1.72r(h + 0.5r) - 4r_p(0.11r_p - 0.18r)}$$

对于高度与角部圆周半径较大的矩形盒，可采用图 4.42 所示的长圆形或椭圆形毛坯。毛坯窄边的曲率半径按半个方盒计算，即取 $R' = \frac{D}{2}$。当高度较大需用要多次拉深时，也可采用圆形毛坯。例如，图 4.43 所示的零件，虽然长宽比 $A/B \approx 2.3$，但因高度大，也可用 $D = 60$ mm 的圆形毛坯。

4.8.3　盒形件初次拉深的极限变形程度

矩形盒初次拉深的极限变形程度，可用其相对高度 h/r 表示。由平板一次拉深成形的矩形盒，其最大相对高度值与 r/B、t/B、板料性能有关，其值见表 4.16。当 $t/B < 0.01$，且 $A/B \approx 1$ 时，取较小值；当 $t/B > 0.015$，且 $A/B \geqslant 2$ 时，取较大值。表中数据适用于软钢板的拉深。

若 h/r 不超过表中极限值，则可一次拉深成形，否则需用多次拉深。

表 4.16　矩形盒初次拉深最大相对高度值

相对角部圆角半径 r/B	0.4	0.3	0.2	0.1	0.05
相对高度 h/r	2 ~ 3	2.8 ~ 4	4 ~ 6	8 ~ 12	10 ~ 15

4.8.4　盒形件的多次拉深

图 4.44 所示为方形盒多次拉深时中间毛坯尺寸的确定方法。将直径 D 的毛坯，中间各次拉深成圆筒形，最后一次拉深成零件尺寸。先计算倒数第二道即第 $(n-1)$ 次拉深的中间毛坯直径为

$$D_{n-1} = 1.41B - 0.82r + 2\delta \tag{4.19}$$

式中　D_{n-1}——第 $(n-1)$ 次拉深后的毛坯内径；

B——方盒宽度（按内径表面计算）；

r——方盒角部内圆角半径；

δ——毛坯内表面到零件内表面在圆角处的距离，简称为角部壁间距离。

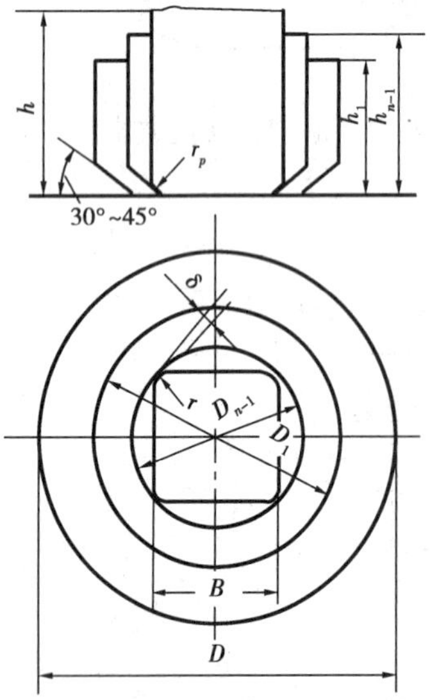

图 4.44　方盒形多工序拉深的半成品的形状与尺寸

δ 值对拉深变形程度和变形均匀性有直接影响，当用图 4.44 所示的成形方法时，合理的 δ 值由表 4.15查取或按下式确定：

$$\delta = (0.2 \sim 0.25)r$$

其他各道工序可按圆筒件拉深计算，即由直径 D 的平板毛坯拉深成直径为 D_{n-1}，高度为 h_{n-1} 的圆筒。

图 4.43 所示为矩形盒多次拉深时中间毛坯的尺寸。计算由 $n-1$ 次拉深开始。$n-1$ 次拉深后的椭圆尺寸为

$$\left.\begin{aligned} R_{a(n-1)} &= 0.705A - 0.41r + \delta \\ R_{b(n-1)} &= 0.705B - 0.41r + \delta \end{aligned}\right\} \qquad (4.20)$$

式中　$R_{a(n-1)}$ 和 $R_{a(n-1)}$——第 $(n-1)$ 次拉深后的椭圆在其长、短轴上的曲率半径；

A、B——为矩形盒件的长度、宽度；

δ——第 n 次拉深的角部壁间距离，可由表 4.17 查取。

表 4.17　角部壁间距 δ 值

相对圆角半径 $\frac{r}{B}$	0.025	0.05	0.1	0.2	0.3	0.4
相对壁间距 $\frac{\delta}{r}$	0.12	0.13	0.135	0.16	0.17	0.2

圆弧 $R_{a(n-1)}$ 和 $R_{b(n-1)}$ 的圆心，可按图 4.43 的方法确定，得出第 $(n-1)$ 次拉深后的中间毛坯尺寸后，用矩形盒初次拉深的计算方法检查是否可由平板毛坯一次拉成。若否，则须进行第 $(n-2)$ 次拉深计算。第 $(n-2)$ 次拉深系由椭圆变椭圆，这时应保证

$$\frac{R_{a(n-1)}}{R_{a(n-1)} + a} = \frac{R_{b(n-1)}}{R_{b(n-1)} + b} = 0.75 \sim 0.85 \qquad (4.21)$$

式中　a、b——前后椭圆之间在短、长轴上的壁间距离（图 4.43）。

求出 a、b 后，可在对称轴上找到 M、N 点。然后选取定半径 R_a 与 R_b 作圆弧过 M、N 点，使外形圆滑连接。并使 R_a 与 R_b 的圆心比 $R_{a(n-1)}$ 和 $R_{b(n-1)}$ 的圆心更靠近中心 O。得出第 $(n-2)$ 次拉深后的毛坯尺寸后，重新检查是否可由平板毛坯一次拉成。若否，则应继续进行前一道工序的毛坯计算。依次类推，直到初次拉深为止。

4.9　变 薄 拉 深

变薄拉深的变形特点：

变薄拉深时，凸、凹模间隙小于毛坯厚度。变薄拉深可在第一次或后续拉深中进行。利用变薄拉深，可获得高径比很大的零件，使零件底部厚度大于壁部。

图 4.45 示出变薄拉深时毛坯变形。变形区的内外表面的摩擦力具有不同方向。毛坯相对于凹模的移动方向与凸模运动方向相同。故作用于毛坯外表面的摩擦力与凸模运动方向相反。厚度变薄使毛坯伸长，故在变形区毛坯沿凸模向上移动，作用于毛坯内表面的摩擦力与凸模运动方向相同。这样，外表面摩擦力使已变薄壁部的拉应力增大，内表面摩擦力则使壁部拉应力减小，从而使变薄拉深获得较大变形，即在一次拉深中得到最大的高径比。

毛坯尺寸按变形前后体积不变确定。

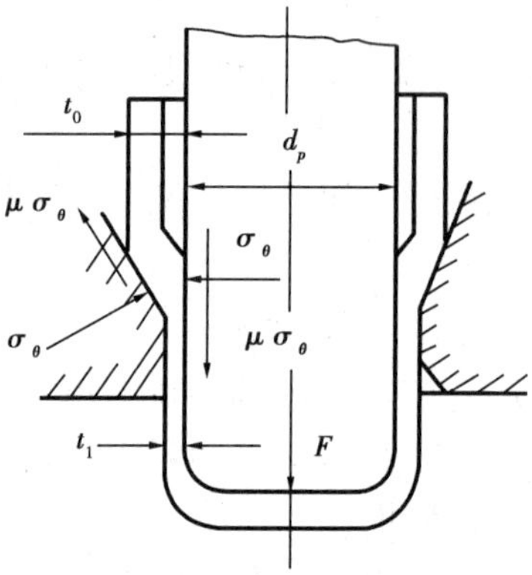

图 4.45

$$D = 1.13\sqrt{VK/t_0} \tag{4.22}$$

式中　D——毛坯直径；

V——工件体积；

K——考虑修边余量和退火烧损的系数，$K = 1.15 \sim 1.20$；

t_0——毛坯厚度。

变薄拉深时坯料的变形程度，用变薄系数 φ 表示。

$$\varphi_n = \frac{A_n}{A_{n-1}} \tag{4.23}$$

式中　A_n 和 A_{n-1}——n 及 $(n-1)$ 次变薄拉深后的工件的横断面积。

对于内径不变的变薄拉深有

$$\varphi_n = \frac{\pi d_n t_n}{\pi d_{n-1} t_{n-1}} \approx \frac{t_n}{t_{n-1}} \tag{4.24}$$

式中　t_n、t_{n-1}——n 及 $(n-1)$ 次拉深后的壁厚；

d_n、d_{n-1}——n 及 $(n-1)$ 次拉深后的内径。

常用材料的变薄系数见表 4.18。

表 4.18　变薄系数的极限值

材　料	首次变薄系数 φ_1	中间工序变薄系数 φ	末次变薄系数 φ_N
铜、黄铜 $^{H68}_{H80}$	0.45～0.55	0.58～0.65	0.65～0.73
铝	0.5～0.6	0.62～0.68	0.72～0.77
低碳钢、拉深钢板	0.53～0.63	0.63～0.72	0.75～0.77
中碳钢	0.70～0.75	0.78～0.82	0.85～0.90
不锈钢	0.65～0.70	0.70～0.75	0.75～0.80

4.10　其他拉深方法

在某些情况下，根据零件形状尺寸、材料和产量等特点，采用其他拉深方法，既能保证质量，又可降低成本和缩短试制周期。因此，本节将对一些比较成熟的其他拉深成形方法，简单说明其工作原理和应用范围。至于比较详细的工艺分析计算和模具设计，请参看有关专著。

4.10.1　软模成形

软模成形系用橡胶、液体或气体的压力代替刚性凸模对板材进行冲压加工的方法。它可完成弯曲、拉深、翻边、胀形和冲裁等工序。由于该法使模具简单和通用化，故在小批生产中获得广泛应用。

(1)软凸模拉深

图4.46示出用高压液体代替金属凸模，在液压作用下，平板毛坯中部产生胀形。当压力继续增大使毛坯法兰产生拉深变形时，板材逐渐进入凸模，形成筒壁。毛坯法兰拉深所需液体

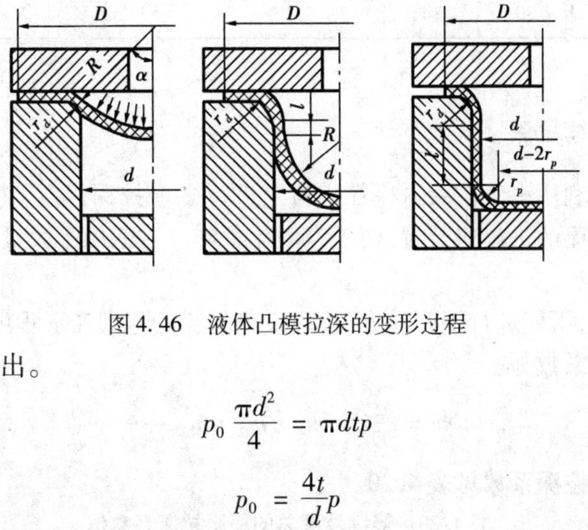

图4.46　液体凸模拉深的变形过程

压力，可由平衡条件求出。

$$p_0 \frac{\pi d^2}{4} = \pi d t p$$

即

$$p_0 = \frac{4t}{d} p \tag{4.25}$$

式中　p_0——开始变形时所需得液体压力；

t——板厚；

d——工件直径；

p——板料拉深所需拉应力。

工件底部圆角半径 r_p 成形时所需液体压力为

$$p = \frac{t}{r_p}\sigma_b \tag{4.26}$$

用液体凸模拉深时，由于液体与板料之间无摩擦力，毛坯容易偏斜，且毛坯中部产生胀形变薄是其缺点。但其模具简单，甚至不用冲压设备也能进行拉深，故常用于大零件的小批量生产。此外，也有采用聚氨酯凸模进行拉深，适用于浅拉深件。

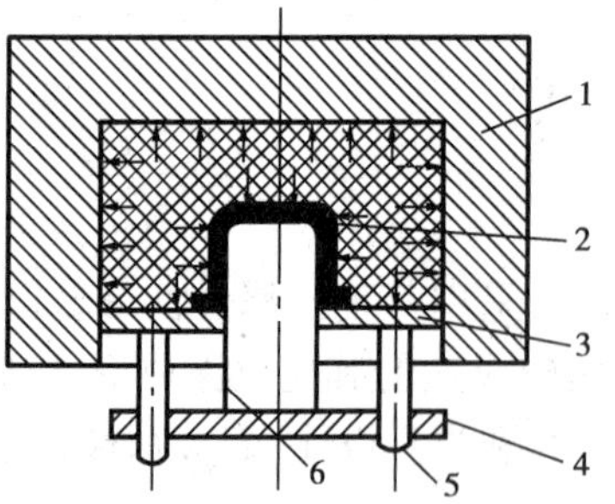

图 4.47　橡皮凹模拉深

1—容框　2—橡皮　3—压边圈

4—凸模座　5—顶杆　6—凸模

(2)软凹模拉深

软凹模拉深系用橡胶或高压液体代替金属凹模。拉深时,软凹模将板料压紧在凸模上,增加了凸模与板材间的摩擦力,防止毛坯变薄拉裂,从而提高了筒壁传力区的能力。同时减少了毛坯与凹模之间的滑动和摩擦,降低了径向拉应力。故显著降低了极限拉深系数,即 m 可达 0.4 ~0.45。且使零件壁厚均匀,变薄率小,尺寸精确,表面粗糙度小。

图 4.47 所示为橡皮凹模拉深。所需橡皮的单位压力与工件材料、拉深系数和毛坯相对厚度有关。

表 4.19　拉深硬铝时橡皮最大单位压力/Mpa

拉深系数 m	毛坯相对厚度($t/D\times100$)				拉深系数 m	毛坯相对厚度($t/D\times100$)			
	1.3	1.0	0.66	0.4		1.3	1.0	0.66	0.4
0.6	26	28	32	36	0.4	30	32	35	40
0.5	28	30	34	38					

4.10.2　带料连续拉深

带料连续拉深系利用多工位级进模在带料上进行多道拉深,最后将工件从带料上冲裁下来。这样就省每道工序的进出料装置,便于自动化生产。它适用于大量生产的小件,但模具结构比较复杂,是其缺点。

因带料连续拉深,不能进行中间退火,故应审查材料的最大变形程度是否满足工件的总拉深系数。工件总拉深系数为

$$m = \frac{d}{D} = m_1 \cdot m_2 \cdot m_3 \cdot \cdots \tag{4.27}$$

各种材料允许的极限拉深系数见表 4.20。

表 4.20　连续拉深总的极限拉深系数值

材料	强度极限	相对延伸率	连续拉深总的极限拉深系数值		
			不带推件装置		带推件装置
			料厚 $t\leqslant$ 1.2/mm	料厚 $t\leqslant$ 1.2 ~2.0/mm	
08F	300 ~400	28 ~40	0.4	0.32	0.16
H62、H68	300 ~400	28 ~40	0.35	0.29	0.20 ~0.24
软铝	80 ~110	22 ~25	0.38	0.30	0.18

带料连续拉深分无切口拉深与有切口拉深两种,如图 4.48 所示。图 4.48(a)为无切口拉

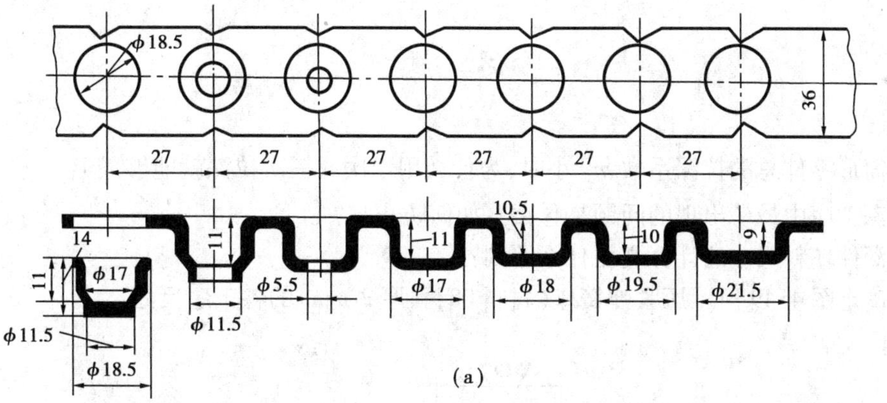

(a)

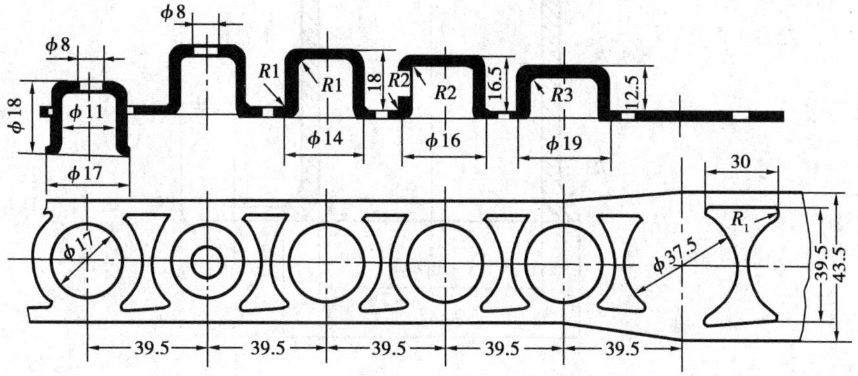

(b)

图 4.48　带料连续拉深

(a)无切口带料拉深　材料:黄铜,厚度:0.88 mm　(b)带切口带料拉深　材料:08 钢,厚度:1.2 mm

深,图 4.48(b)为有切口拉深。

无切口的连续拉深,即在整体带料上拉深。由于相邻两个拉深件之间相互约束,因此,材料在纵向流动较困难,变形程度大时就容易拉裂。为了避免拉裂,就应减小每道工序的变形程度,即采用较大的拉深系数,因而工序就增加了。但这种方法的优点是节省材料(相对于有切口的而言),这对大量生产特别重要。由于这种方法变形困难,故一般用于拉深不太困难的,即有较大的相对厚度($t/D \times 100 > 1$),其法兰相对直径较小($d_F/d = 1.1 \sim 1.5$)和相对高度(h/d)较低的拉深件。

有切口的连续拉深是在零件的相邻处切开。这样,两零件相互影响和约束就较小,与单个毛坯的拉深很相似。因此,每道工序的拉深系数可小些,即拉深次数可以少些,且模具较简单;但毛坯材料消耗较多。这种拉深一般用于拉深较困难的,即零件的相对厚度较小($t/D \times 100 < 1$),其法兰相对直径较大($d_F/d > 1.3$)和相对高度较大($h/d \geqslant 0.3 \sim 0.6$)的拉深件。

习　题

1. 圆筒形零件总的拉深系数 m_F 小时，为什么用二次或三次拉深就能够成形？
2. 拉深工序中最易出现的问题是什么？如何防止它？
3. 拉深件坯料尺寸的计算遵循什么原则？
4. 试确定图 4.49 所示压紧弹簧座（材料 08，料厚 2 mm）的各工序尺寸。

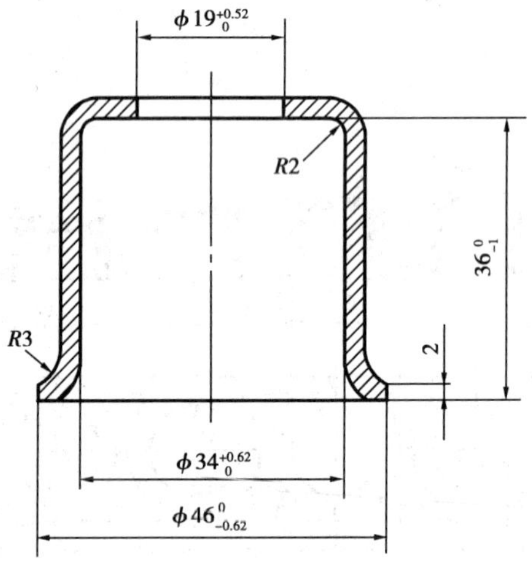

图 4.49

第 5 章 其他冷冲压成形工艺与模具设计

其他冷冲压成形是指除弯曲和拉深以外的冲压成形工序,包括胀形、翻孔与翻边、缩口、校平、整形、旋压等冲压工序。这些成形工序的共同特点是通过材料的局部变形来改变坯料或工序件的形状,不同点是:胀形和圆内孔翻边属于伸长类成形,成形极限主要受变形区过大拉应力而破裂的限制;缩口和外缘翻凸边属于压缩类成形。成形极限主要受变形区过大压应力而失稳起皱的限制;校平时,由于变形量一般不大,不易产生开裂或起皱,但需要解决因弹性恢复而影响校平精确度等问题。至于旋压则属于特殊的成形方法。与上述各种成形方法又有所不同,可能起皱,也可能破裂。所以,在制订工艺和设计模具时,一定要根据不同的成形特点,确定合理的工艺参数。

5.1 胀　形

5.1.1 胀形的变形特点

图 5.1 是胀形时坯料的变形情况,图中涂黑部分表示坯料的变形区。当坯料的外径 D 与成形直径 d 的比值 $D/d>3$ 时,d 与 D 之间环形部分金属发生切向收缩所必需的径向拉应力很大,成为相对于中心部分的强区,以致于环形部分金属根本不可能向凹模内流动。其成形完全依赖于直径为 d 的圆周以及内金属厚度的变薄及表面积的增大。很显然,胀形变形区内金属处于两向受拉的应力状态,其成形极限将受到拉裂的限制。材料的塑性越好,硬化指数 n 值越大,可能达到的极限变形程度就越大。坯料胀形区内变形的分布是不均匀的,因此,凡是能使变形均匀、降低危险部位应变值的各种因素,均有利于提高极限变形程度。

由于胀形时坯料处于双向受拉的应力状态,变形区的材料不会产生失稳起皱现象。因此,成形后零件的表面光滑,质量好。同时,由于变形区材料截面上拉应力沿厚度方向的分布比较均匀,所以卸载时的回弹很小,容易得到尺寸精度较高的零件。

5.1.2 胀形成形极限

胀形变形参数最早用胀形深度 h 来表示,极限胀形深度是指在一定的胀形条件下,变形区

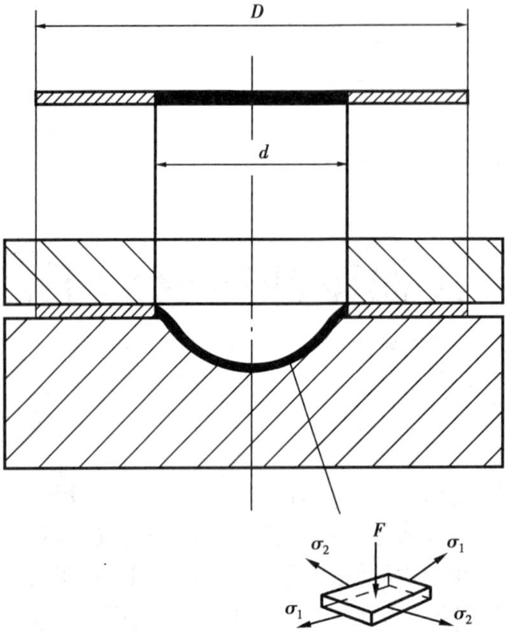

图 5.1 胀形变形区

不发生拉伸破裂或明显局部细颈时的胀形深度。极限胀形深度可用 Erichsen(杯突试验)机来测量。目前胀形的变形程度通常用胀形系数来表示,胀形系数定义为胀形后与胀形前尺寸之比,记为 K,而胀形变形的极限变形程度就用极限胀形系数来表示,记为 K_c。

对于平板毛杯局部胀形,极限胀形系数

$$K_c = \frac{d + h}{d} \tag{5.1}$$

式中 d——胀形凸模直径;

h——胀形深度。

对于空心毛杯局部胀形,极限胀形系数

$$K_c = \frac{D}{D_0} \tag{5.2}$$

D 为胀形后零件的最大直径,D_0 为杯料原始直径。极限胀形系数与材料的延伸率、加工硬化指数 N 和各向异性系数 R 有如下关系:

$$K_c = \delta + 1 \tag{5.3}$$

$$K_c = 2n + 1 \tag{5.4}$$

$$K_c = (1 + r)n + 1 \tag{5.5}$$

表 5.1 和表 5.2 是一些材料的胀形系数,可供参考。

表 5.1　胀形系数的近似数值

材料	坯料的相对厚度(t/D)/%			
	0.45 ~ 0.35		0.32 ~ 0.28	
	未退火	退火	未退火	退火
10 钢	1.10	1.2	1.05	1.15
铝	1.2	1.25	1.15	1.2

表 5.2　铝管坯料的试验极限胀形系数

胀形方法	极限胀形系数
用橡皮的简单胀形	1.2 ~ 1.25
用橡皮并对毛坯轴向加压的胀形	1.6 ~ 1.7
局部加热至 200 ~ 250 ℃时的胀形	2.0 ~ 2.1
加热至 380 ℃用锥形凸模的端部胀形	~3.0

5.1.3　胀形工艺方法

胀形工艺方法主要有平板坯料的起伏成形和空心坯料的胀形两种。

(1) 平板坯料的起伏成形

起伏成形俗称局部胀形，可以压制加强筋、凸包、凹坑、花纹图案及标记等。图 5.2 是起伏成形的一些例子。经过局部成形后的冲压件，特别是生产中广泛应用的压筋成形，由于压筋后零件惯性矩的改变和材料加工后的硬化，能够有效地提高零件的刚度和强度。

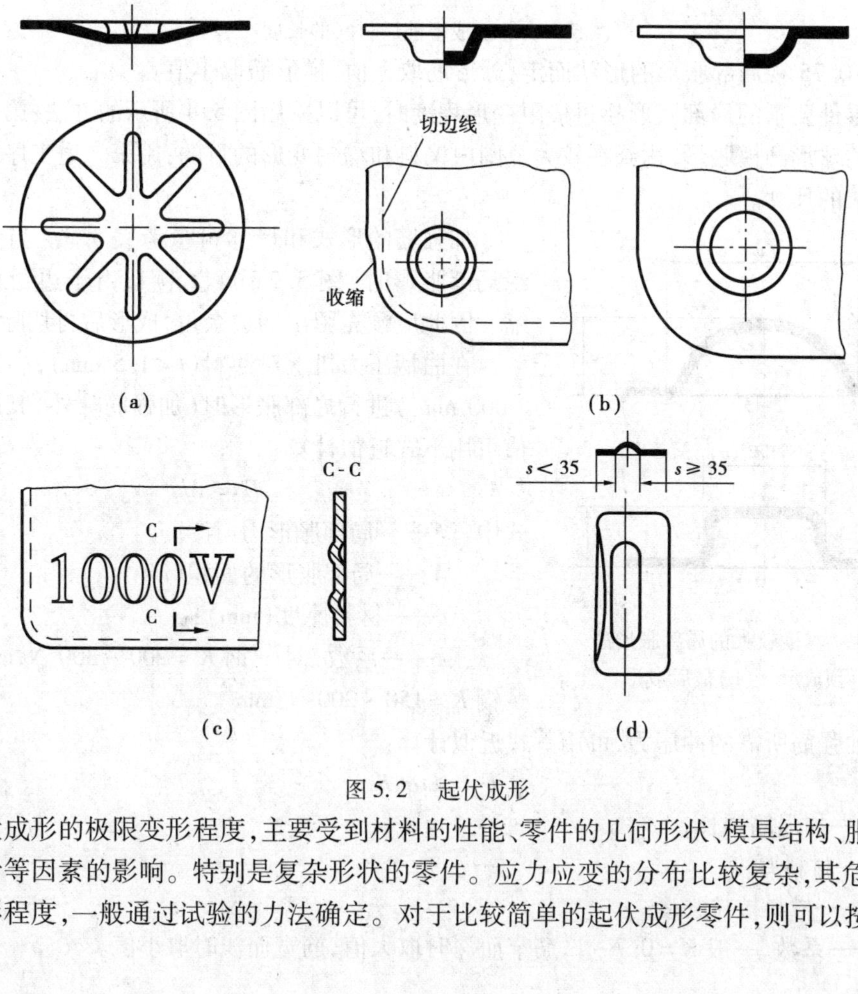

图 5.2　起伏成形

起伏成形的极限变形程度，主要受到材料的性能、零件的几何形状、模具结构、胀形的方法以及润滑等因素的影响。特别是复杂形状的零件。应力应变的分布比较复杂，其危险部位和极限变形程度，一般通过试验的力法确定。对于比较简单的起伏成形零件，则可以按下式近似地确定其极限变形程度：

$$\frac{l - l_0}{l_0} < (0.7 \sim 0.75)\delta \tag{5.6}$$

式中　l_0、l——起伏成形前、后的长度(图5.3)；

δ——材料单向拉伸的伸长率。

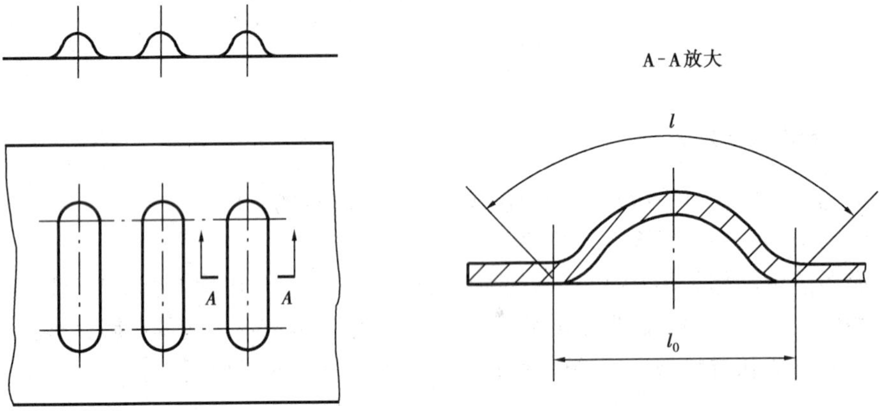

图5.3　起伏成形前后材料的长度

系数0.7～0.75视局部胀形的形状而定，球形筋取大值，梯形筋取小值。

如果零件要求的局部胀形超过极限变形程度时，可以采用图5.4所示的方法：第一道工序用大直径的球形凸模胀形，达到在较大范围内聚料和均匀变形的目的；用第二道工序最后成形得到所要求的尺寸。

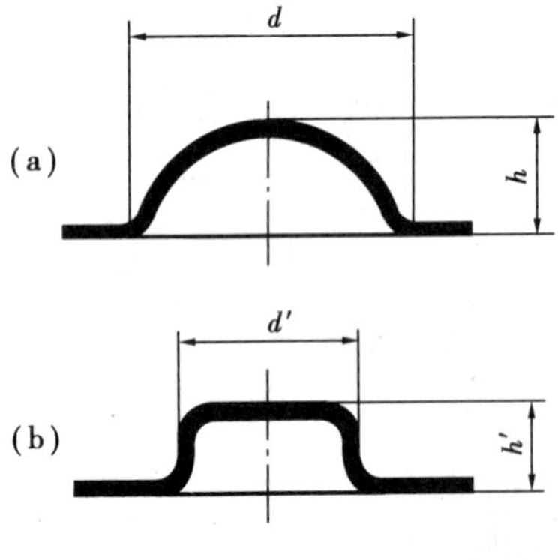

图5.4　深度较大的局部胀形法
(a)预成形　(b)最后成形

加强筋的形式和尺寸可参考表5.3。当在坯料边缘局部胀形时[图5.2(b)、(d)]，由于边缘材料要收缩。因此应预先留出切边余量，成形后再切除。

在曲柄压力机上对薄料($t < 1.5$ mm)，小零件($A < 2\ 000\ \text{mm}^2$)进行局部胀形时(加强筋除外)其胀形力数值可用下式近似计算：

$$F = Akt^2 \tag{5.7}$$

式中　F——局部胀形力(N)；

A——局部胀形的面积(mm^2)；

t——材料厚度(mm)；

k——系数，对于钢 $K = 200 \sim 300\ \text{N/mm}^4$，对于黄铜 $K = 150 \sim 200\ \text{N/mm}^4$。

压制加强筋所需的冲压力，可用下式近似计算：

$$F = Lt\sigma_b K \tag{5.8}$$

式中　L——加强筋周长；

t——材料厚度；

σ_b——材料抗拉强度；

K——系数，一般 $K = 0.7 \sim 1$，筋窄而深时取大值，筋宽而浅时取小值。

(2)空心坯料的胀形

空心坯料的胀形俗称凸肚，它是使材料沿径向拉伸，将空心工序件或管状坏料向外扩张，胀出所需的凸起曲面，如壶嘴、皮带轮、波纹管等。

1)胀形方法

胀形方法一般分为刚性模具胀形和柔性模胀形两种。

图 5.5 为刚性模具胀形，利用锥形芯块将分瓣凸模顶开，使工序件胀出所需的形状。分瓣凸模的数目越多，工件的精度越好，这种胀形方法的缺点是很难得到精度较高的正确旋转体，变形的均匀程度差，模具结构复杂。

表 5.3　加强筋的形式和尺寸

名称	简图	R	h	D 或 B	r	α
压筋	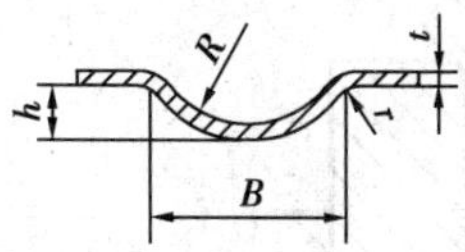	$(3\sim4)t$	$(2\sim3)t$	$(7\sim10)t$	$(1\sim2)t$	—
压凸	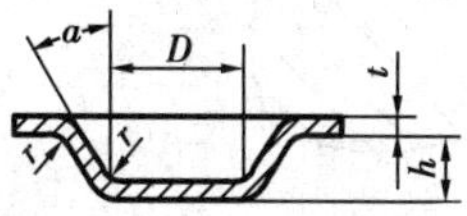		$(1.5\sim2)t$	$\geqslant 3h$	$(0.5\sim1.5)t$	$15°\sim30°$
简图				D/mm	L/mm	L/mm
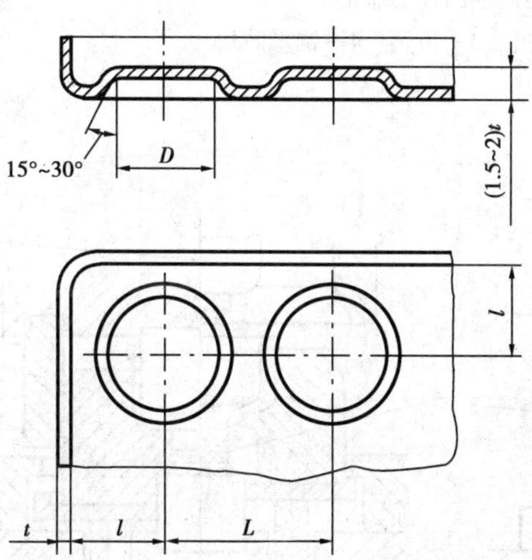				6.5	10	6
				8.5	13	7.5
				10.5	15	9
				13	18	11
				15	22	13
				18	26	16
				24	34	20
				31	44	26
				36	51	30
				43	60	35
				48	68	40
				55	78	45

图 5.6 是柔性模胀形，其原理是利用橡胶(或聚氨酯)、液体、气体或钢丸等代替刚性凸模。柔性模胀形时材料的变形比较均匀，容易保证零件的精度，便于成形复杂的空心零件，所以在生产中广泛采用。图 5.6(a)是橡皮胀形；图 5.6(b)是液压胀形的一种，胀形前要先在预先拉深成的工序件内灌注液体，上模下行时侧楔使分块凹模合拢，然后在凸模的压力下将工序件胀形成所需的零件。由于工序件已经过多次拉深工序，金属已伴随有冷作硬化现象，故当变形程度较大时，在胀形前应该进行退火，以恢复金属的塑性。

图 5.7 是采用轴向压缩和高压液体联合作用的胀形方法。首先将管坯置于下模，然后将

上模压下,再使两端的轴头压紧管坯端部,继而由轴头中心孔通入高压液体,在高压液体和轴向压缩力的共同作用下,胀形而获得所需的零件。也可以用轴向压缩和聚氨酯橡胶联合作用的胀形方法获得所需零件,用这种方法加工高压管接头、自行车的管接头和其他零件效果很好。

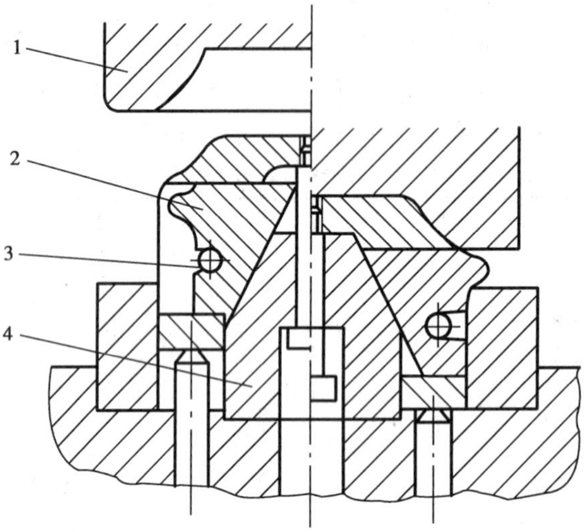

图 5.5　用刚性凸模的胀形

1—凹模　2—分瓣凸模　3—拉簧　4—锥形芯块

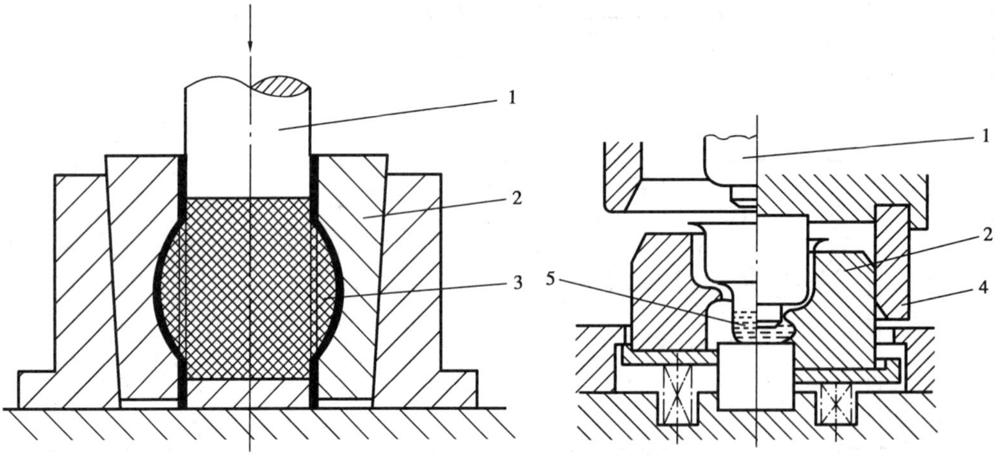

(a)　(b)

图 5.6　用柔性凸模的胀形

1—凸模　2—分块凹模　3—橡胶　4—侧楔　5—液体

2)胀形的坯料计算(图 5.8)

坯料直径 D

$$D = \frac{d_{\max}}{K} \tag{5.9}$$

坯料长度 L

$$L = l[1 + (0.3 \sim 0.4)\delta] + b \tag{5.10}$$

式中　l——变形区母线长度；

δ——坯料切向拉伸的伸长率；

b——切边余量，一般取 $b = 10 \sim 20$ mm。

0.3 ~ 0.4 为切向伸长而引起高度减小所需的系数。

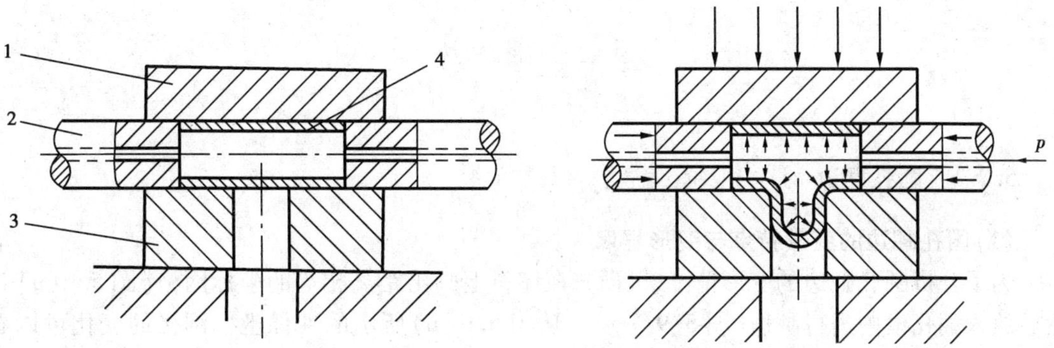

图 5.7　加轴向压缩的液体胀形

1—上模　2—轴头　3—下模　4—管坯

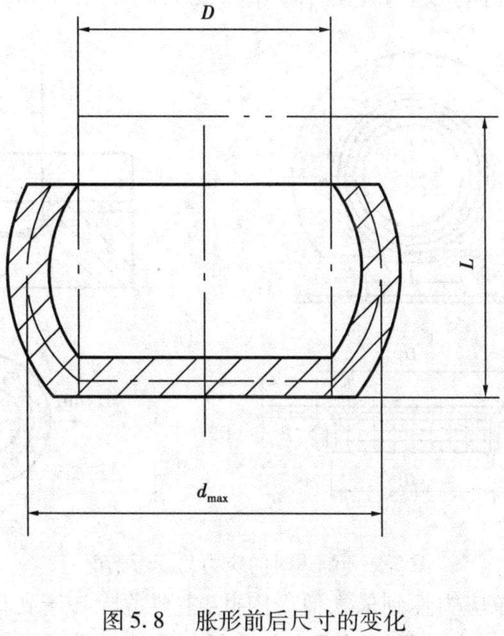

图 5.8　胀形前后尺寸的变化

3）胀形力的计算

胀形时，所需的胀形力 F 可按下式计算：

$$F = pA \tag{5.11}$$

式中　p——胀形单位面积压力；

A——胀形面积。

胀形单位面积压力 p 可用下式计算：

$$p = 1.15\sigma_{zx}\frac{2t}{d_{max}} \tag{5.12}$$

式中 σ_{zx}——胀形变形区实际应力，近似估算时取 $\sigma_{zx} = \sigma_b$（材料的抗拉强度）；

d_{max}——胀形最大直径；

t——材料原始厚度。

5.2 翻 边

5.2.1 圆孔翻边

(1) 圆孔翻边的变形特点与变形程度

为了分析圆孔翻边的变形情况，可预先在坯料上画出距离相等的坐标网格[图 5.9(a)]，然后放入翻孔模内进行翻边[图 5.9(c)]。从图 5.9(b) 所示的冲件坐标网格的变化可以看出：坐标网格由扇形变为了矩形，说明金属沿切向伸长，越靠近孔口伸长越大。同心圆之间的距离变化不明显，即金属在径向变形很小。竖边的壁厚有所减薄，尤其在孔口处减薄更为显著。由此不难分析，翻边时坯料的变形区是 d 和 D_1 之间的环形部分。坯料变形区受两向拉应力——切向拉应力 σ_θ 和径向拉应力 σ_ϕ 的作用[图 5.9(c)]，其中切向拉应力是最大主应力。

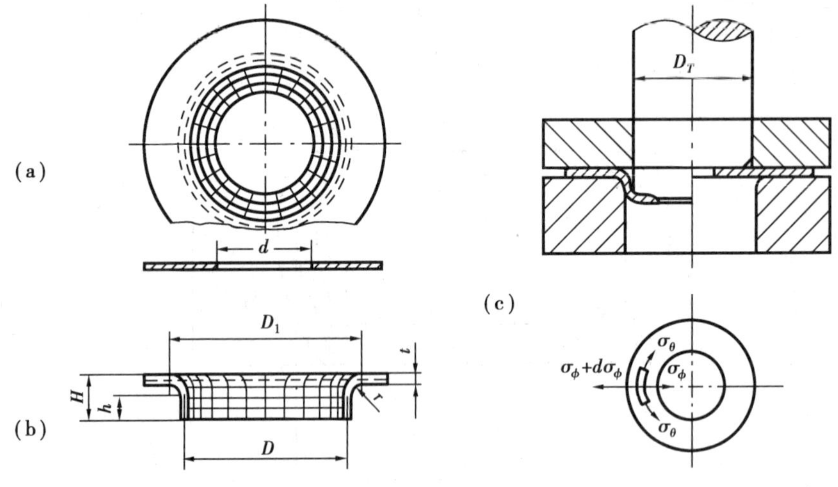

图 5.9 翻边时的应力与变形情况

在坯料孔口处，切向拉应力达到最大值。因此，主要危险在于孔口边缘被拉裂。破裂的条件取决于变形程度的大小。变形程度以翻边前孔径与翻边后孔径 K 的比值来表示。即

$$K = \frac{d}{D} \tag{5.13}$$

K 称为翻边系数，K 值越小，则变形程度越大。翻边时孔边不破裂所能达到的最小 K 值，称为极限翻边系数。表 5.4 所列的是低碳钢圆孔翻边的极限翻边系数。对于其他材料，按其塑性情况，可参考表列数值适当增减。从表中的数值可以看出，影响极限翻边系数的因素很

多，除材料塑性外，还有翻边凸模的形式、孔的加工方法以及预制孔的孔径与板料厚度的比值（体现工序件相对厚度的影响）。

翻边后竖立边缘的厚度，可按下式估算：

$$t' = t\sqrt{\frac{d}{D}} = t\sqrt{K} \tag{5.14}$$

式中　t'——翻边后竖立边缘厚度；

t——板料坯料的原始厚度；

K——翻边系数。

(2)圆孔翻边的工艺计算

1)平板坏料翻边的工艺计算　在进行翻边之前，需要在坯料上加工出待翻孔的孔。其孔径 d 按弯曲展开的原则求出。即

$$d = D - 2(H - 0.43r - 0.72t) \tag{5.15}$$

式中　符号均表示于图5.10中。

表5.4　低碳钢圆孔的极限翻边系数 K_{min}

凸模形式	孔的加工方法	比值 d/t										
		100	50	35	20	15	10	8	6.5	5	3	1
球形	钻孔去毛	0.70	0.60	0.52	0.45	0.40	0.36	0.33	0.31	0.30	0.25	0.20
	刺冲孔	0.75	0.65	0.57	0.52	0.48	0.45	0.44	0.43	0.42	0.42	—
圆柱形平底	钻孔去毛	0.80	0.70	0.60	0.50	0.45	0.42	0.40	0.37	0.35	0.30	0.25
	刺冲孔	0.85	0.75	0.65	0.60	0.55	0.52	0.50	0.50	0.48	0.47	—

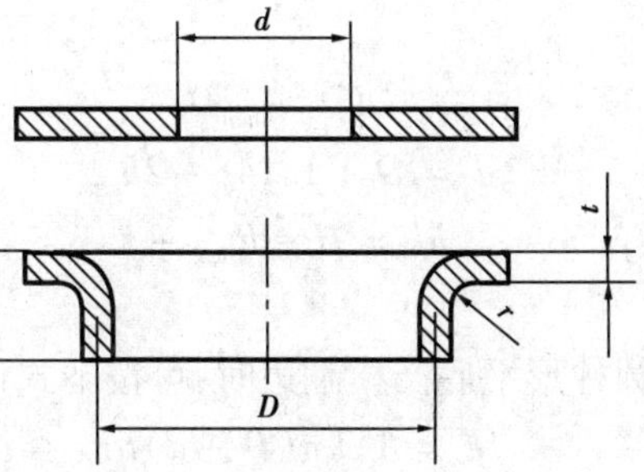

图5.10　平板坯料翻边尺寸计算

竖边高度则为

$$H = \frac{D-d}{2} + 0.43r + 0.72t = \frac{D}{2}(1-K) + 0.43r + 0.72t \tag{5.16}$$

如以极限翻边系数 K 代入，便求出一次翻孔可达到的极限高度为

$$H_{max} = \frac{D}{2}(1 - K_{min}) + 0.43r = 0.72t \tag{5.17}$$

当零件要求的高度 $H > H_{max}$ 时，说明不可能在一次翻边中完成，这时可以采用加热翻边，多次翻边或先拉深后冲底孔再翻边的方法。

采用多次翻边时,应在每两次工序间进行退火。第一次以后的极限翻边系数 K 可取为

$$K'_{min} = (1.15 \sim 1.20)K_{min} \tag{5.18}$$

2)先拉深后冲底孔再翻边的工艺计算　采用多次翻孔所得制件竖边壁部有较严重的变薄,若对壁部变薄有要求时,则可采用预先拉探,在底部冲孔然后再翻孔的方法。在这种情况下,应先决定预拉深后翻孔所能达到的最大高度,然后根据翻边高度及零件高度来确定拉深高度及预冲孔直径。

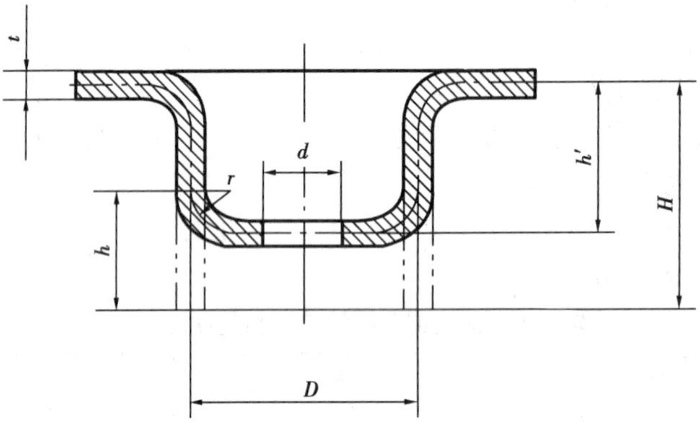

图 5.11　顶先拉探的翻孔

先拉深后翻边的高度由图 5.11 可知(按板厚中线计算):

$$h = \frac{D-d}{2} + 0.57r = \frac{D}{2}(1-K) + 0.57r \tag{5.19}$$

若以极限翻边系数 K 代人上式,可求得翻边的极限高度 h_{max} 为

$$h_{max} = \frac{D}{2}(1-K_{min}) + 0.57r \tag{5.20}$$

此时,预制孔直径 d 为

$$d = K_{min}D \tag{5.21}$$

或

$$d = D + 1.14r - 2h_{max} \tag{5.22}$$

拉深高度 h' 为

$$h' = H - h_{max} + r \tag{5.23}$$

(3)翻边力的计算

翻边力 F 一般不大,用圆柱形平底凸模翻边时,可按下式计算

$$F = 1.1\pi(D-d)t\sigma_s \tag{5.24}$$

式中　D——翻孔后直径(按中线算);

d——坯料预制孔直径;

t——材料厚度;

σ_s——材料屈服点。

用锥形或球形凸模翻边的力略小于上式计算值。

(4)翻边模工作部分的设计

翻边凹模圆角半径一般对翻孔成形影响不大,可取该值等于零件的圆角半径。

凸模圆角半径应尽量取大些,以利于翻边变形。图 5.12 是几种常用的圆孔翻边凸模的形状和主要尺寸:图 5.12(a) ~ 图 5.12(c)所示的凸模端部没有定位部分。从利于翻边孔变形

看，以抛物线形凸模最好，球形次之，平底凸模再次之。而从凸模的加工难易看则相反；图5.12(d)～图5.12(e)所示的凸模端部带有定位部分，图5.12(d)用于圆孔直径为10 mm以上的翻边，图5.12(e)用于圆孔直径为10 mm以下的翻边；图5.12(f)用于无预制孔的不精确翻边。当翻边模采用压料圈时，则不需要凸模肩部。凸、凹模的单边间隙 z 为

$$z = \frac{D_A - D_T}{2} \tag{5.25}$$

由于翻边后材料要变薄，凸、凹模间隙可小于材料原始厚度 t，一般可取单边间隙 z 为

$$z = (0.75 \sim 0.85)t \tag{5.26}$$

式中，系数0.75用于拉深后孔的翻孔，系数0.85用于平坯料孔的翻边。

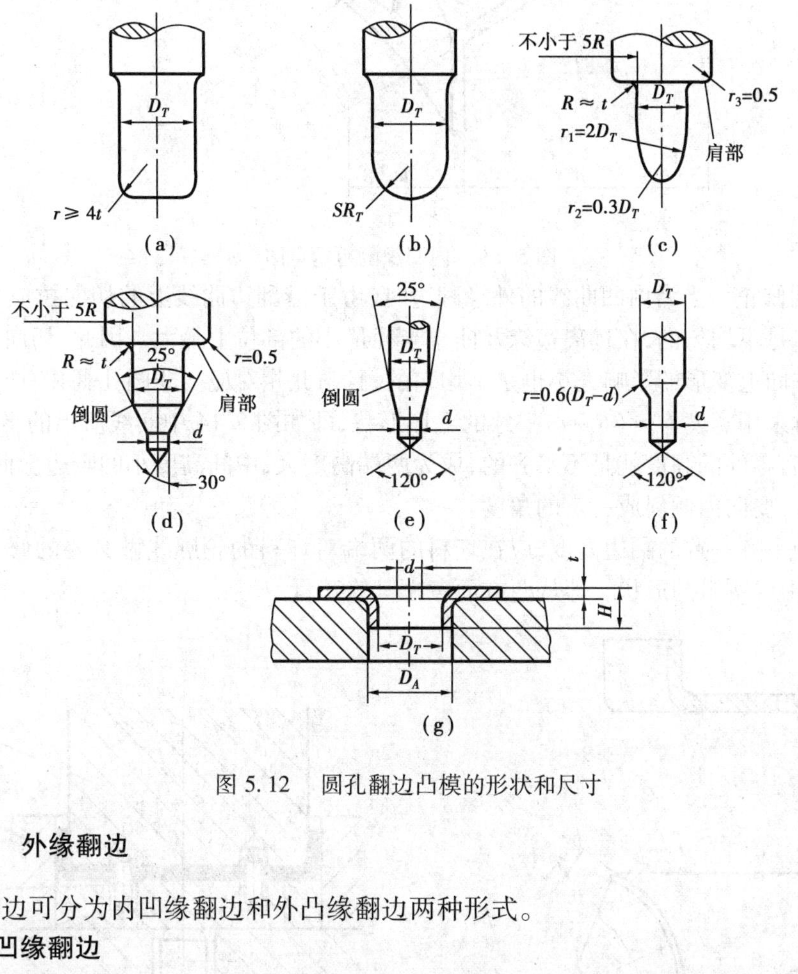

图5.12　圆孔翻边凸模的形状和尺寸

5.2.2　外缘翻边

外缘翻边可分为内凹缘翻边和外凸缘翻边两种形式。

(1)内凹缘翻边

1)变形特点　如图5.13所示．平板坯料沿内凹的外缘曲线(圆弧半径为 R)进行翻边，这种翻边与圆孔翻边相比，其应力状态与变形特点大体相同。但因不是封闭轮廓，故变形区内沿翻边线上应力与变形的分布是不均匀的，这种分布不均匀随其曲率半径 R 的变化而变化。翻边系数为

$$K' = \frac{R - b}{R} \tag{5.27}$$

假如翻边高度相同，则曲率半径较小时其变形区切向拉应力和切向的伸长变形都较大；相

反，曲率半径较大时，变形区切向拉应力和切向伸长变形都较小；极限状态时，R 趋向于无穷大，成为按直线轮廓的外缘翻边，实际上成为沿凹模圆角的弯曲变形，竖边的切向伸长变形为零。

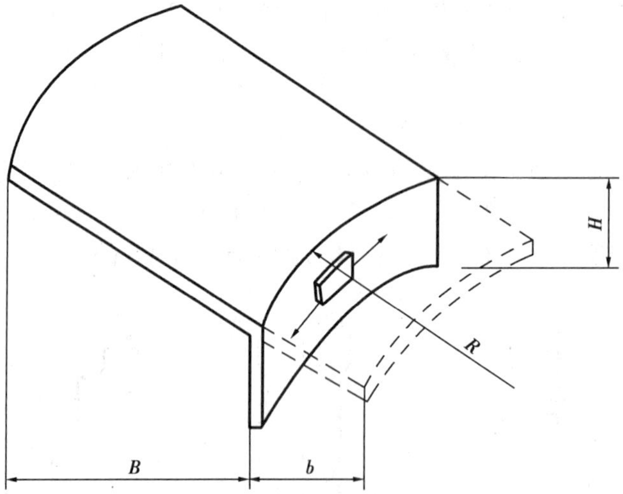

图 5.13　内凹缘翻边示意图

2）坯料的修正　当沿内凹曲线的外缘翻边时，由于沿翻边曲线上的切向拉应力和切向伸长变形的分布是不均匀的，在远离边缘及曲率半径最小的部位上最大。因此，切向伸长变形对毛坯在高度方向上变形的影响大小也是不均匀的，且与此相对应。非圆孔翻孔有时也是如此。

如果这时采用宽度 $b'=(R-r)$ 一致的毛坯形状，即如图 5.14 中实线所示的半径为 r 的圆弧毛坯，翻边后零件的高度就是不平齐的，成为两端高度大，中间高度小的竖边。而且，竖边的端线也不垂直，要向内倾斜成一定的角度。

为了得到平齐一致的翻边高度，应在坯料的两端对坯料的轮廓线做必要的修正。可采用如图 5.14 中虚线所示的形状。即从两方面考虑其修正量：

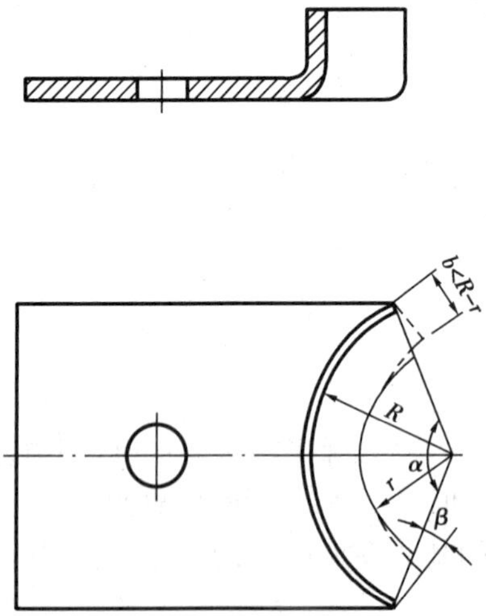

图 5.14　内凹缘翻边的坯料修正

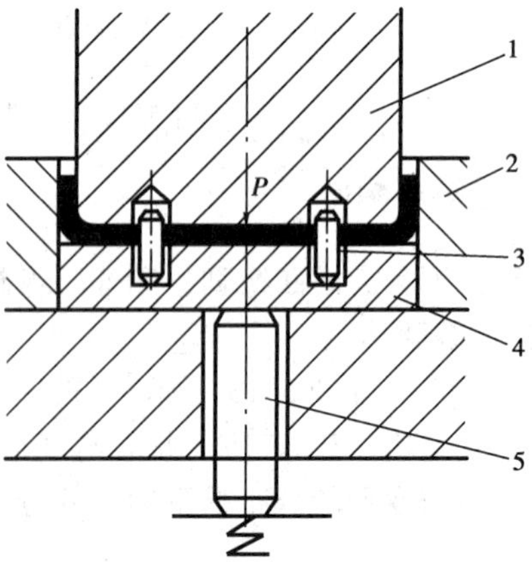

图 5.15　内凹缘翻边模结构特点

1—凸模　2—凹模　3—定位销　4—压料板　5—弹顶器

①$b < b' = (R - r)$，翻边系数和中心角越小，b 也愈小；

②端面修正角 $\beta = 25° \sim 40°$　视翻边系数和中心角之大小而不同。当然，如果翻边高度不太大，也可以不予修正。

3）模具结构的特点　冲压如图 5.14 所示这类零件，由于是非轴对称零件，压力中心不会在零件平面形状中间位置上。翻边时坯料容易窜动，因此，模具结构上常设计有如图 5 . 15 所示的几个特点：

①成双冲压　为了克服由于不对称变形引起毛坯在翻边过程中的窜动，应把翻边件设计成两个对称布置的成双冲压件。于是模具的压力中心与压力机滑块、模柄的轴线相重合。翻边后再把翻边件从中切开，得到两个零件。

②加定位销　为防止坯料窜动。也可在坯料上预先加工出工艺孔。工艺孔提供定位销定位的空间位置，即使不宜成双冲压的零件，也较难在翻边时发生窜动。

③尽量压紧不变形部分　加大压料板的压边力，使坯料难以窜动，也能进一步保证零件的翻边精度。

(2) 外凸缘翻边——特殊翻边形式

1) 如图 5.16 所示的外凸缘翻边零件，其翻边变形特点与内凹缘翻边基本相反。于是，工艺设计时，与内凹缘翻边欲得到平齐竖边零件而需要对坯料进行修正的道理相对应，外缘翻边也需要对其坏料进行修正。其修正的方法与要点刚好与之相反。有的书上称这种外凸缘翻边为折边、弯边等。

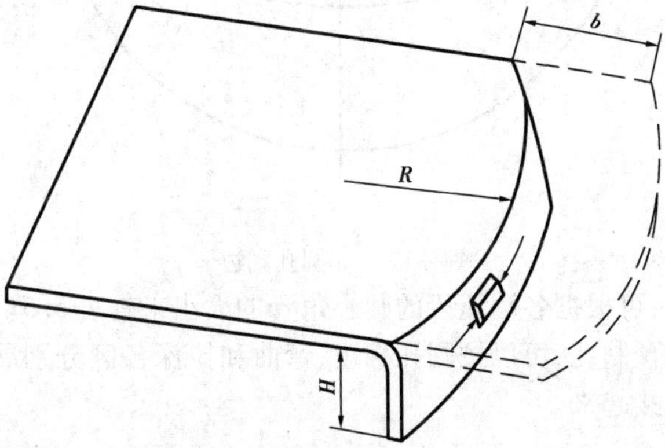

图 5.16　外凸缘翻边示意图

2）有些外凸缘翻边件，还可以用拉深成形的方法，成形后再切掉一部分而获得，显然，此时的拉深系数较大，在一定的条件下，用这种方法可能比用外凸缘翻边方法要简单易行，但有时会造成较多的材料浪费。

3）外凸缘翻边的变形机理与圆孔翻边、非圆孔翻边和内凹缘翻边不同，是属于压缩类冲压成形。可以视为一种特殊的翻边形式。

5.2.3　非圆孔翻边和变薄翻边

(1) 非圆孔翻边

图 5.17 为非圆孔翻边，从变形情况看，可以沿孔边分成Ⅰ、Ⅱ、Ⅲ 3 种性质不同的变形区。

其中,只有Ⅰ区属于圆孔翻边变形;Ⅱ区为直边,属于弯曲变形;Ⅲ区和拉深变形情况相似,由于Ⅱ和Ⅲ区两部分的变形性质可以减轻Ⅰ部分的变形程度,因此,非圆孔翻边系数 K_f(一般指小圆弧部分的翻孔系数)可小于圆孔翻边系数 K,两者的关系大致是

$$K_f = (0.85 \sim 0.95)K \tag{5.28}$$

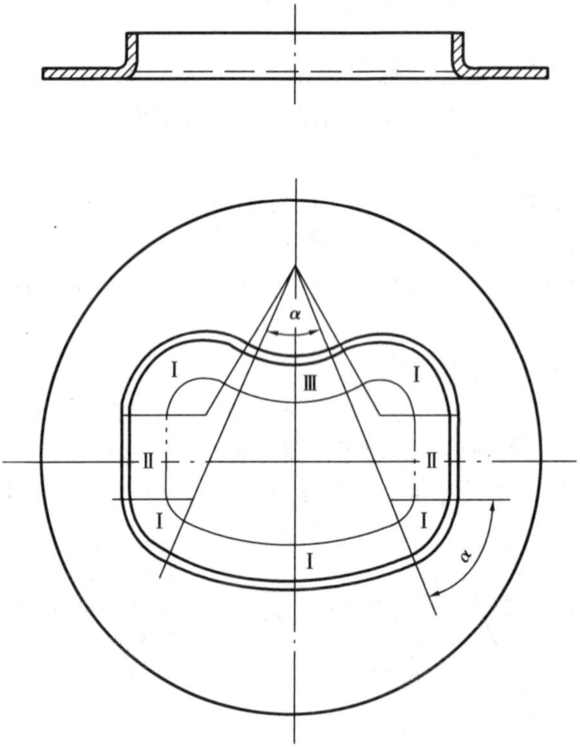

图 5.17　非圆孔翻边

非圆孔的极限翻边系数,可根据各圆弧段的圆心角 α 的大小来查表 5.5。

非圆孔翻边坯料的预制孔,可以按圆孔翻边、弯曲和拉深各区分别展开,然后用作图法把各展开线交接处光滑连接起来。

(2)变薄翻边

在不变薄翻边时,对于竖边较高的零件,需要先拉深再进行翻孔,如果零件壁部允许变薄,这时应用变薄翻边,既可提高生产率,又能节约材料。

图 5.18 是用阶梯形凸模变薄翻边的例子,由于凸模采用阶梯形,经过不同阶梯,使工序件竖壁部分逐步变薄,而高度增加。凸模各阶梯之间的距离大于零件高度,以便前一个阶梯的变形结束后再进行后一阶梯的变形。用阶梯形凸模进行变薄翻边时,应有强力的压料装置,并应有良好的润滑。

从变薄翻边的过程可看出。变形程度不仅决定于翻边系数,还决定于壁部的变薄系数。变薄系数用 K_b 表示为

$$K_b = \frac{t_i}{t_{i-1}} \tag{5.29}$$

表 5.5　低碳钢非圆孔的极限翻边系数 Kf_{min}

α/(°)	比值 d/t						
	50	33	20	12.5 ~ 8.3	6.6	5	3.3
180 ~ 360	0.8	0.6	0.52	0.5	0.48	0.46	0.45
165	0.73	0.55	0.48	0.46	0.44	0.42	0.41
150	0.67	0.5	0.43	0.42	0.4	0.38	0.375
135	0.6	0.45	0.39	0.38	0.36	0.35	0.34
120	0.53	0.4	0.35	0.33	0.32	0.31	0.3
105	0.47	0.35	0.30	0.29	0.28	0.27	0.26
90	0.4	0.3	0.26	0.25	0.24	0.23	0.225
75	0.33	0.25	0.22	0.21	0.2	0.19	0.185
60	0.27	0.2	0.17	0.17	0.16	0.15	0.145
45	0.2	0.15	0.13	0.13	0.12	0.12	0.11
30	0.14	0.1	0.09	0.08	0.08	0.08	0.08
15	0.07	0.05	0.04	0.04	0.04	0.04	0.04
0°	弯曲变形						

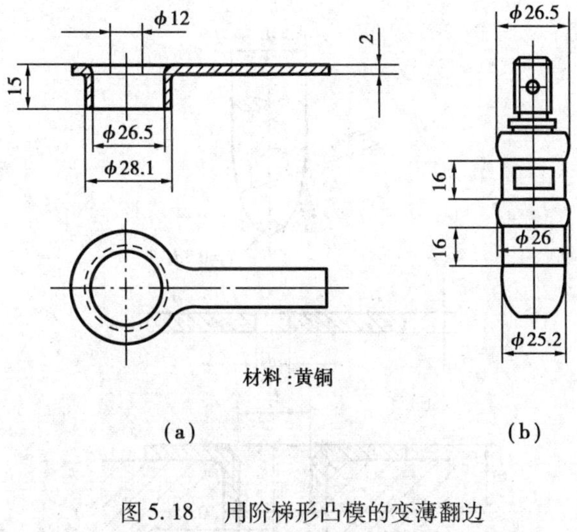

图 5.18　用阶梯形凸模的变薄翻边
(a)零件　(b)凸模

式中　t_i——变薄翻边后竖边材料厚度；

t_{i-1}——变薄翻孔前竖边材料厚度。

在一次工序中的变薄系数可达 $K_b = 0.4 \sim 0.5$，甚至更小。

竖边的高度应按体积不变原理进行计算。

变薄翻边经常用于平坯料或工序件上冲制 *M*5 以下的小螺孔。为保证螺纹连接强度，常用图 5.19 所示的变薄翻边方法增加竖边高度。

坯料预制孔直径 *d* 为

$$d = (0.45 \sim 0.5)d_1 \tag{5.30}$$

翻孔外径 d_3 为

$$d_3 = d_1 + 1.3t \tag{5.31}$$

翻孔高度 H 可由体积不变原则算出，一般可取 $H=(2\sim2.5)t$。

对低碳钢、黄铜、纯铜和铝制件进行螺纹底孔翻边时，也可参考表 5.6 所列的尺寸。

表 5.6　小螺纹孔变薄翻孔的尺寸/mm

螺纹直径	t	d	d_1	H	d_3	r
M2	0.8	0.8	1.6	1.6	2.7	0.2
	1.0			1.8	3.0	0.4
M2.5	0.8	1	2.1	1.7	3.2	0.2
	1.0			1.9	3.5	0.4
M3	0.8			2.0	3.6	0.2
	1.0	1.2		2.1	3.8	0.4
	1.2		2.5	2.2	4.0	0.4
	1.5			2.4	4.5	0.4
M4	1.0			2.6	4.7	0.4
	1.2			2.8	5.0	0.4
	1.5	1.6	3.3	3.0	5.4	0.4
	2.0			3.2	6.0	0.6

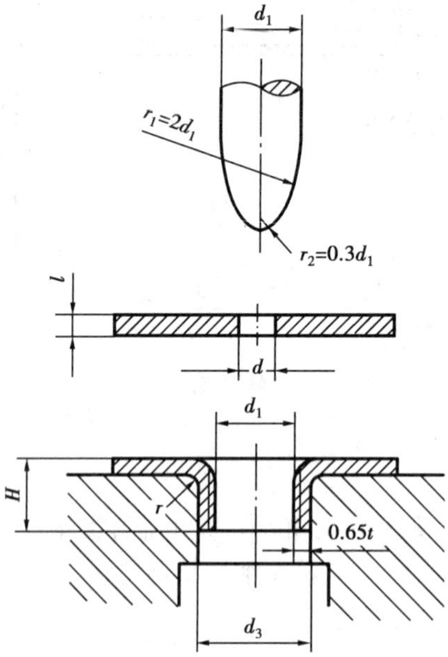

图 5.19　小螺孔的翻边

5.2.4　翻孔翻边模结构

图 5.20 所示为翻孔模，其结构与拉深模基本相似。图 5.21 所示为翻孔及翻边同时进行的模具。

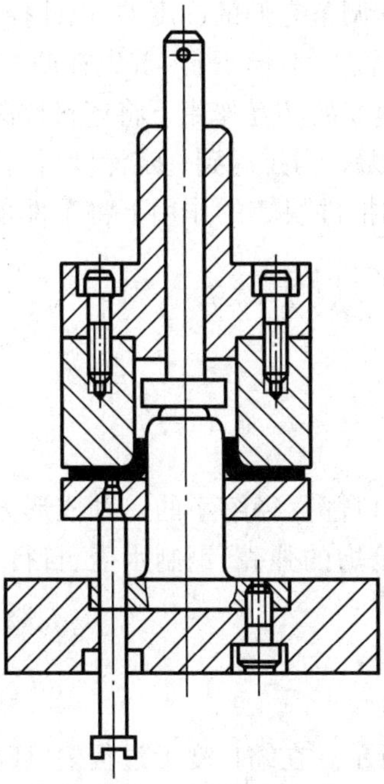

图 5. 20　翻孔模

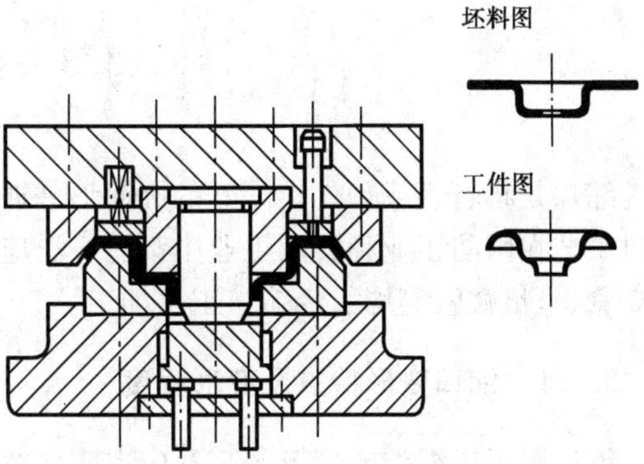

图 5. 21　翻孔及翻边模

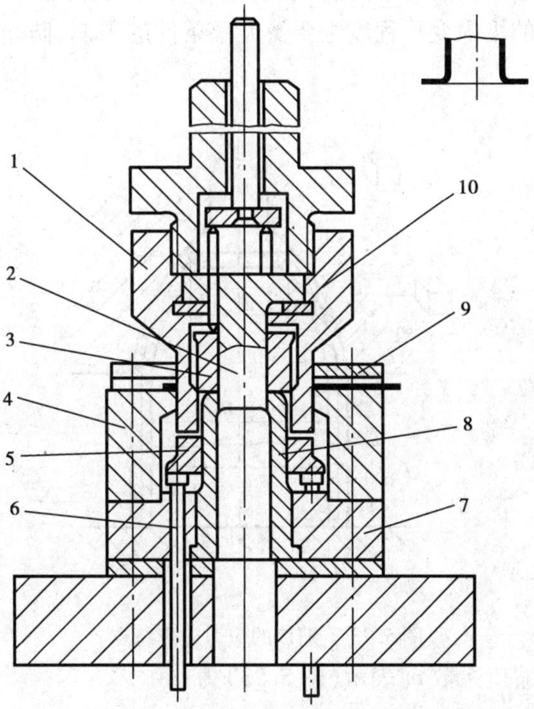

图 5. 22　落料、拉深、冲孔、翻孔复合模

1、8—凸凹模　2—冲孔凸模　3—推件块　4—落料凹模

5—顶件块　6—顶杆　7—固定板　9—卸料板　10—垫片

图 5. 22 所示为落料、拉深、冲孔、翻孔复合模。凸凹模 8 与落料凹模 4 均固定在固定板 7

上,以保证同轴度。冲孔凸模2压入凸凹模1内,并以垫片10调整它们的高度差,以此控制冲孔前的拉深高度,确保翻出合格的零件高度。该模的工作顺序是:上模下行,首先在凸凹模1和凹模4的作用下落料。上模继续下行,在凸凹模1和凸凹模8的相互作用下将坯料拉深,冲床缓冲器的力通过顶杆6传递给顶件块5并对坯料施加压料力。当拉深到一定深度后由凸模2和凸凹模8进行冲孔并翻孔。当上模回升时,在顶件块5和推件块3的作用下将工件顶出,条料由料卸板9卸下。

5.3 缩口

缩口是将管坯或预先拉深好的圆筒形件通过缩口模将其口部直径缩小的一种成形方法。缩口工艺在国防工业和民用工业中都有广泛应用,例如制造枪炮的弹壳、钢制水壶、自行车车架立管、坐垫鞍管等均需经缩口工序加工。

5.3.1 缩口变形特点及变形程度

缩口属于压缩类成形工序。其应力应变特点如图5.23所示。在缩口变形过程中,坯料变形区受两向压应力的作用,而切向压应力是最大主应力,使坯料直径减小,壁厚和高度增加,因而切向可能产生失稳起皱。同时,在非变形区的筒壁,由于承受全部缩口压力 F,也易产生轴向的失稳变形。故缩口的极限变形程度主要受失稳条件的限制,防止失稳是缩口工艺要解决的主要问题。

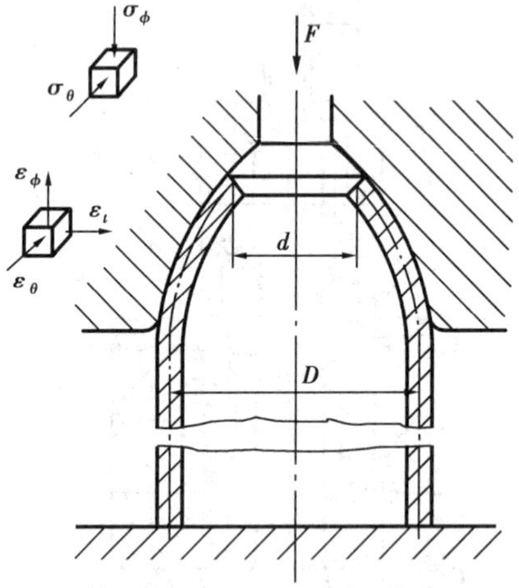

图5.23 缩口的应力应变特点

缩口的变形程度用缩口系数 m 表示(图5.23)为

$$m = \frac{d}{D} \tag{5.32}$$

缩口系数 m 越小,变形程度越大。表5.7是不同材料、不同厚度的平均缩口系数。表5.8是不同材料、不同支承方式的允许缩口系数参考数值。由表5.7、表5.8可以看出:材料塑性越好,厚度越大,缩口系数越小。此外,模具对筒壁有支持作用的,许可缩口系数便较小。

缩口后颈口略有增厚,颈口厚度可按下式计算:

$$t' = t\sqrt{\frac{D}{d}} \tag{5.33}$$

式中　t'——缩口后颈口厚度;

t——缩口前坯料厚度。

表 5.7　平均缩口系数 m

材料	材料厚度 t/mm		
	0.5	>0.51	>1
黄铜	0.85	0.8~0.7	0.7~0.65
钢	0.8	0.75	0.7~0.65

5.3.2　缩口工艺计算

(1)缩口次数

若工件的缩口系数 m 小于允许的缩口系数时,则需进行多次缩口,缩口次数 n 按下式估算:

$$n = \frac{\lg m}{\lg m_0} = \frac{\lg d - \lg D}{\lg m_0} \tag{5.34}$$

式中　m_0——平均缩口系数,参看表 5.7。

表 5.8　允许缩口系数 m_{min}

材　料	支承方式			材　料	支承方式		
	无支承	外支承	内外支承		无支承	外支承	内外支承
软钢	0.70~0.75	0.55~0.60	0.3~0.35	硬铝(退火)	0.73~0.80	0.60~0.63	0.35~0.40
黄铜 H62、H68	0.65~0.70	0.50~0.55	0.27~0.32	硬铝(淬火)	0.75~0.80	0.68~0.72	0.40~0.43
铝	0.68~0.72	0.53~0.57	0.27~0.32				

(2)颈口直径

多次缩口时,最好每道缩口工序之后进行中间退火,各次缩口系数可参考下面公式确定:

首次缩口系数

$$m_1 = 0.9\ \mathrm{m} \tag{5.35}$$

以后各次缩口系数

$$m_n = (1.05 \sim 1.10)\ \mathrm{m} \tag{5.36}$$

各次缩口后的颈口直径为

$$\begin{aligned} d_1 &= m_1 D \\ d_2 &= m_n d_1 = m_1 m_n D \\ d_3 &= m_n d_2 = m_1 m_n^2 D \\ d_n &= m_n d_{n-1} = m_1 m_n^{n-1} D \end{aligned} \tag{5.37}$$

d_n 应等于工件的颈口直径。

缩口后,由于回弹,工件要比模具尺寸增大 0.5%~0.8%。

(3)坯料高度

坯料高度 H 是缩口件坯料的主要尺寸。缩口件形状不一样,其坯料计算各不相同,但都可以按照变形前后体积不变的条件进行计算。缩口件坯料高度 H 的具体计算一直沿用下面3个公式。

1)锥形缩口件,如图5.24(a)所示:

$$H = 1.05\left[h_1 + \frac{D^2 - d^2}{8D\sin\alpha}\left[1 + \sqrt{\frac{D}{d}}\right]\right] \tag{5.38}$$

2)带圆筒部分缩口件,如图5.24(b)所示:

$$H = 1.05\left[h_1 + h_2\sqrt{\frac{d}{D}} + \frac{D^2 - d^2}{8D\sin\alpha}\left[1 + \sqrt{\frac{D}{d}}\right]\right] \tag{5.39}$$

3)带弧形缩口件,如图5.24(c)所示:

$$H = h_1 + \frac{1}{4}\left[1 + \sqrt{\frac{D}{d}}\right]\sqrt{D^2 - d^2} \tag{5.40}$$

式中,凹模的半锥角 α 对缩口成形过程有重要影响。半锥角取值合理,允许的缩口系数可以比平均缩口系数小10%~15%。一般应使 $\alpha<45°$,最好使 $\alpha<30°$

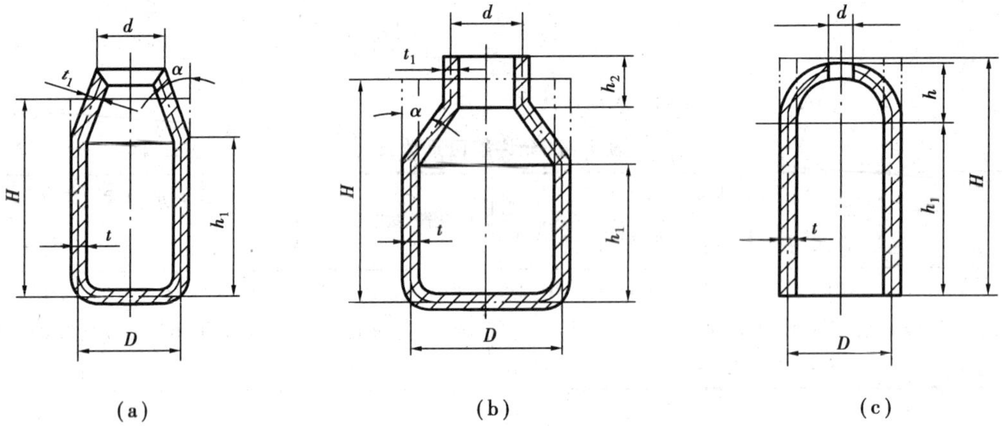

图5.24　缩口工件

(4)缩口件的精度

缩口变形后由于弹性回复,缩口工件的尺寸往往会比凹模内径实际尺寸稍有增大。这对于有配合要求的缩口件,在缩口工艺及模具设计时应予以考虑。缩口件的弹复值可参考以下经验数据选择。

一般来说,缩口件尺寸会比模具尺寸增大0.5%~0.8%,但这个数据给出的条件并不充分。更确切的说,由于缩口变形程度及缩口变形条件的不同等,其弹复量是不相同的。例如:

自行车鞍管的缩口系数为0.88,平均弹复量为0.44%;

自行车立管的缩口系数为0.975,平均弹复量为0.18%;

因此,对于缩口工件有配合要求时,最好通过具体实验去测定,从而在模具设计时予以修正,使之保证达到缩口件的精度要求。

(5)缩口力

将图5.25(a)所示锥形缩口件,在图5.25(a)所示的无支承缩口模上进行缩口时,其缩口

力 F 可用下式计算：

$$F = K\left[1.1\pi D\sigma_b\left(1-\frac{d}{D}\right)(1+\mu\cot\alpha)\frac{1}{\cos\alpha}\right] \tag{5.41}$$

式中　μ——冲件与凹模接触面摩擦系数；

σ_b——材料抗拉强度；

K——速度系数，在曲轴压力机上工作时 $K=1.15$。

其余符号如图 5.24(a)所示。

5.3.3　缩口模结构

图 5.25 所示为不同支承方法的缩口模。图(a)是无支承形式。其模具结构简单，但缩口过程中坯料稳定性差，允许缩口系数较大。图(b)是外支承形式，缩口时坯料的稳定性较前者好。图(c)是内外支承形式，其模具结构较前两种复杂，但缩口时坯料的稳定性最好，允许缩口系数为 3 种中最小者。图 5.26 为有夹紧装置的缩口模。图 5.27 为缩口与扩口复合模，可以得到特别大的直径差。

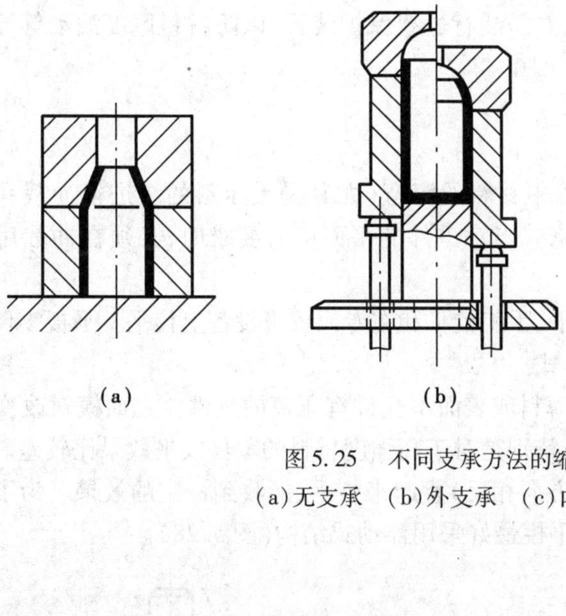

图 5.25　不同支承方法的缩口模

(a)无支承　(b)外支承　(c)内外支承

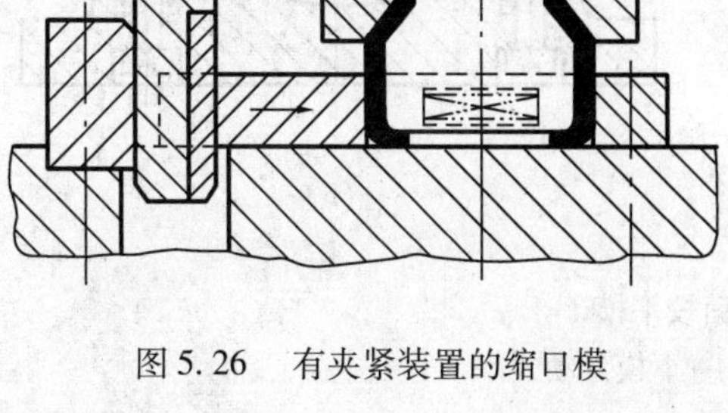

图 5.26　有夹紧装置的缩口模

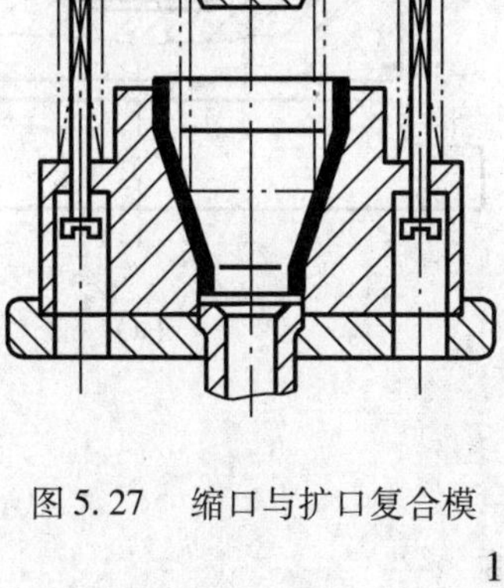

图 5.27　缩口与扩口复合模

5.4 校平与整形

5.4.1 校形的特点及应用

校形通常指平板工序件的校平和空间形状工序件的整形。校形工序大都是在冲裁、弯曲、拉深等工序之后进行,以便使冲压件的平面度、圆角半径或某些形状尺寸经过校形后达到产品的要求,所以它在冲压生产中具有相当重要的意义,而且应用也比较广泛。

校平和整形工序的共同特点是:

1)只在工序件局部位置使其产生不大的塑性变形,以达到提高零件的形状和尺寸精度的目的。

2)由于校形后工件的精度比较高,因而模具的精度相应地也要求比较高。

3)校形时需要在压力机下止点对工序件施加校正力,因此所用设备最好为精压机。若用机械压力机时,机床应有较好的刚度,并需装有过载保护装置,以防材料厚度波动等原因损坏设备。

5.4.2 平板零件的校平

由于条料不平或者由于冲裁过程中材料的穹弯(尤其是无压料的级进模冲裁和斜刃冲裁),都会使冲裁件产生不平整的缺陷。当对零件的平面度有要求时,必须在冲裁后加校平工序。

校平的方式通常有3种:模具校平、手工校平和在专门校平设备上校平。平板零件的校平模有光面校平模和齿形校平模两种形式。

1)光面校平模　适用于软材料、薄料或表面不允许有压痕的制件。光面模对改变材料内应力状态的作用不大,仍有较大回弹,特别是对于高强度材料的零件校平效果比较差。在生产实际中有时将工序件背靠背地(弯曲方向相反)叠起来校平,能收到一定的效果。为了使校平不受压力机滑块导向精度的影响,校平模最好采用浮动式结构(图5.28)。

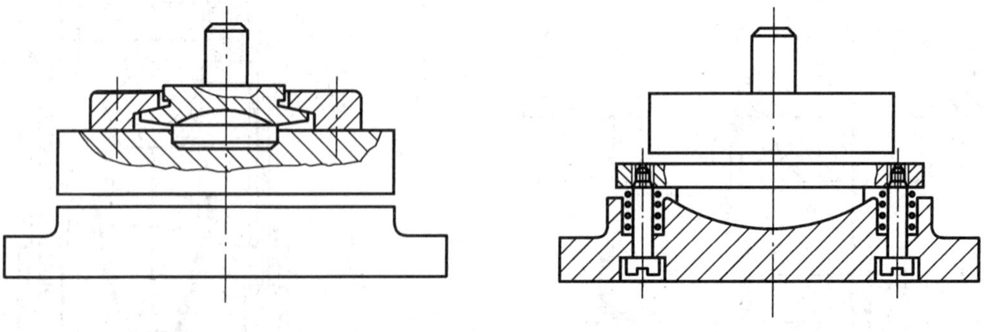

(a)　　(b)

图5.28　光面校平模
(a)上模浮动式　(b)下模浮动式

2)齿形校平模　适用于平直度要求较高或抗拉强度高的较硬材料的零件。齿形模有尖齿和平齿两种,图 5.29(a)为尖齿齿形,图 5.29(b)为平齿齿形,上齿与下齿互相交错。采用尖齿校平模时,模具的尖齿挤压进入材料表面层内一定的深度,使之形成很多塑性变形的小网点,改变了材料原有的应力状态,故能减少回弹,校平效果较好;但在校平零件的表面上留有较深的压痕,而且工件也容易粘在模具上不易脱模,所以在生产中多用平齿校平模。

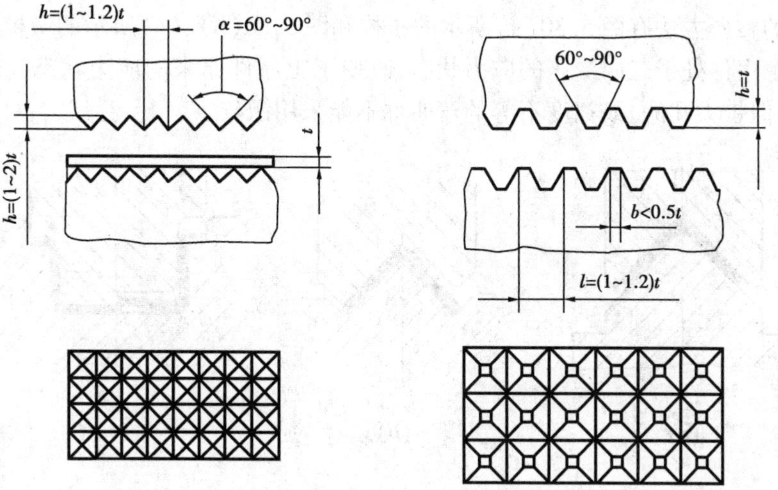

图 5.29　齿形校平模
(a)尖齿齿形　(b)平齿齿形

如果零件的表面不允许有压痕,或零件的尺寸较大,而又要求具有较高的平直度时,还可以采用加热校平法。即将需要校平的零件叠成一定的高度,用夹具压紧成平直状态,然后放进加热炉内加热到一定温度。由于温度升高以后材料的屈服强度降低,材料的内应力数值也相应降低,所以回弹变形减小,达到校平的目的。

校平力可按下式计算:

$$F = Ap \tag{5.42}$$

式中　F——校平力;

A——校平零件的面积;

p——校平单位面积压力,可查表 5.9。

表 5.9　校平和整形单位面积压力

方法	p/MPa	方法	p/MPa
光面校平模校平 细齿校平模校平 粗齿校平模校平	50~80 80~120 100~150	敞开形制件整形 拉深件减小圆角及对底面、侧面整形	50~100 150~200

5.4.3 空间形状零件的整形

空间形状零件的整形是指在弯曲、拉探或其他成形工序之后对工序件的整形。在整形前工件已基本成形，但可能圆角半径还太大或是某些形状和尺寸还未达到产品的要求，这样可以借助于整形模使工序件产生局部的塑性变形，以达到提高精度的目的。整形模和前工序的成形模相似，只是对工作部分的精度、粗糙度要求更高。圆角半径和间隙较小。

弯曲件的整形方法有图 5.30(a)所示的压校和图 5.30(b)、(c)所示的镦校两种形式。镦校时使整个工序件处于三向受压的应力状态，改变了工序件原来的应力状态。故能得到较好的整形效果；但带大孔的、或宽度不等的弯曲件不能采用镦校。

图 5.30　弯曲件的整形
(a)压校　(b)、(c)镦校

无凸缘拉深件的整形，通常取整形模间隙等于(0.9 ~ 0.95)t，即采用变薄拉深的方法进行整形。这种整形也可以和最后一次拉深合并。但应取稍大一些的拉深系数。

带凸缘拉深件的整形部位常有：凸缘平面、侧壁、底平面和凸模、凹模圆角半径(图 5.31)。整形时由于工序件圆角半径变小，要求从邻近区域补充材料，如果邻近材料不能流动过来(例如凸缘直径大于筒壁直径的 2.5 倍时，凸缘的外径已不可能产生收缩变形)，则只有靠变形区本身的材料变薄来实现。这时，变形部位材料的伸长变形以 2% ~ 5% 左右为宜，变形过大则工件会破裂。

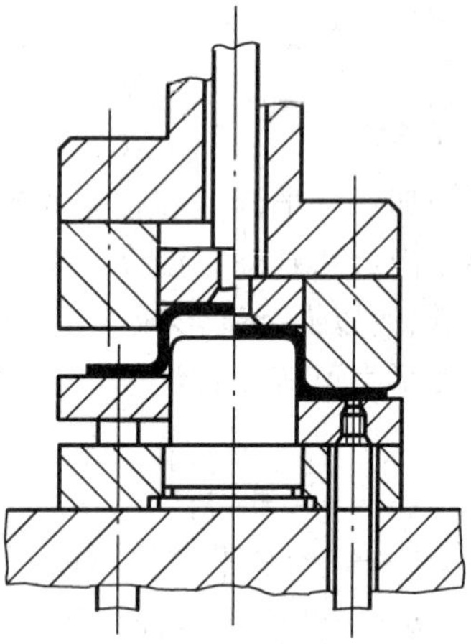

图 5.31　拉深件的整形

整形力 F 可按下式计算：

$$F = Ap \tag{5.43}$$

式中　A——整形面投影面积；

p——单位面积整形力，参看表 5.9。

5.5 旋　压

旋压是将坏料固定在旋压机的模具上,在坯料随机床主轴转动的同时,用旋轮或赶棒加压于坯料,使之产生局部的塑性变形,由于旋轮的进给运动和坯料的旋转运动,结果使局部的塑性变形逐步地扩展到坯料的全部表面,并完成零件的旋压加工。

旋压多用于日用搪瓷工业、铝制品工业,航空工业、导弹制造工业等部门的生产中,用以加工轴对称形状的零件,如圆筒形、锥形、抛物面形或其他各种曲线构成的旋转体。

旋压加工的优点是设备和模具都比较简单(没有专用的旋压机时可用车床代替),可加工相当复杂形状的旋转体零件。缺点是生产率较低,劳动强度较大,比较适用于试制和小批量生产。

在普通旋压的基础上,随着航空工业、火箭和导弹生产的发展,又发展了变薄旋压(也称强力旋压)。

5.5.1 旋压工艺

(1)旋压过程特点

图 5.32 是旋压过程示意图。顶块 1 把坯料压紧在模具 3 上,机床主轴带动模具和坯料一同旋转,手工操作赶棒 2 加压于坯料反复赶辗,于是由点到线,由线及面,使坯料逐渐紧贴于模具上而成形。

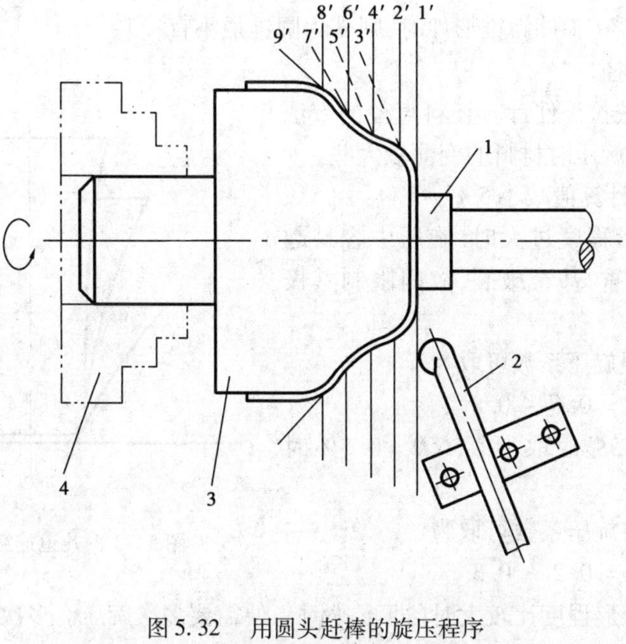

图 5.32　用圆头赶棒的旋压程序
1—顶块　2—赶棒　3—模具　4—卡盘
(1′~9′系坯料的连续位置)

为了使平坯料变为空心的筒形零件,必须使坯料切向收缩、径向延伸。但与普通拉深不同，旋压时赶棒与坯料之间基本上是点接触。坯料在赶棒的作用下，产生两种变形：一是赶棒直接接触的材料产生局部凹陷的塑性变形，二是坯料沿着赶棒加压的方向大片倒伏。前一种变形为旋压成形所必需，因为只有使材料局部塑性变形，螺旋式地由筒底向外发展，才有可能引起坯料的切向收缩和径向延伸，最终取得与模具一致的外形。后一种变形则使坯料产生大片皱折，振动摇晃，失去稳定或撕裂，妨碍旋压过程的进行，必须防止。因此旋压的基本要点是：

1）合理的转速　如果转速太低，坯料将在赶棒作用下翻腾起伏极不稳定，使旋压工作难以进行。转速太高，则材料与赶棒接触次数太多，容易使材料过度辗薄。合理转速一般是：软钢为 400 ~ 600 r/min；铝为 800 ~ 1 200 r/min。当坯料直径较大，厚度较薄时取小值；反之则取较大值。

2）合理的过渡形状　旋压操作如图 5.32 所示，首先应从坏料靠近模具底部圆角处开始，得出过渡形状 2′。此后，再轻赶坯料的外缘，使之变为浅锥形，得出过渡形状 3′，这样做是因为锥形的抗压稳定性比平板高，材料不易起皱。以后的操作步骤和前述相同，即先赶辗锥形件的内缘，使这部分材料贴模（过渡形状 4′），然后再轻赶外缘（过渡形状 5′）。这样多次反复赶辗，直到零件完全贴模为止。

3）合理加力　赶棒的加力一般凭经验，加力不能太大，否则容易起皱。同时赶棒着力点必须不断转移，使坏料均匀延伸。

（2）旋压成形极限

旋压成形的变形程度以旋压系数 m 表示为

$$m = \frac{d}{D} \tag{5.44}$$

式中　d——工件直径（工件为锥形件时，则 d 为圆锥最小直径）；

D——坏料直径。

坯料直径 D 可按拉深件计算坯料直径的方法（等面积法）求出，但旋压时材料的变薄较大些，

因此，应将理论计算值减小 5% ~7%。

一次旋压的变形程度过大时，旋压中容易起皱，工件壁厚变薄严重，甚至破裂，故因限制其极限旋压系数。

圆筒形件的极限旋压系数可取为

$$m_{\min} = 0.6 \sim 0.8$$

当相对厚度 $t/D = 2.5\%$ 时取小值，$t/D = 0.5\%$ 时取大值。

圆锥形件的极限旋压系数可取为

$$m_{\min} = 0.2 \sim 0.3$$

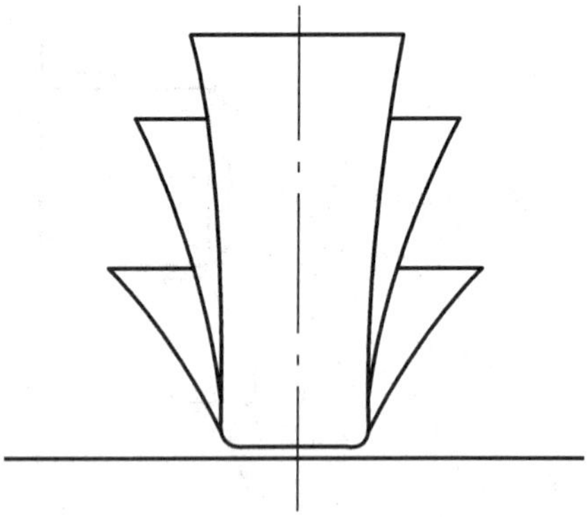

图 5.33　几道连续工序的旋压

当工件需要的变形程度比较大时（即 m 小时），便需要多次旋压。多次旋压是由连续几道工序在不同的模具上进行，并且都以底部直径相同的锥形过渡（图 5.33）。由于旋压加工硬化严重，多次旋压时必须进行中间退火。

5.5.2　变薄旋压工艺

(1) 变薄旋压变形特点

图 5.34(a) 所示是锥形件的变薄旋压。旋压机的尾架顶块 4 把坯料 3 压紧在模具 1 上，使其随同模具一起旋转，旋轮通过机械或液压传动强力加压于坯料，其单位面积压力可达 2 500 ~ 3 000 MPa。旋轮沿给定轨迹移动并与模具保持一定间隙，使坯料厚度产生预定的变薄加工成所需的零件。

图 5.34(b) 是变薄旋压过程中坯料的变形情况。试验证明，坯料外径以及坯料中任意点的径向位置在变形前后始终不变。变形前 ab 与 cd 的距离为 s，$ab = cd = t$，变形后 $a'b'$ 与 $c'd'$ 的距离仍为 s，且 $a'b' = c'd' = t$。所以在变薄旋压中，坯料的厚度按正弦定则变化，其关系为

$$t_1 = t\sin\alpha \tag{5.45}$$

式中　t_1——工件厚度；

t——坯料厚度；

α——模具半锥角。

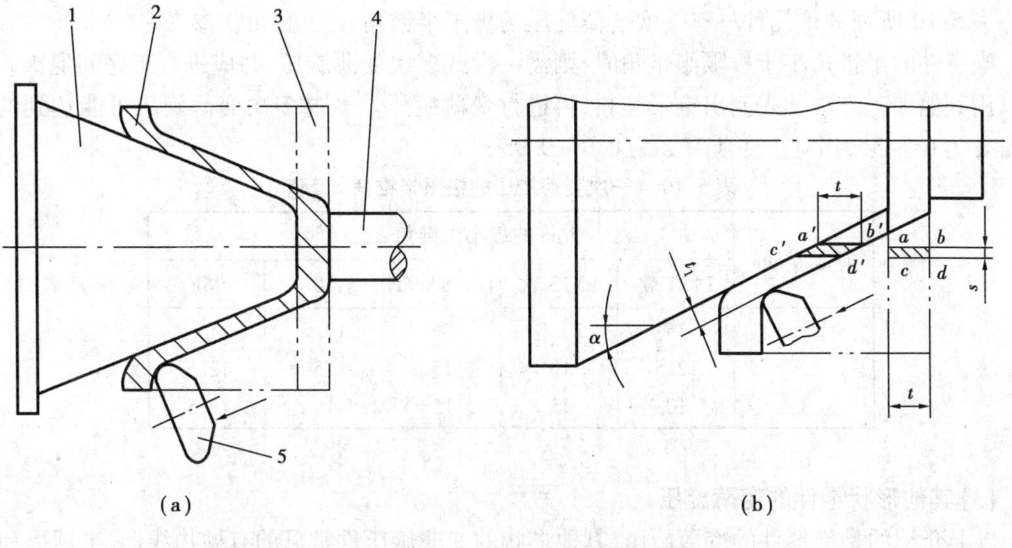

图 5.34　锥形件变薄旋压

1—模具　2—工件　3—坯料　4—顶块　5—旋轮

旋轮 5 与模具 1 之间的间隙应符合正弦定则。如果间隙偏大，旋出的零件不贴模，母线不直，壁厚不均，凸缘在旋压过程中向前翻倒甚至起皱。间隙偏小，旋轮前面就要出现材料堆积现象，零件的内应力大，甚至局部破裂，凸缘也发生翻倒，但零件内壁贴模好，而壁厚的均匀度和母线直线度较差。

根据变形情况，可以分析出变薄旋压的主要特点有：

1) 与普通旋压相比，变薄旋压在加工过程中坯料凸缘不产生收缩变形，因此没有凸缘起皱问题，也不受坯料相对厚度的限制，可以一次旋压出相对深度较大的零件。变薄旋压一般要求使用功率大、刚度大并有精确靠模机构的专用强力旋压机。

2) 与冷挤压相比，变薄旋压是局部变形，因此变形力比冷挤压小得多。某些用冷挤压加

工困难的材料用变薄旋压则可加工。

3)经强力旋压后材料晶粒紧密细化,提高了强度,表面质量也比较好,表面粗糙度 Ra 可达 0.4 μm。

(2)变薄旋压成形极限

变薄旋压的变形程度用变薄率 ε 表示为

$$\varepsilon = \frac{t - t_1}{t} = 1 - \frac{t_1}{t} = 1 - \sin\alpha \tag{5.46}$$

由上式可知,用模具的半锥角 α 也可以表示变薄旋压的变形程度。α 越小则变薄率越大。当超过材料的极限变薄率时,制件壁部将被拉裂。因此,应当限制每次变薄旋压的半锥角。

当 $t_1 = t_{1\min}$ 时,$\varepsilon = \varepsilon_{\max}$、$\alpha = \alpha_{\min}$,所以极限变薄率 $\varepsilon_{\max}$ 和极限半锥角 $\alpha_{\min}$ 的关系为

$$\varepsilon_{\max} = \frac{t - t_{1\min}}{t} = 1 - \sin\alpha_{\min} \tag{5.47}$$

根据试验结果,极限变薄率 $\varepsilon_{\max}$ 和材料断面收缩率 ψ 之间有下式近似关系:

$$\varepsilon_{\min} = \frac{\psi}{0.17 + \psi} \tag{5.48}$$

表 5.10 所列的是几种材料一次变薄旋压的极限半锥角 $\alpha_{\min}$ 值,可供参考。

当工件的半锥角小于极限半锥角时,则需一次或多次变薄旋压,并应进行工序间退火。也可以用其他加工方法预先制出锥形坯料,再进行变薄旋压。经过多次变薄旋压可能达到的半锥角 α 为 6°~3°,相应于变薄率 ε 为 0.9~0.95。

表 5.10　一次变薄旋压的极限半锥角 $\alpha_{\min}$ 值

料厚 t/mm	允许的最小半锥角 $\alpha_{\min}$/(°)				
	LF21 软	LY12 软	1Cr18Ni9Ti	20	08F
1	15	17.5	20	17.5	15
2	12.5	15	15	15	12.5
3	10	15	15	15	12.5

(3)其他形状零件的变薄旋压

以上介绍的是锥形件的变薄旋压,其他形状的变薄旋压件常见的有抛物线形、半球形和圆筒形,其变形原理与锥形件相同,但又有各自的特点。

1)抛物线形和半球形件的变薄旋压　锥形件母线的半锥角 α 是一常数值,而抛物线形和半球形件的母线是曲线,曲母线上各点的 α 角是一个有规律的变数。根据正弦定则,若利用等厚平坯料,则只能加工出不等厚的工件[图 5.35(a)]。如果要获得等厚度的工件,其坯料就应是不等厚的[图 5.35(b)],这时坯料各个位置的厚度仍按正弦定则求出。对于不等厚的坯料,可用车削或预成形方法获得。

2)圆筒形件的变薄旋压　因为圆筒形件的半锥角 $\alpha = 0$,按正弦定则坯料厚度 $t = t_1/\sin\alpha = \infty$,很显然不能用平坯料旋出。应该用图 5.36 所示的圆筒形工序件,这种圆筒工序件可用普通旋压或拉深的方法制得。计算坯料时应按工件和坯料体积相等的原则,并考虑留切边余量。筒形件变薄旋压的变形程度仍然用变薄率 ε 表示,一般塑性好的材料,一次变薄旋压允许的最大变薄率 $\varepsilon_{\max}$,可达 50% 以上(如铝可达 60%~70%),多次变薄旋压的总变薄率则可达 90% 以上。

圆筒形件的变薄旋压,一般只用于批量较小,不宜采用冷挤压或其他方法成形的情况。

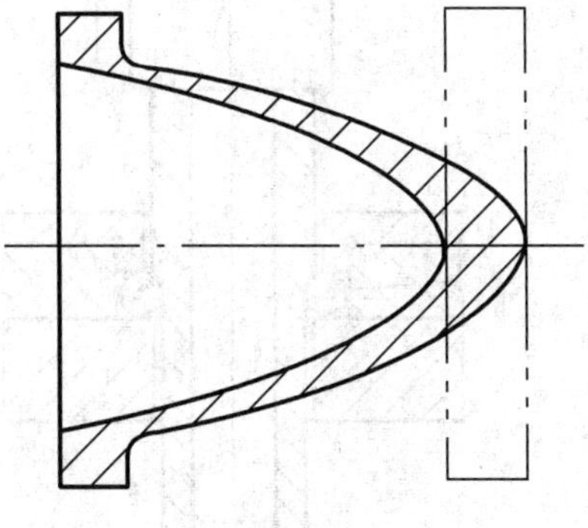

(a)　(b)

图 5.35　工件壁厚与坯料厚度的关系

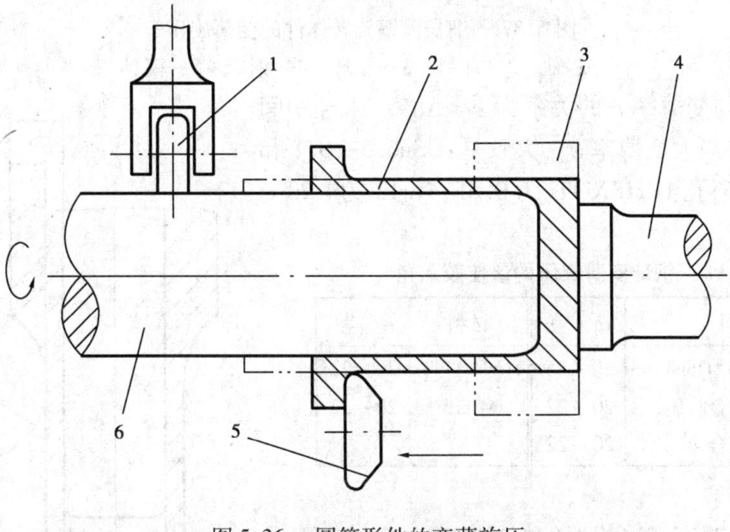

图 5.36　圆筒形件的变薄旋压

1—支承滚轮　2—制件　3—坯料　4—顶块　5—旋轮　6—芯模

3)细长薄壁旋转体件的变薄旋压　由于工件细长,常采用多个钢球代替旋轮进行变薄旋压。如图5.37所示。在模具中装有一圈钢球,模具由旋压机带动做高速旋转,坯料套在芯轴上,当芯轴推动坯料向旋转着的模具移动时,钢球便把坯料旋薄成工件。其中,图 6.34 是芯轴推力作用于坯料的已变形区;图 5.37 则是作用于坯料的待变形区,两者是有一定区别的。由于旋压点增多,不仅提高了生产率,而且也降低了制件的表面粗糙度值。

在钢球变薄旋压中,钢球直径应根据压下量和咬入角来计算,由图 5.38 可知

$$\alpha = \cos^{-1}\frac{\frac{d}{2}-\Delta t}{\frac{d}{2}} \tag{5.49}$$

钢球直径则为

$$d = \frac{2\Delta t}{1-\cos\alpha} \tag{5.50}$$

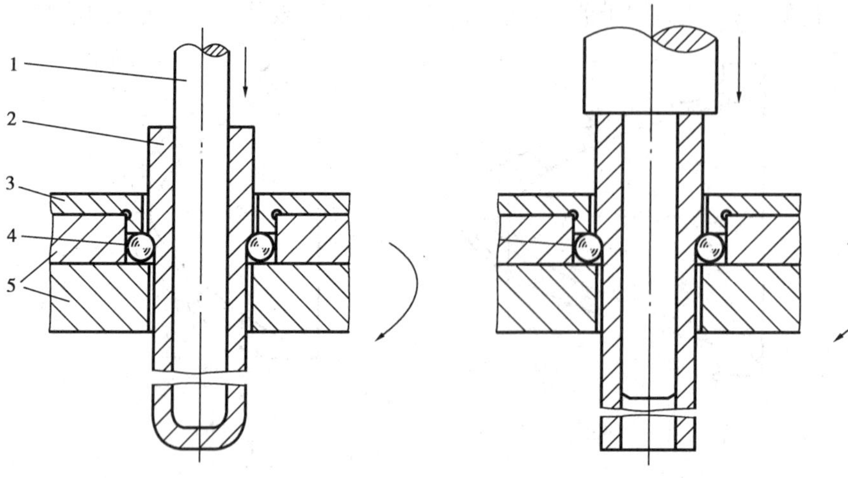

图 5.37　细长薄壁旋转体件的变薄旋压

1—芯轴　2—坯料　3—压环　4—钢球　5—模具

压下量 Δt 与变薄率 ε 的关系为 $\varepsilon = \Delta t / t$。未经中间退火材料的允许最大变薄率 ε_{max} 大致是：QSn6.5—0.1 和 QSn4—3 为 0.75；孔 1Cr18Ni9Ti 为 0.85；4Cr13 为0.23 ~ 0.37。

表 5.11　钢球变薄旋压的最佳咬入角

材料	α/(°)	材料	α/(°)
QSn6.5—0.1、QSn4—3	20 ~ 25	1Cr18Ni9Ti	20 ~ 22
铝合金	20 ~ 22	4Cr13	20 ~ 22
钼及钼合金	20 ~ 22		

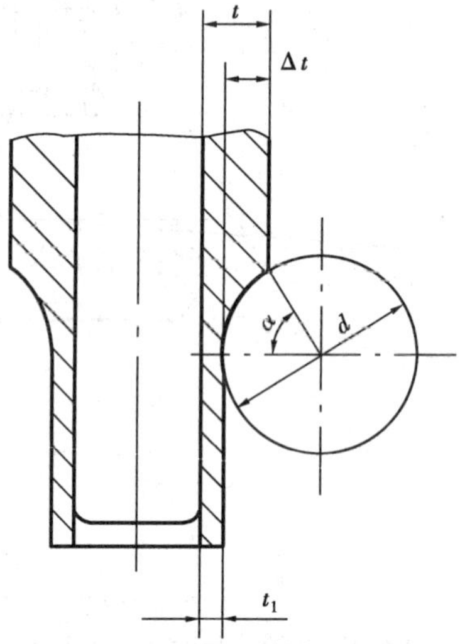

图 5.38　钢球直径的计算

按计算的钢球直径选相近的标准钢球。钢球在模具内排列后，钢球之间应保持一定的间隙，其最小间隙为0.005 mm。

习　题

1. 请列表将胀形变形区之应力、应变特点与翻边、拉深工序进行比较。
2. 胀形凸模的圆角半径 r 对胀形成形极限有何影响？为什么？
3. 简述翻边的变形力学特点。
4. 采用哪些工艺措施可以提高翻边的极限变形程度？
5. 缩口与拉深在变形特点上有何相同与不同之处？

第6章 冲压工艺设计步骤及实例

前面已经讨论了冲裁、弯曲、拉深、翻边等有关冲压工艺及相应的计算方法，也讨论了典型的模具结构，本章通过一些实例说明如何进一步去应用和分析，力图加深理解。

6.1 编制冲压过程的主要内容

6.1.1 对冲压件的工艺分析

工艺分析包括技术和经济两方面内容。在技术方面，根据产品图纸，主要分析该冲压件的形状特点、尺寸大小，精度要求和材料性能等因素是否符合冲压工艺的要求；在经济方面，主要根据制件的生产批量，分析产品成本，阐明采用冲压生产能否取得良好的经济效益，即分析冲压加工在技术上的可行性和经济上的合理性。因此，冲压件的工艺分析，主要讨论在不影响制件使用的前提下，能否以最简单最经济的方法冲制出来，如果能冲制出来，表示该冲压件的工艺性好，反之，工艺性差。在着手编制一个冲压件的工艺规程之前，首先要认真仔细地阅读产品图纸，了解出各种不同性质的冲压工序，并就该工序的冲压工艺性进行分析。如果发现冲压工艺性不好，即冲压件不适应冲裁工艺，则应在不影响产品零件作用性能的前提下，向设计部门提出修改意见，经协商同意后对产品图纸做出适应工艺性的修改。

6.1.2 确定冲压件的最佳工艺方案

冲压件经过工艺分析后，再根据产品图纸进行必要的工艺计算（如毛坯展开尺寸、拉深次数等），在分析冲压性质、冲压次数、冲压顺序和工序组合方式的基础上，提出各种可能的冲压工艺方案。然后通过对产品质量、生产效率、设备条件、模具制造和寿命、操作和安全以及经济效益等方面的综合分析和比较，确定出一种适合本单位生产的最佳工艺方案。

所谓冲压性质是指该零件所需的冲压工序类型。一般冲裁件，多选用剪裁、冲孔和落料等工序得到；弯曲件，选用落料和弯曲工序得到；各类空心件多采用一次或多次拉深工序得到；深度较大的翻边件可采用拉深、冲孔、翻边相结合的复合工序。

冲压件所需的冲压性质常常通过其形状反映出来，但某些冲压件则必须经过分析和计算

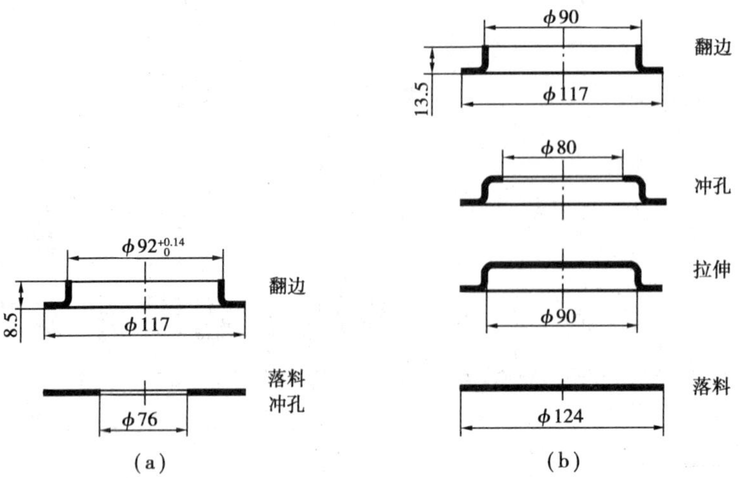

图 6.1　油封内外夹圈的冲压工艺

(a)油封内夹圈　(b)油封外夹圈

才能确定。如图 6.1 所示，图(a)、图(b)分别为油封内夹圈和油封外夹圈冲压件，两个冲压件的形状基本相似，只是直边高度不同，分别为 8.5 mm 和 13.5 mm。内夹圈选用落料冲孔和翻边两道工序即可达到工件要求，翻边系数为 0.82。对于外夹圈，如果也采用与内夹圈相同的冲压工序，则预冲孔直径为 φ61 mm，翻边系数只有 0.68，超过了圆孔翻边的极限变形程度，这样就无法达到预想的翻边高度。但是通过计算和分析可知，对该零件选用落料、拉深、冲孔和翻边等四道工序是比较合理的。

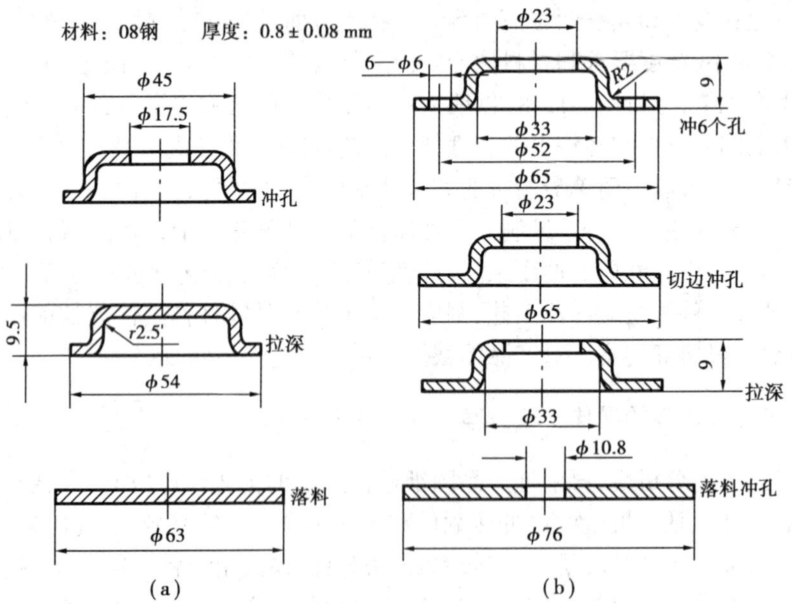

图 6.2　两个相似零件冲压工艺的比较

又如图 6.2 所示两个形状相似零件，图(a)所示零件的冲压工艺过程为：落料、拉深、冲孔。而图(b)所示零件如果也采用这样的工艺过程，则经计算拉深前的坯料直径应为 φ76 mm，其拉深系数为 33/76 = 0.43，小于极限拉深系数，同时，零件根部的圆角半径较小(仅

$R2$），形成了对拉深变形很不利的条件，所以在这个冲压工艺方案中用一道拉深工序成形，零件可能会破裂，生产中采用图(b)所示的工艺过程，即通过落料冲孔复合、拉深、冲底孔与切边复合、冲6个$\phi6$ mm孔等四道工序制成。预先冲出$\phi10.8$ mm的工艺孔，能使拉深时坯料内部($\phi33$ mm的部分)金属向外扩展，因而就能减少外部(大于$\phi33$ mm的部分)金属向内收缩，使变形区发生转移，从而一次拉深即可得到直径为$\phi33$ mm、高度为9 mm的形状。

所谓冲压次数，主要决定于零件几何形状的复杂程度和尺寸精度和高低。冲裁件的形状简单时，一般只用单一工序来完成。冲裁件形状复杂时，由于受到模具结构或强度的限制，其内外轮廓常常不得不分成几个部分采用几道工序来进行，其工序的数量，可由孔与孔之间的距离、孔的位置、孔的数量多少来决定。弯曲件的工序数量可由弯角的多少及其相对位置和其弯曲方向而定。拉深件的工序数量与材料性质、拉深数目、拉深高度等有关，其数量的多少经过拉深系数的计算而确定。

冲压顺序的安排需根据零件的形状特征、尺寸精度要求来确定。图6.3为调温器外壳的冲压工艺过程。为了确保各孔的形位精度，冲孔工序均安排在拉深成形以后，因为拉深后筒壁和锥形部分已是零件的最终形状和尺寸，如果先冲孔后拉深，由于变形区材料转移作用，势必造成孔变大甚至变形，达不到预期的目的。所以该工件的冲压顺序为拉深、冲孔、翻边与整形$R5$至$R0.5$、切边、冲侧孔、整形，最后冲顶部两孔。

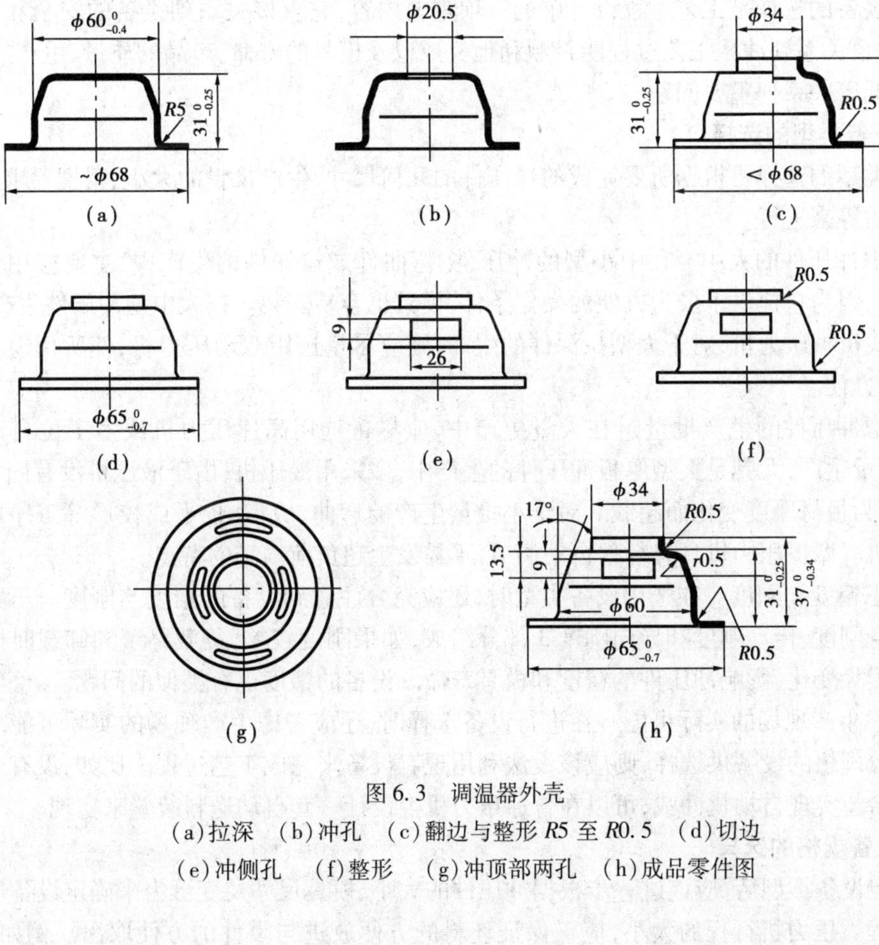

图6.3 调温器外壳

(a)拉深 (b)冲孔 (c)翻边与整形$R5$至$R0.5$ (d)切边
(e)冲侧孔 (f)整形 (g)冲顶部两孔 (h)成品零件图

6.1.3 模具型式确定

一个冲压件往往需要经过多道工序才能完成,因此,编制工艺方案时,必须考虑是采用单工序模分散冲压还是将工序组合起来,即选用复合模还是级进模生产。一般来说,这主要取决于冲压件的生产批量,冲压件的形状、尺寸大小和精度等因素。小批量与试制生产采用单工序模冲压;中批量和大批量生产,冲压工序应尽可能地组合在一起,进行复合模或级进模冲压;但对于尺寸过小的冲压件,考虑到单工序模供料不方便和生产率低,也常选用复合模或级进模生产。当选用的几副单工序模制造费用比复合模还高,而生产批量又不大时,也可以考虑将工序组合起来,选用复合模生产。对于有精度要求的零件,为了避免多次冲压的定位误差,也应选用复合模冲压。一般地说,复合模的冲压精度比级进模高,但是,级进模的生产率较高,操作比较安全,特别当冲压件上孔与孔之间或孔与边缘之间的距离过小时,不宜采用复合冲裁或单工序冲裁,宜采用级进冲裁,所以级进冲裁可以加工形状复杂,宽度很小的异形冲压件,且可冲裁的材料厚度比复合冲裁时要厚,但级进冲裁受压力机台面尺寸与工序数的限制,冲压件不宜太大。

6.1.4 选择冲压设备

冲压设备的选择是工艺过程设计中的一项重要内容,它直接关系到设备的安全和合理的使用,同时也关系到冲压工艺过程能否顺利地完成以及模具的寿命、产品的质量、生产的效率,成本的高低等一系列重要问题。

(1)设备类型的选择

设备类型的选择要根据所要完成的冲压件的几何尺寸、生产批量的大小、精度要求和冲压工艺的性质等来进行。

1)考虑冲压件的大小　在中小型的冲压件、弯曲件或拉深件的生产中,主要应用开式机械压力机。因为它提供了极为方便的操作条件,模具也容易安装。在大中型冲压件生产中,多用双柱闭式机械压力机,对于大型拉深件的生产,则应尽量选用双动压力机,使所用模具结构简单,调整方便。

2)考虑冲压件的生产批量　在大量生产中,应尽量选用高速压力机或多工位自动压力机;在小批量生产,尤其是大型厚板冲压件的生产中,多采用液压机,由于液压机没有固定的行程,不会因为板材厚度变化而超载。对于小批量生产的弯曲、成形、校平或校形等工序可选用摩擦压力机。摩擦压力机具有行程自动调节,不易发生超负荷损坏的特点。

3)考虑精度和刚度　在选用设备类型时,还应充分注意到设备的精度与刚度。压力机的刚度由床身刚度、传动刚度和导向刚度 3 部分组成,如果刚度较差,负载终了和卸载时模具间隙会发生很大变化,影响冲压件的精度和模具寿命。设备的精度也有类似的问题。

4)考虑生产现场的实际可能　在进行设备选择时,还应考虑生产现场的实际可能。如果目前没有较理想的设备供选择,则应该设法利用现有设备来完成工艺过程。比如,没有高速压力机而又希望实现自动化冲裁,可以在普通压力机上设计一套自动送料装置来实现。

(2)设备规格的选择

在选定设备类型后,应该进一步根据冲压件的大小、模具尺寸及变形力来确定设备规格。

1)行程　压力机行程的大小,应该保证坯料的方便放进与零件的方便取出。例如,对于拉深工序所用的压力机的行程，至少应大于成品零件高度的两倍以上。

2）装配模具的相关尺寸　压力机的工作台面尺寸应大于模具下模座尺寸，还应有模具安装与固定的余地；工作台面中间孔的尺寸要保证漏料或顺利安放模具顶出料装置；滑块上的模柄孔（直径×高度）应与模具的模柄相适应。

3）闭合高度　压力机的闭合高度是指滑块处于下死点时，滑块下平面至工作台上平面（即垫板下平面）之间的距离。压力机的闭合高度要与模具的闭合高度相适应，其最大闭合高度要大于模具的闭合尺寸，最小闭合高度要小于模具的闭合高度。

4）设备吨位　要求设备的名义压力要大于所需的变形力，一般冲裁、弯曲时压力机的吨位应比计算的冲压力大30%左右，拉深时压力机的吨位应比计算出的拉深力大60%～100%。

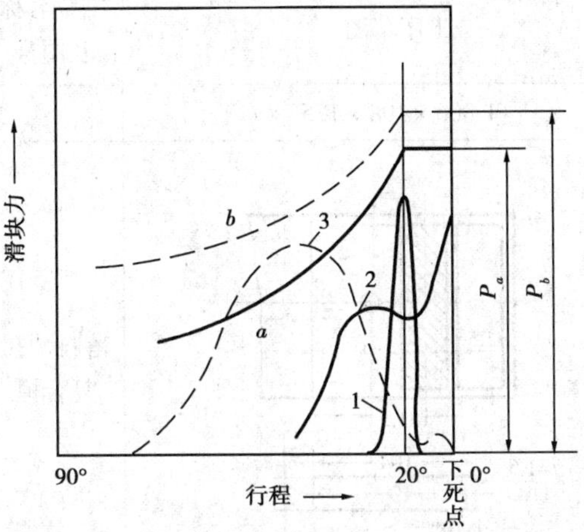

图6.4　压力机的许用力—行程曲线

如图6.4所示为曲柄压力机的许用压力—行程曲线。曲线1、2与3分别代表典型的冲裁、弯曲和拉深变形力与行程的关系曲线。由图中的对比可以看出，在进行冲裁（曲线1）或弯曲（曲线2）时，选用名义吨位为P_a的压力机，完全可以保证在全部行程里的变形力都低于压力机的许用压力，所以是合理的。但是，名义吨位为P_a的压力机，虽然它的名义吨位远大于拉深变形（曲线3）所需的最大力，但在全部行程中，许用压力—行程曲线不能全部覆盖变形力—行程曲线。所以，在这种情况下必须选用名义吨位为P_b的压力机。

6.1.5　编制工艺文件和设计说明书

工艺文件通常指冲压工艺卡，它主要用于阐述加工工艺路线和实施其工艺路线所需的工序数量，顺序，相应的工艺装备与设备类型以及其他辅助工序等。

设计说明书是模具设计和指导生产的依据，也是日后查阅或供改进工艺及模具设计时的参考资料。冲压工艺卡和设计说明书都是冲压设计的重要技术文件。

(1)编写冲压工艺卡

冲压工艺卡目前沿没有统一的标准，但冲压工艺卡的主要内容应包括：工序序号、工序名称、工序草图、工艺装备、设备、材料种类与规格、工时定额等。工序名称应简要说明该工序所做的工作，如剪床下料、落料冲孔、弯曲、拉深、整形、切边等。工序草图为该工序的加工简图，其视图应尽量少，以能说明问题为限，工序草图中仅要求标注该工序所完成的加工尺寸，其他尺寸一般不要求标注;工艺装备一样应写明模具的名称及编号,例如落料拉深复合模等。设备一栏应写明所选用设备的型号或吨位。

表6.1是某厂所使用的冲压工艺卡片,可供参考。

表6.1 冷冲压工艺卡片

标记	产品名称		冲压工艺规程卡	工件名称	托架	年产量	第 页
	产品图号			工件图号		五万件	共 页

材料牌号	08 钢	毛坯形状及尺寸	选用板料 1 800×900×1.5	纵裁成 1 800×108×1.5

工序号	工序名称	工序草图	工装名称及图号	设备	检验要求	备注
0	下料	1 800×108×1.5		剪床		
1	落料冲孔	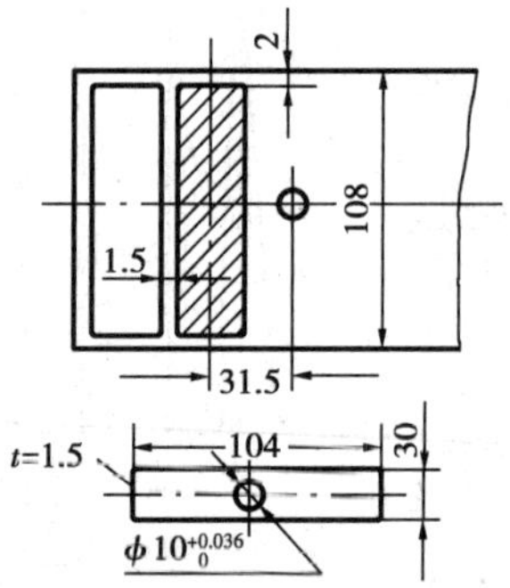	落料冲孔复合模	J23—25	按草图检验	
2	首次弯曲(带预弯)	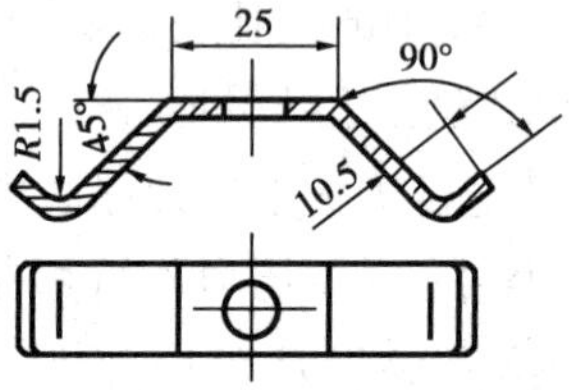	弯曲模	JH23—16	按草图检验	
3	二次弯曲	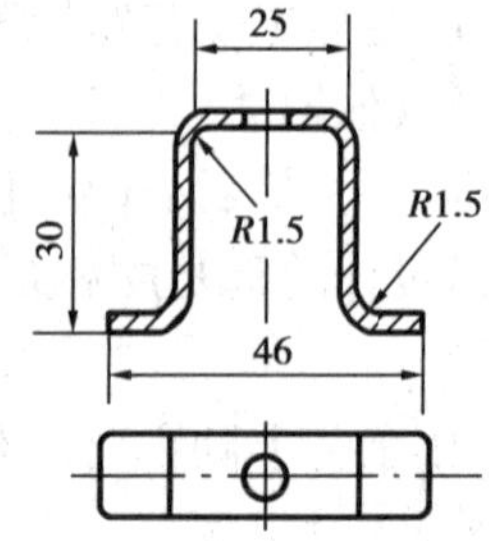	弯曲模	JH23—16	按草图检验	

续表

工序号	工序名称	工序草图	工装名称及图号	设备	检验要求	备注
4	冲孔 4—ϕ5	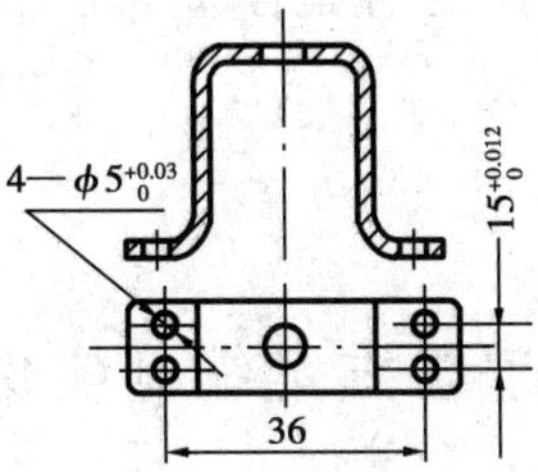	冲孔模	JH23—16	按草图检验	
5	去毛刺			滚筒		
6	检验				按冲压件图检验	

原底图总号		日期		更改标记						编制	校对	核对
				文件号						姓名		
底图总号		签字		签名						签字		
				日期						日期		

(2) 编写设计说明书

设计说明书一般包括下列内容：

1) 设计题目　包括产品零件名称及零件图、原材料种类及规格、生产批量(万件/年)、技术条件等。

2) 冲压件的工艺分析　指进行技术分析和经济分析。

3) 冲压工艺方案制定　综合各方面的情况确定最佳方案，即单工序还是复合工序或级进工序。

4) 工艺计算

①毛坯尺寸展开计算；

②排样及裁板方式的经济性分析，材料利用率计算；

③工序次数的确定，半成品过渡形状及尺寸计算(如拉深次数及半成品形状与尺寸的确定)；

④冲压工艺力计算及设备选择；

⑤模具压力中心的计算；

⑥弹性元件的选用与计算；

⑦凸、凹模工作部分尺寸及公差的确定；

⑧模具主要零件(如凸模、凹模等)的强度校核。

5) 模具总体结构的合理性分析

①绘制出缩小比例的模具总装简图；

②分析模具结构的合理性(如正、倒装结构，卸料、出件、压料方式、定位、导向方式等的选择理由及说明)；

6)模具主要零件结构设计的分析与说明

包括零件结构型式的分析，模具材料选择、公差配合选择及技术要求的有关说明等；

7)其他需要说明的内容

8)主要参考资料

6.2 冲压件工艺过程方案编制实例分析

本节通过一个典型冲压件的工艺分析把前面所学内容连贯起来综合运用。为便于理解，还绘出模具工作原理图。

例 确定图6.5心轴托架的工艺方案。材料为08钢板年产量5万件，要求无严重划伤，无冲压毛刺，不允许孔产生变形。

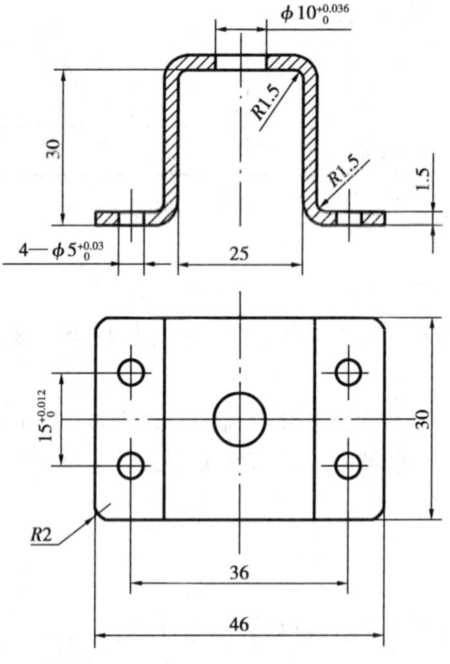

图6.5 托架

(1)工艺分析

该托架ϕ10孔内用于装配心轴，并通过孔4—ϕ5与机身连接。为保证良好的装配条件，5个孔的公差均为IT9，不允许变形。由于该工件选用08冷轧钢板，弯曲半径大于最小弯曲半径($0.8t = 0.8 \times 1.5 = 1.2 < 1.5$ mm)。因此，可以用冷冲压加工成形。

冲压该零件所需的基本工序为冲孔、落料、弯曲。

(2)确定工艺方案及模具结构形式

该零件的弯曲成形可以采用图 6.6 所示 3 种方式中的任何一种。

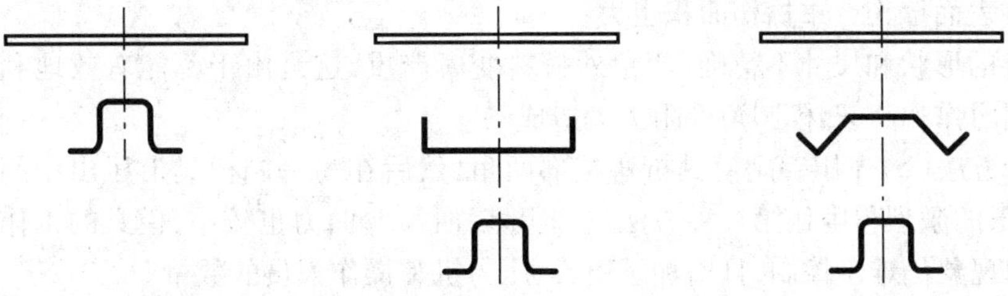

(a)　　(b)　　(c)

图 6.6　托架弯曲工艺方案

第 1 种方法(a)的优点是用一副模具成形,可以提高生产率,减少所需压床和操作人员的数量。但是它有以下缺点:

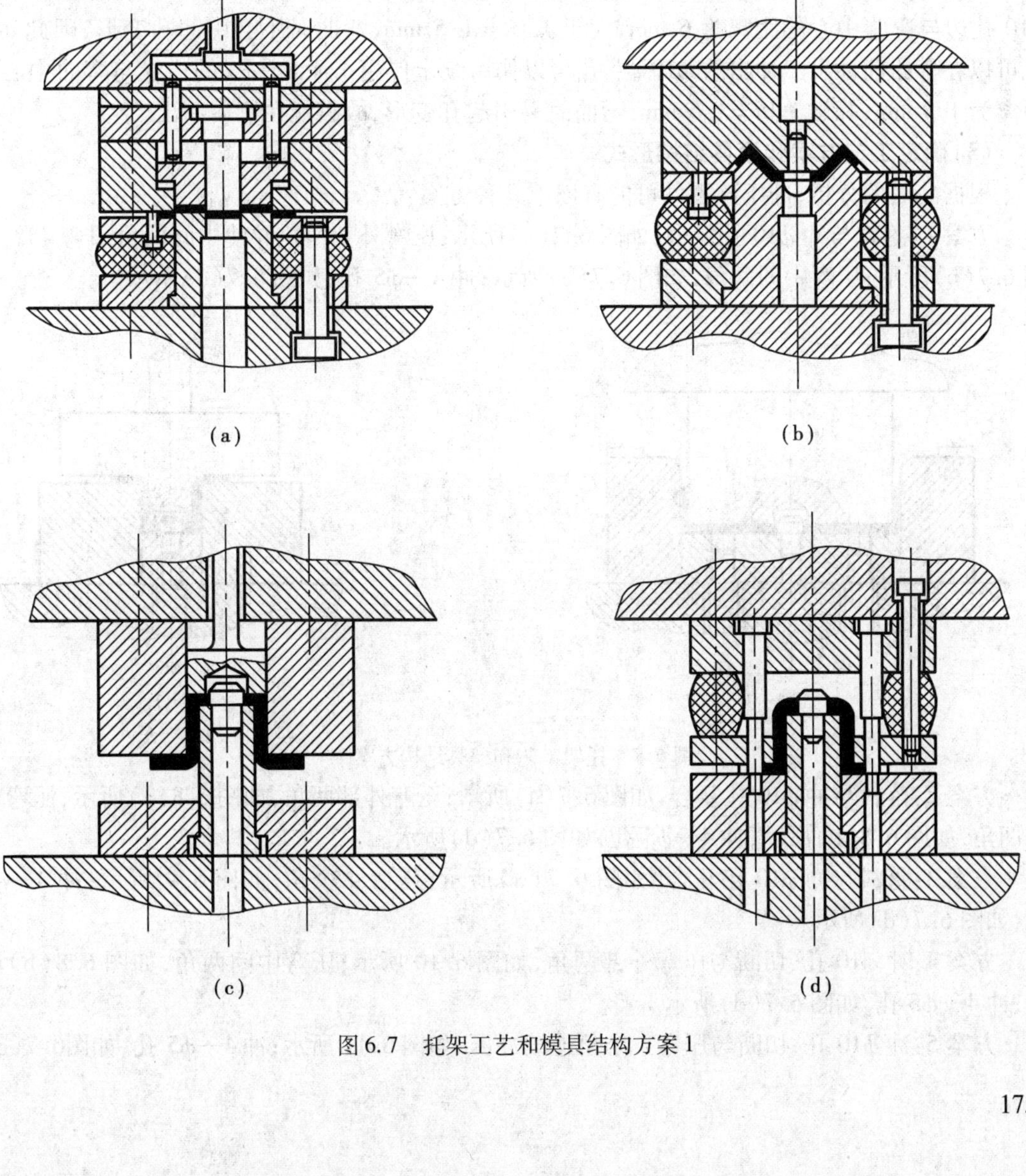

图 6.7　托架工艺和模具结构方案 1

1）模具磨损快、寿命低，因为毛坯的整个面积几乎都参与激烈的弯曲变形，且需用较大的弯曲力；

2）工件表面擦伤严重擦伤面积也大；

3）工件的形状和尺寸不精确，弯角外材料变薄严重，这是由于不能有效地利用弯曲或校正弯曲控制回弹和凸、凹模圆角处阻力大造成的。

第2种方法（b）先用一副模具折弯端部两角，然后在另一副模具上压出中间的弯角。显然，弯曲变形的激烈程度比第一种方法缓和得多，所需弯曲力也较小，模具的工作条件大为改善。但回弹现象仍难于控制，且增加了模具、压力机和操作人员的数量。

第3种方法（c）是先在一副模具上压出端部两角，并使中间两角预弯45°，然后在另一副模具上折弯成形。由于能够实现过弯曲和校正弯曲，故工件的回弹容易控制，可以得到形状和尺寸精确的零件。此外，由于成形过程中材料受凸、凹模圆角的阻力较小，工件的表面质量较好。模具的寿命也较长。这种成形方法对于高精度的长腿短脚弯曲件的成形是非常有利的。

零件上的孔，如前所述，应尽可能在平面毛坯上冲出，以简化模具的结构。该零件上的 $\phi10$ 孔边与弯曲中心的距离为6 mm，大于 $1.0t=1.5$ mm，弯曲时不会引起孔变形，因此 $\phi10$ 孔可以在弯曲前冲出。冲出的 $\phi10^{+0.03}$ 孔可以作后续定位用。而4—$\phi5$ 的边缘与弯曲中心的距离为1.5 mm，等于 $1.0t=1.5$ mm，弯曲时易引起孔变形，故只能在弯后冲出。

（3）确定工艺方案和模具结构形式

根据前面的分析，冲压该零件可能有以下几种方案：

方案1：落料与冲 $\phi10$ 孔复合，如图6.7（a）所示；压弯外部两角并使中间两角预弯45°，如图6.7（b）所示；压弯中间两角，如图6.7（c）所示；冲4—$\phi5$ 孔，如图6.7（d）所示。

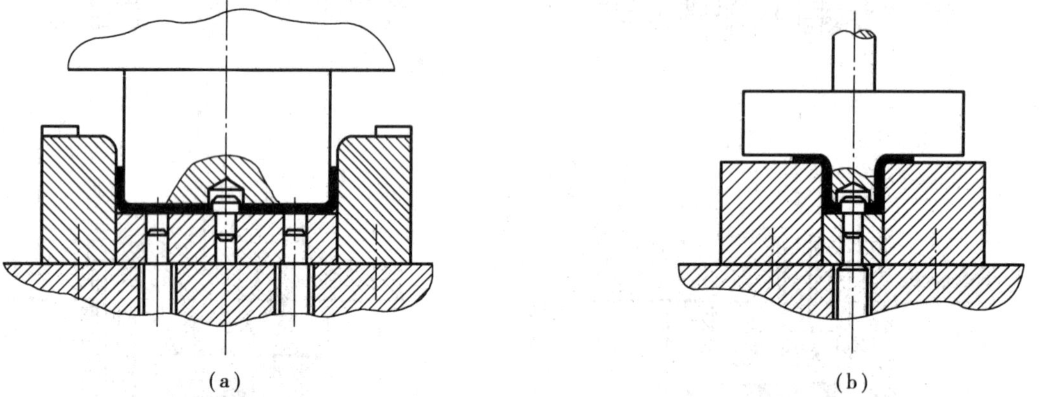

图6.8　托架工艺和模具结构方案2

方案2：落料与冲 $\phi10$ 孔复合，如图6.7（a）所示；压弯外部两角，如图6.8（a）所示；压弯中间两角，如图6.8（b）所示；冲4—$\phi5$ 孔，如图6.7（d）所示。

方案3：落料与冲 $\phi10$ 孔复合，如图6.7（a）所示；压弯4个角，如图6.9所示；冲4—$\phi5$ 孔，如图6.7（d）所示。

方案4：冲 $\phi10$ 孔、切断与压弯外部两角，如图6.10所示；压弯中间两角，如图6.8（b）所示；冲4—$\phi5$ 孔，如图6.7（d）所示。

方案5：冲 $\phi10$ 孔、切断与压弯4个角连续冲压，如图6.11所示；冲4—$\phi5$ 孔，如图6.7（d）

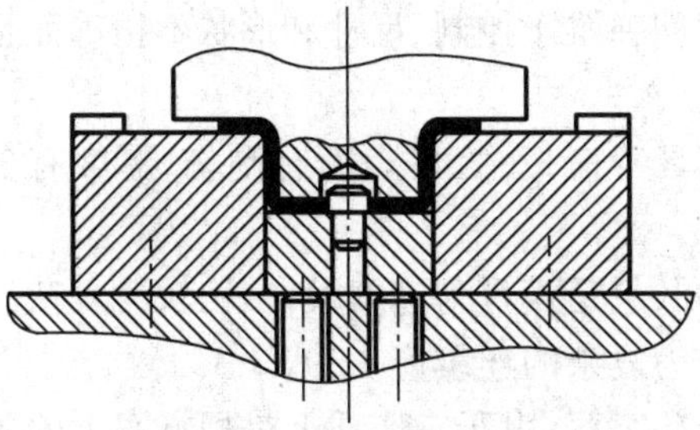

图6.9 托架工艺和模具结构方案3

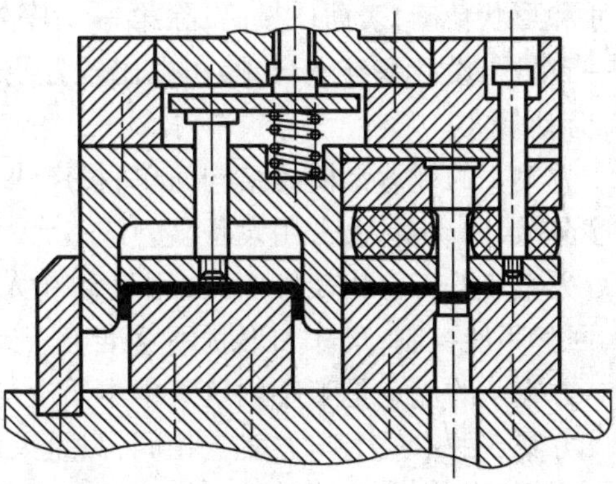

图6.10 托架工艺和模具结构方案4

所示。

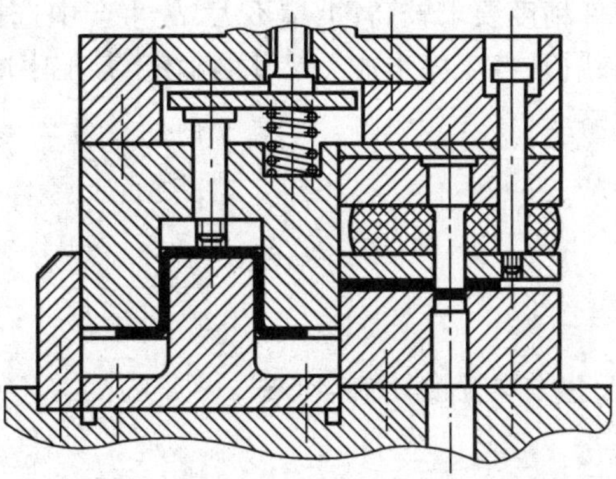

图6.11 托架工艺和模具结构方案5

方案6:全部工序组合,采用带料连续冲压,如图6.12所示。

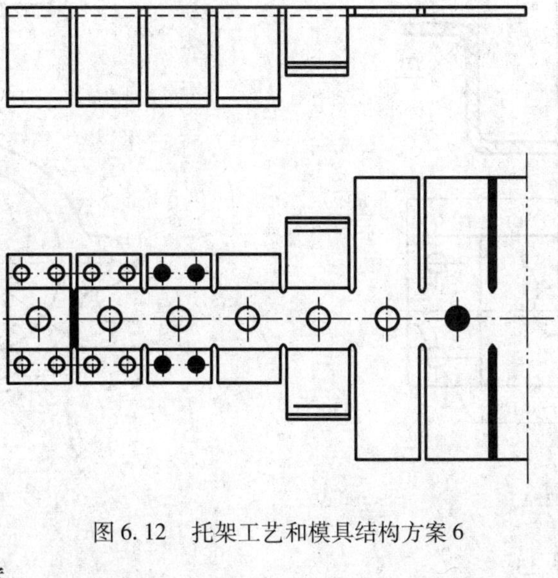

图6.12 托架工艺和模具结构方案6

比较上述几种方案:

方案1的优点是模具结构简单,模具寿命长、制造周期短,投产快;工件的回弹容易控制,尺寸和形状精确,表面质量高;除第一工序外,各工序皆能用 ϕ10 孔和一个侧面定位,定位基准一致且与设计基准重合,操作也比较方便。缺点是工序分散,需用模具、压力机和操作人员多,劳动量大。

方案 2 的优点是模具结构简单,投产快,寿命长,但回弹难于控制,尺寸和形状不精确而且工序分散,劳动量大,占用设备多。

方案 3 的工序比较集中,占用设备和人员小,但模具寿命短,工件表面有刮伤,厚度有变薄,回弹不能控制,尺寸和形状不够准确。

方案 4 的优点是工序比较集中本质上与方案二相同,只是模具为连续模,结构较为复杂。

方案 5 的本质上与方案三相同,只是采用了结构较为复杂的连续模。

方案 6 的优点是工序最集中,只用一副模具完成全部工序,由于它实质上是把方案 1 的各工序分别配置到连续模的各工位上,所以它具有方案 1 的各项优点。缺点是模具结构复杂,安装、调试、维修困难,制造周期长。

综合上述,考虑到该零件精度要求较高,批量不大,故生产中选择了第 1 种方案。关于毛坯展开长度的计算,排样与裁板、各工序半成品尺寸的确定、各工序冲压力及设备的选择等,可参见前面有关章节,此处从略。

习　题

确定下列各冲压件的工艺方案及模具结构形式。

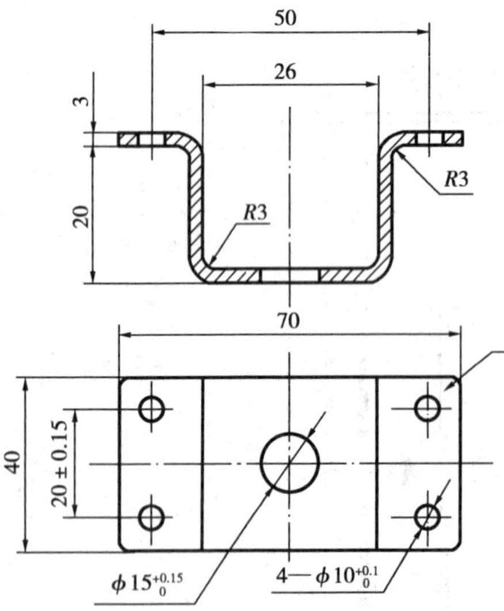

材料：Q235A

图 6.13

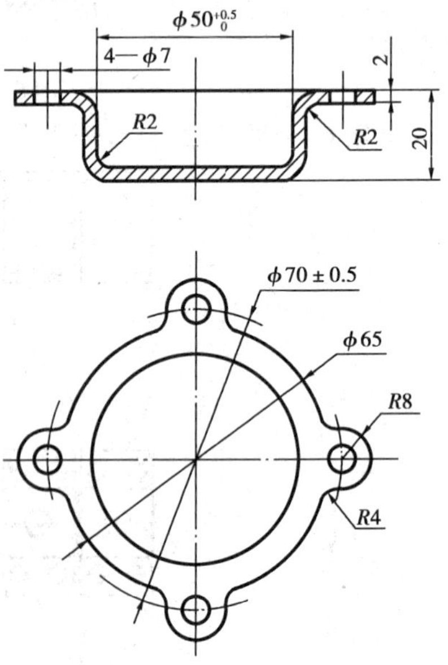

材料：Q235A

图 6.14

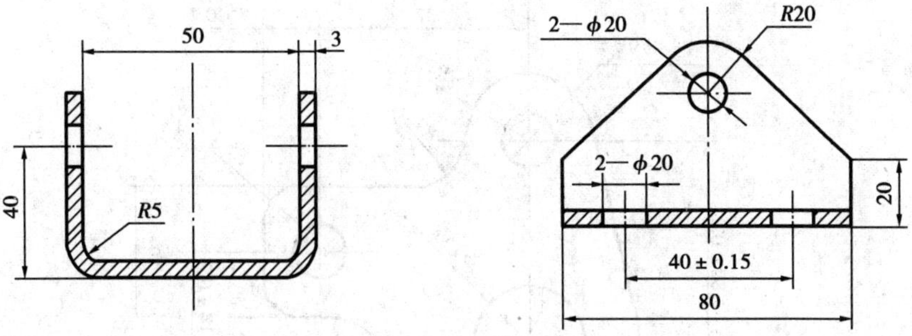

材料：10钢

图6.15

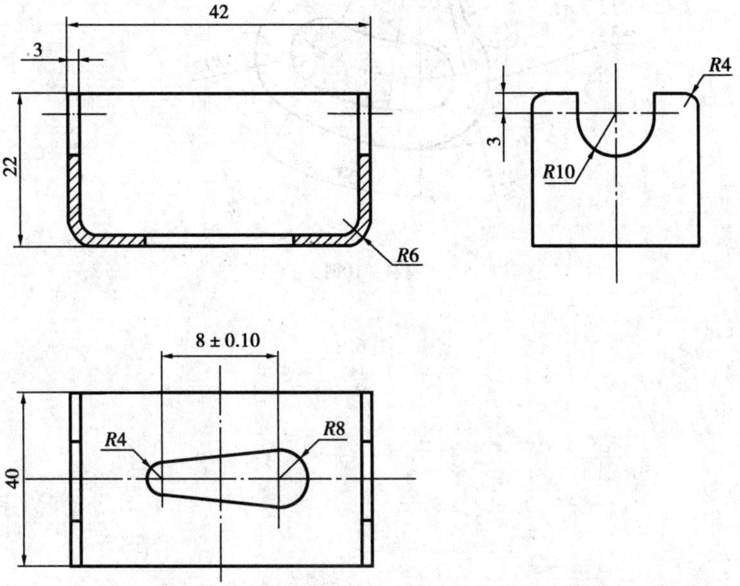

材料：10钢

图6.16

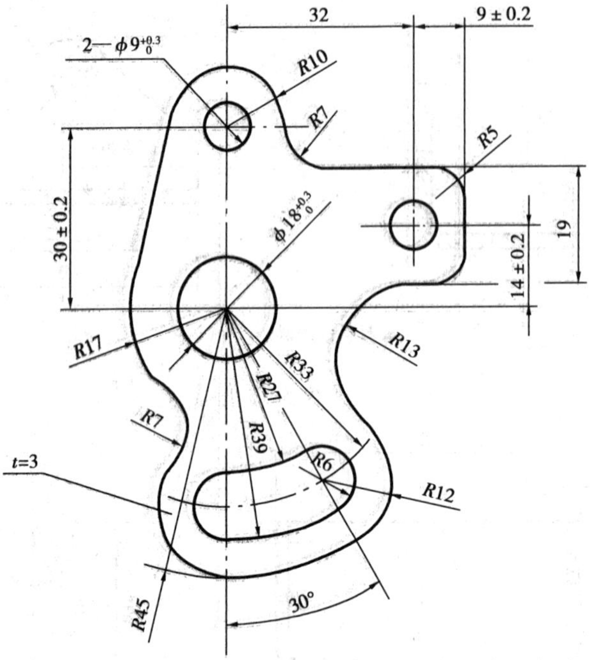
32
9 ± 0.2
2—$\phi 9^{+0.3}_{0}$
R10
R7
R5
30 ± 0.2
$\phi 18^{+0.3}_{0}$
19
14 ± 0.2
R17
R13
R33
R27
R7
R39
R6
t=3
R12
R45
30°

材料：10钢

图 6.17

第 7 章 冲模设计步骤及实例

7.1 冲模设计的步骤和内容

接到产品图样，经过必要的工艺性分析后，接着是进入模具设计程序。一般冲模设计的步骤和内容如图 7.1 所示。

7.2 典型冲压模设计实例分析

冲压模具设计是冲压设计的重要组成部分，其程序在对冲压件进行工艺分析、计算并制定出工艺方案的基础上进行。模具设计的根本任务是绘制模具总装图及其所有非标准零件图。为了节省篇幅，本节针对一个冲压件的生产实例，通过简要叙述它们的工艺分析和工艺计算、模架选择、模具闭合高度计算，然后给出模具总装图及主要零件图。至于其他的有关工艺计算、模具零件图及模具设计计算说明书则在此省略，这并不影响对模具设计实质的认识和理解。

设计实例：

如图 7.2 所示为支架连接板零件，材料为 Q235 钢板，厚度 2 mm。该零件年产量 20 万件，冲压设备为 160—100 kN 开式压力机。

(1) 分析零件的冲压工艺性

由图示可见，该连接板形状简单、结构对称，除孔中心距 40 ± 0.15 mm 有公差要求外，其余尺寸为自由公差，通过一般冲压均能满足其尺寸精度要求。ϕ8.5 mm 孔边距外轮廓的距离远大于凸凹模允许的最小壁厚，故可以考虑采用复合冲压工序，无凸凹模强度之忧。

(2) 确定冲压工艺方案

该零件包括落料、冲孔两个基本工序，可用以下 3 种工艺方案：

方案 1：先落料、后冲孔，采用单工序模生产。

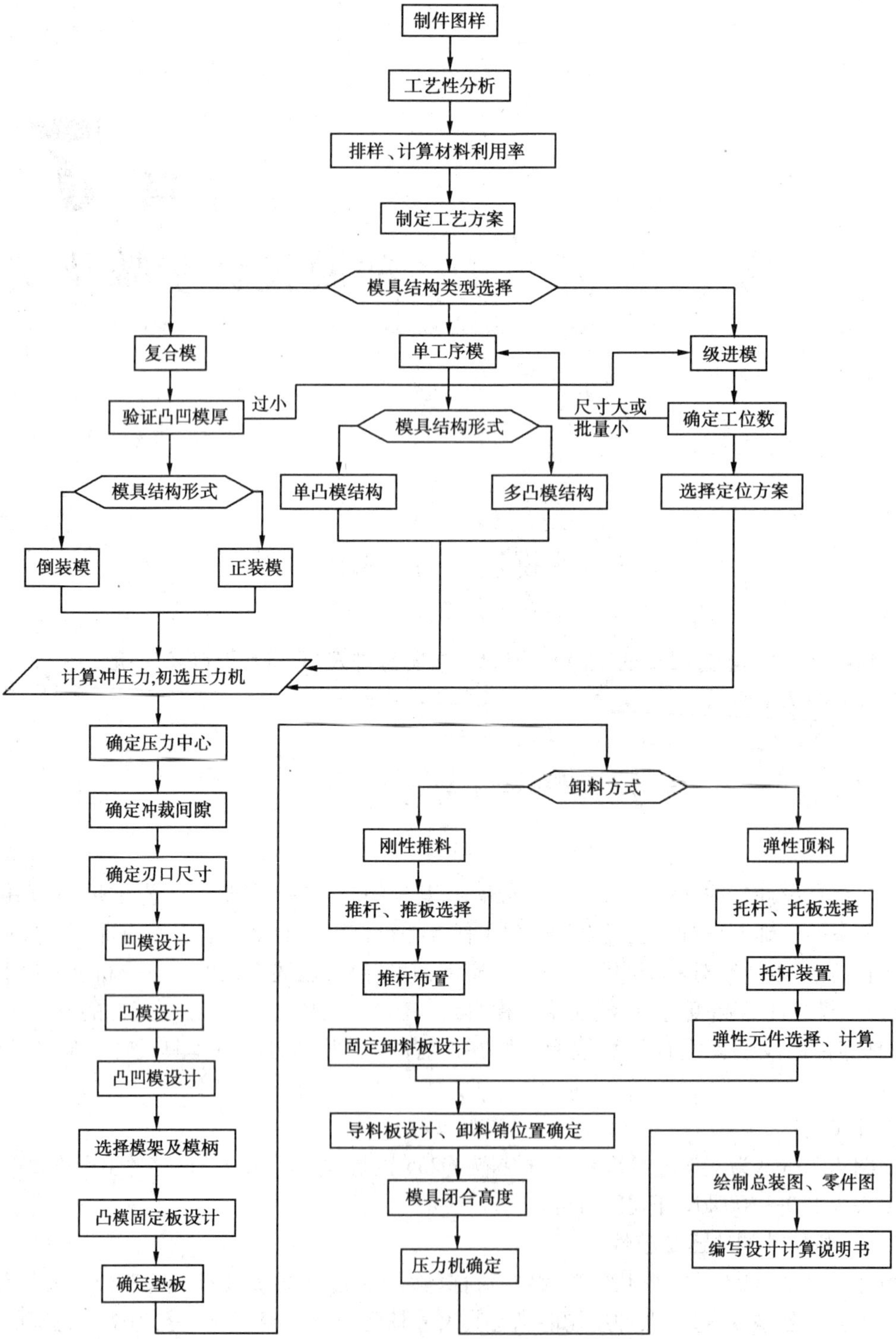

图 7.1　普通冲模设计步骤

方案 2:落料-冲孔复合冲压,采用复合模生产。

方案 3:冲孔-落料连续冲压,采用级进模生产。

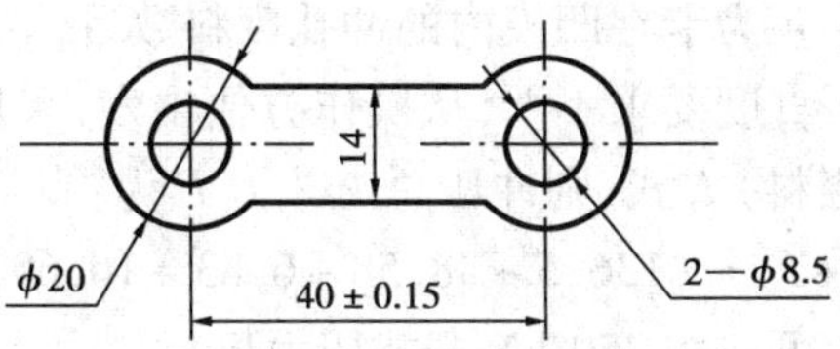

图 7.2　支架连接板

方案 1 模具结构简单，但需两道工序两套模具，生产效率较低，难以满足该零件的年产量要求。方案 2 只需一套模具，冲压件的形位精度和尺寸精度易于保证，且生产效率也高。尽管模具结构较方案一复杂，但由于零件的几何形状简单对称，模具制造并不困难。方案 3 也只需一套模具，生产效率也很高，但零件的冲压精度较复合模的低。欲保证冲压件的形位精度，需在模具上设置导正销导正，故其模具结构较复合模相应复杂些。通过以上 3 种方案的分析比较，对该件冲压生产以采用方案 2 为佳。

(3) 工艺计算

1) 凸、凹模工作部分尺寸

①确定凸、凹模间隙及制造公差。根据实用冲压设计技术[1]得：

凸、凹模间隙 $Z_{min}=0.246$ mm，$Z_{max}=0.360$ mm。若凸、凹模制造公差按 IT8 级精度选取，对于冲 $\phi8.5$ mm 孔，$\delta_{凸}=\delta_{凹}=0.022$ mm；对于落料尺寸 $\phi20$ mm，$\delta_{凸}=\delta_{凹}=0.033$ mm；对落料尺寸 14 mm，$\delta_{凸}=\delta_{凹}=0.027$ mm。

由于凸、凹模均满足 $|\delta_{凸}|+|\delta_{凹}|\leqslant Z_{max}-Z_{min}$ 条件，故可采用凸、凹模分开加工法。

③确定凸、凹模工作部分尺寸：

落料端部直径 $\phi20$ mm：$D_{凹}=(D-x\Delta)^{+\delta_{凹}}_{0}=(20-0.5\times0.52)^{+0.033}_{0}$ mm $=19.74^{+0.033}_{0}$ mm

$$D_{凸}=(D-x\Delta-Z_{min})^{0}_{-\delta_{凸}}=(20-0.5\times0.52-0.246)^{0}_{-0.033}\text{ mm}=19.49^{0}_{-0.033}\text{ mm}$$

式中，根据题目给出的条件，制件精度为 IT14 级时，取 $X=0.5$，$\Delta=0.52$ mm。

落料中部宽度 14 mm：$A_{凹}=(A-x\Delta)^{+\delta_{凹}}_{0}=(14-0.5\times0.43)^{+0.027}_{0}$ mm $=13.78^{+0.027}_{0}$ mm

$$A_{凸}=(A-x\Delta-Z_{min})^{0}_{-\delta_{凸}}=(14-0.5\times0.43-0.246)^{0}_{-0.027}\text{ mm}=13.53^{0}_{-0.027}\text{ mm}$$

式中，根据题目给出的条件，制件精度为 IT14 级时，取 $x=0.5$，$\Delta=0.43$ mm。

冲孔 $\phi8.5$ mm：$d_{凸}=(d+x\Delta)^{0}_{-\delta_{凸}}=(8.5+0.5\times0.36)^{0}_{-0.022}$ mm $=8.68^{0}_{-0.022}$ mm

$d_{凹}=(d+x\Delta+Z_{min})^{+凹}_{0}=(8.5+0.5\times0.36+0.246)^{0.022}_{0}$ mm $=8.93^{+0.022}_{0}$ mm

式中，根据题目给出的条件，制件精度为 IT14 级时，取 $x=0.5$，$\Delta=0.36$ mm。

中心距 40 ± 0.15 mm：$C_{凹}=C\pm\delta_{凹'}=40\pm0.037$ mm

式中，$\delta_{凹'}=\dfrac{1}{4}\times0.15$ mm $=0.0375$ mm，取 $\delta_{凹'}=0.037$。

2) 冲压工艺力及机床吨位选择

落料力 F_1：$F_1=1.3Lt\tau=1.3\times150\times2\times350=136.5$ kN

式中，取 $\tau=350$ MPa。

冲孔力 F_2：$F_2=2\times1.3\pi dt\tau=2\times1.3\times3.14\times8.5\times2\times350$ N $=48.58$ kN

卸料力 F_3：$F_3=K_1\times F_1=0.05\times136.5$ kN $=6.83$ kN

式中，卸料力系数 $K_1=0.05$。

推料力 F_4：$F_4=nK_2\times F_2=4\times0.055\times48.58$ kN $=10.69$ kN

式中，推料力系数 $K_2=0.055$，n 为卡在凹模内的冲孔废料数目，取 $n=4$。

考虑到该工件较厚，其平直度要求不严，从操作方便出发，采用落料冲孔复合模倒装结构及弹性卸料和下出料（冲孔废料）方式，则冲压总工艺力 F 为：

$$F=F_1+F_2+F_3+F_4=(136.5+48.58+6.83+10.69)\ \text{kN}=202.6\ \text{kN}$$

从满足冲压工艺力的要求看，可选用 250 kN 开式压力机。

(4)模具结构设计

1)模架选择

选用后侧滑动导柱导套标准模架，由工件最大外形尺寸（40 + 20 = 60 mm）及一定的凹模壁厚（40 mm）初选，再按其标准选择具体结构尺寸：

上模座　140 × 140 × 40　HT250

下模座　140 × 140 × 50　HT250

导　柱　25 × 160　20 钢　渗碳 58 ~ 62HRC

导　套　25 × 95 × 38　20 钢　渗碳 58 ~ 62HRC

压入式模柄　$\phi 30 \times 100$

模具闭合　高度最大 205 mm，最小 170 mm。

2)模具闭合高度

模具闭合高度一般通过下式确定：

$H_{模}$ = 上模座厚度 + 冲头垫板厚度 + 冲头长度 + 凹模厚度 + 凹模垫板厚度 + 下模座厚度 - 冲头进入凹模深度

该模具因下模部分未用凹模垫板（经计算，模座上所受到的压应力小于模座材料所允许的压应力，故省略）；如果冲头垫板厚度设计为 10 mm，冲头长度为 50 mm，凸凹模厚度为 45，则该模具的实际闭合高度为：

$$H_{模}=40+10+50+45+50-1=194$$

查开式压力机规格知，250 kN 固定台或可倾式压力机最大闭合高度为 250 mm，最小封闭高度为 180 mm（封闭高度调节量 70 mm），故所设计的模具闭合高度 $H_{模}=204$ mm 满足要求，闭合高度设计合理。

3)压力中心的计算

由于该零件落料、冲孔均为轴对称形状，其重心便是压力机的压力中心，故不必进行压力中心的计算。

4)模具总装图及主要零件图

落料冲孔复合模总装图如图 7.3 所示，凸凹模如图 7.4 所示，冲孔凸模如图 7.5 所示，落料凹模如图 7.6 所示，凸模固定板如图 7.7 所示。

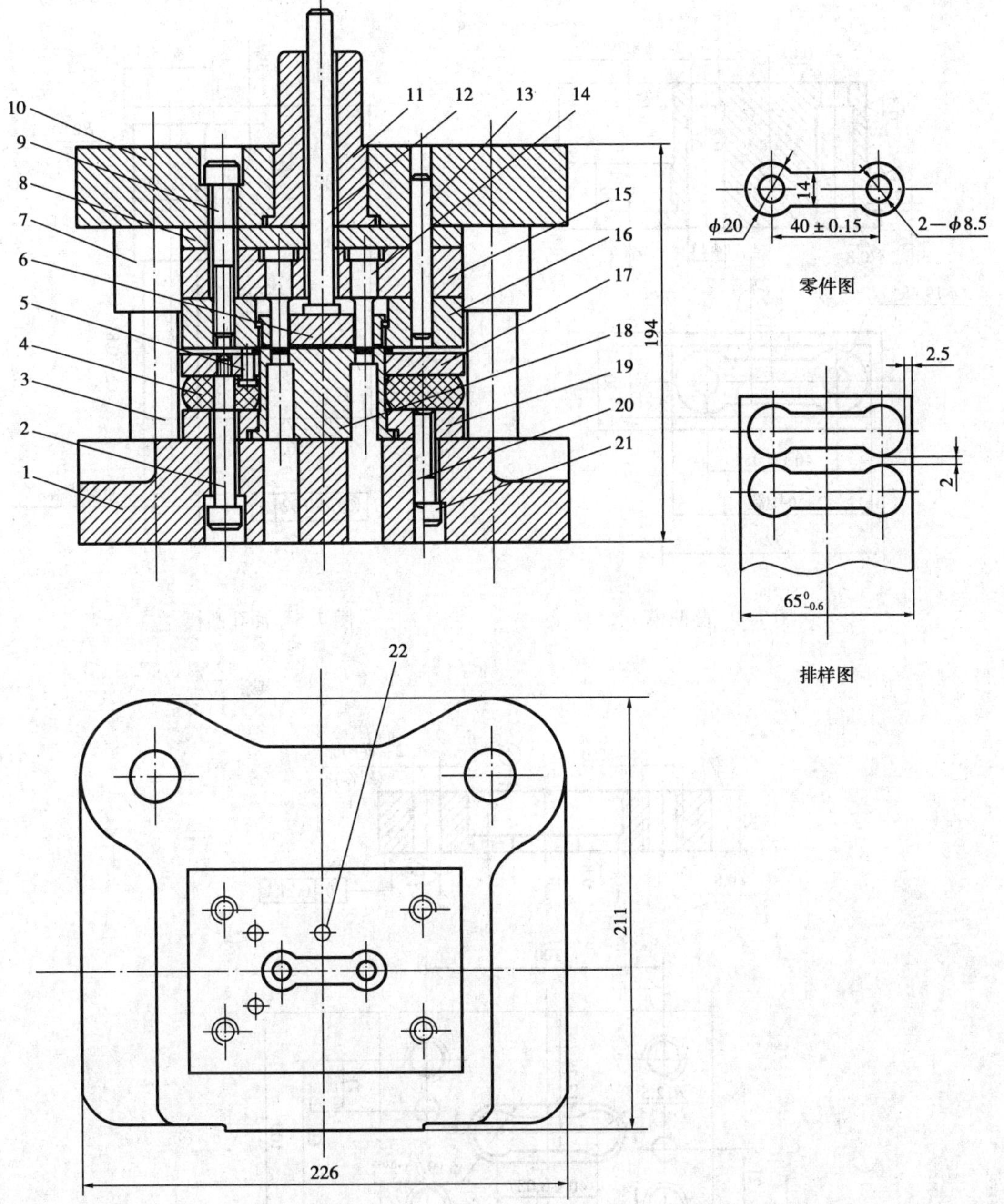

图 7.3　落料冲孔复合模

1—下模座　2—卸料螺钉　3—导柱　4—卸料橡胶　5—导料销　6—推件块
7—导套　8—垫板　9、21—螺钉　10—上模座　11—模柄　12—打杆
13、20—销　14—冲孔凸模　15—凸模固定板　16—落料凹模　17—卸料板
18—凸凹模　19—凸凹模固定板　22—挡料销

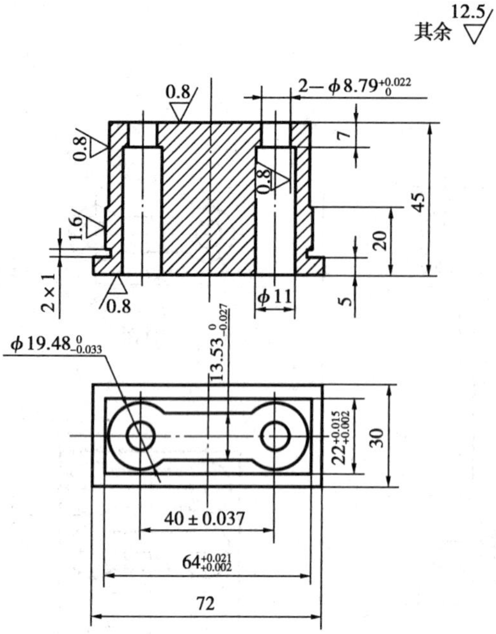

图 7.4 凸凹模

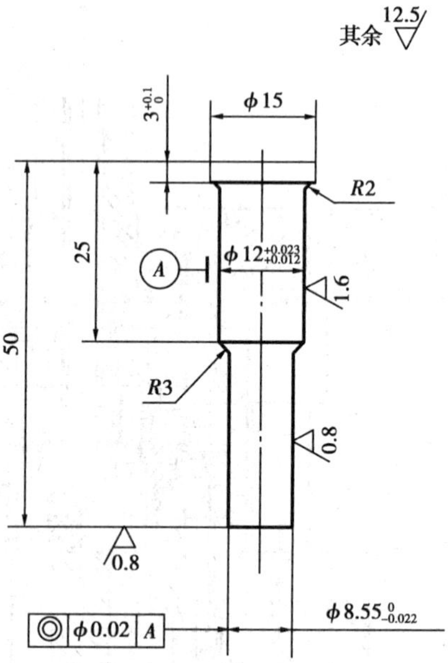

图 7.5 冲孔凸模

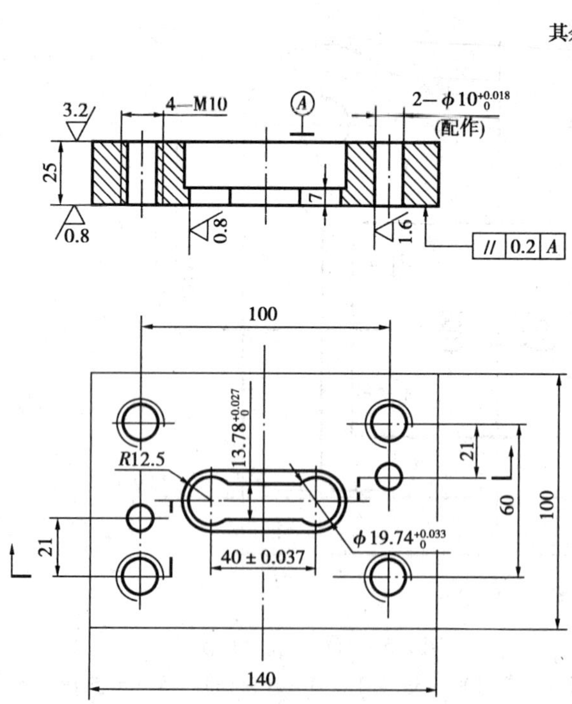

图 7.6 落料凹模

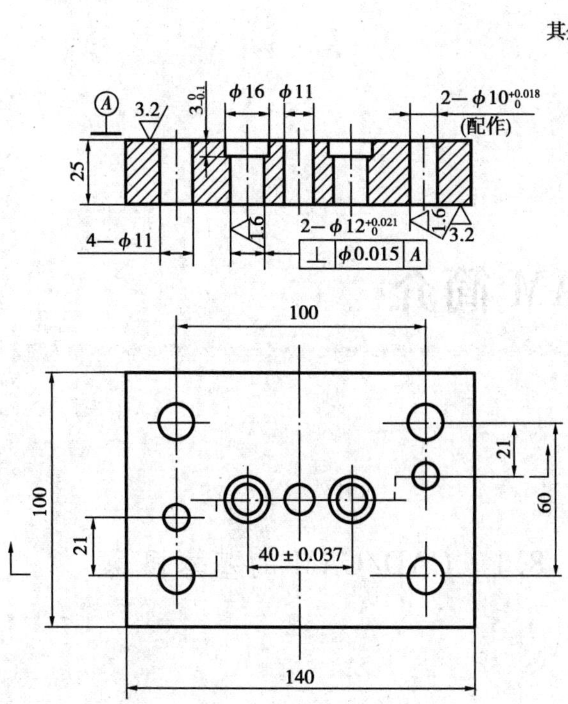

图7.7　凸模固定板

习　题

分析第6章习题各冲压件的冲压工艺性,确定最佳冲压工艺方案,完成工艺计算并画出模具总装图示意图。

第 8 章

模具 CAD/CAM 简介

8.1 CAD/CAM 的基本概念

8.1.1 概念

计算机辅助设计(CAD,Computer Aided Design),指在设计过程中,利用计算机作为工具,帮助工程师进行设计的一切实用技术的总和称为计算机辅助设计(计算机辅助设计包括的内容很多,如:概念设计、优化设计、有限元分析、计算机仿真、计算机辅助绘图、计算机辅助设计过程管理等。在工程设计中,一般包括两种内容:带有创造性的设计(方案的构思、工作原理的拟定等)和非创造性的工作,如绘图、设计计算等。创造性的设计需要发挥人的创造性思维能力,创造出以前不存在的设计方案,这项工作一般应由人来完成。非创造性的工作是一些繁琐重复性的计算分析和信息检索,完全可以借助计算机来完成。一个好的计算机辅助设计系统既能充分发挥人的创造性作用,又能充分利用计算机的高速分析计算能力,即要找到人和计算机的最佳结合点。

计算机辅助制造(CAM,Computer Aided Manufacturing)有狭义和广义的两个概念。CAM的狭义概念指的是从产品设计到加工制造之间的一切生产准备活动,它包括 CAPP、NC 编程、工时定额的计算、生产计划的制订、资源需求计划的制订等。这是最初 CAM 系统的狭义概念。到今天,CAM 的狭义概念甚至更进一步缩小为 NC 编程的同义词。CAPP 已被作为一个专门的子系统,而工时定额的计算、生产计划的制订、资源需求计划的制订则划分给 MRP Ⅱ/ERP 系统来完成。CAM 的广义概念包括的内容则多得多,除了上述 CAM 狭义定义所包含的所有内容外,它还包括制造活动中与物流有关的所有过程(加工、装配、检验、存贮、输送)的监视、控制和管理。

但要指出,CAD/CAM 技术不能代替人们的设计和制造行为,而只是实现这些行为的先进手段和工具,而人们的设计和制造行为,则由专业技术人员的创造能力和工作经验,以及现代设计方法等提供的科学思维方法和实施办法来确定。

8.1.2　CAD/CAM 系统的基本组成与类型

一个 CAD/CAM 系统基本上只适用于某一类产品的设计和制造，如电子产品 CAD/CAM 只适用于设计制造印制板或集成电路，而模具 CAD/CAM 只适用于模具的设计和制造，这两个系统不仅基础和专业软件不一样，而且硬件配置上也有差异。但就系统的逻辑功能和系统结构角度来看还是基本相同的。不管是用于何种产品设计和制造的 CAD/CAM 系统，从其逻辑功能角度来看，CAD/CAM 系统基本上是由计算机和一些外部设备（计算机和外部设备通常硬件）及相应的软件组成（其中包括系统软件、支撑软件及应用软件），如图 8.1 所示。但对于一个具体的 CAD/CAM 系统来讲，其硬件、软件相互的配置是需要进行周密考虑的，同时对硬软件的型号、性能以及厂家都需要进行全方位的考虑。

CAD/CAM 系统的类型可按系统的功能分，也可以按系统中使用的计算机类型分。按系统功能一般分为：通用 CAD/CAM 系统和专用 CAD/CAM 系统。通用的 CAD/CAM 系统使用范围广，其硬件和软件的配置也比较丰富。而专用的 CAD/CAM 系统是为了实现某种专门产品生产的系统，其硬件配置比较简单，软件也比较单一。当前各单位对 CAD/CAM 系统的要求不尽相同，所需的硬件和软件性能也不同，即应用是多层次的。根据计算机的性能和类型，传统的分类是将 CAD/CAM 系统分为 4 种类型。随着计算机技术的发展，正在或已经在不断地变化。下面按组成 CAD/CAM 系统所用的计算机，按照传统的分类方式来讨论 CAD/CAM 系统的基本类型。

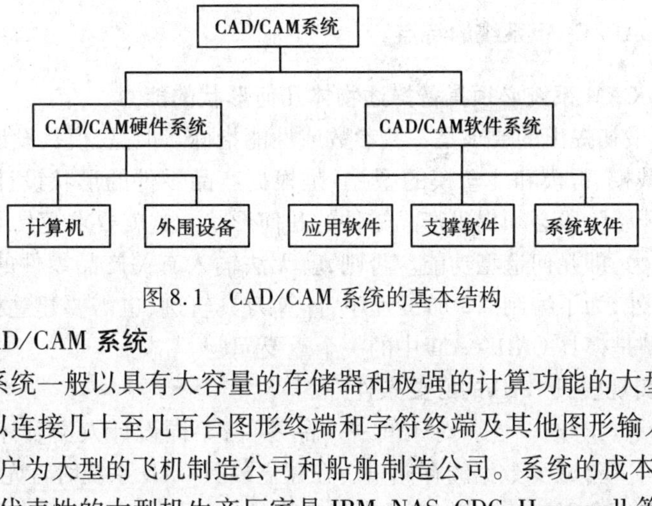

图 8.1　CAD/CAM 系统的基本结构

（1）大型机 CAD/CAM 系统

顾名思义，该系统一般以具有大容量的存储器和极强的计算功能的大型通用计算机为主机，一台计算机可以连接几十至几百台图形终端和字符终端及其他图形输入和输出设备。大型机系统的一般用户为大型的飞机制造公司和船舶制造公司。系统的成本很高，一般中小企业不可能承受。有代表性的大型机生产厂家是 IBM、NAS、CDC、Honeywell 等。实际上，随着计算机技术的发展，小型机的性能和功能的提升已经逐渐取代了传统大型机的地位。

（2）小型机 CAD/CAM 系统

20 世纪 70 年代末至 20 世纪 80 年代初，这类系统处于蓬勃发展时期。我国在此期间从国外购进的 CAD/CAM 系统大都属这种类型。生产、制造这类系统的厂商很多，如美国的 CV、Intergraph、DEC、Calma、Autotrol、Unigraphics 和法国的 Euelid 等。通过使用，人们逐渐发现了这类小型机系统有一定的局限性，如系统的计算能力和扩充能力差等，而且，不同系统之间数据是很难进行交换的，即不同系统的数据存储格式是不相同的。20 世纪 80 年代中期，由于分布式工程工作站的问世和异种机之间联网技术的发展，促进了这种独立孤立系统向开放式系统发展,而系统使用的软件也逐渐向工业标准方向靠拢。

(3)工程工作站组成的 CAD/CAM 系统

20 世纪 80 年代初,32 位的工程工作站问世,以工作站组成 CAD/CAM 系统发展很快。它与小型机 CAD/CAM 系统不同,一台工作站只能一个人使用,并且具有较强的联网功能,其处理速度很快,一般都赶上或超过了过去的小型机的速度。生产这类产品的厂商有 IBM 公司,CDC 公司,DEC 公司等。

(4)PC 微机组成的 CAD/CAM 系统

随着微机性能的不断提高,价格的不断下降,以 PC 及组成的 CAD/CAM 系统近年来增加很快。过去以 PC 微机为主机的 CAD/CAM 系统一般只能进行二维拼图和绘图,而现在可以进行三维造型和复杂的分析计算。值得一提的是,由于网络技术的发展,现在的微机已能与大型机和小型机及工作站联网,成为整个网络的一个节点,共享主机和工作站资源。这样,大型系统、工作站系统、PC 机系统就不再相互割裂,而成为一个有机的整体,在网络中发挥各自的优点,使得原来在小型机和工作战上运行的 CAD/CAM 软件直接在微机上运行。因此,在我国用高档微机组成的 CAD/CAM 系统发展很快,在某些方面已接近低档工程工作站的能力。

8.2 模具 CAD/CAM 系统的特点及应用状况

8.2.1 模具 CAD/CAM 系统的特点

(1)模具 CAD/CAM 系统必须具备描述物体几何形状的能力

某些设计过程最初提出的要求是一些参数或性能指标。但是,模具设计则不同,因为模具的工作部分(如冲裁模、锻模和注塑模的型腔)是根据产品零件的形状设计的,所以无论设计什么类型的模具,开始阶段必须提供产品零件的几何形状。这就要求模具 CAD 系统具备描述物体几何形状的能力,即几何造型功能。否则,就无法输入有关产品零件的几何信息,设计程序便无法运行。另外,为了编制 NC 加工程序,计算刀具轨迹,也需要建立模具零件的几何模型。因此,几何造型是模具 CAD/CAM 中的一个重要问题。

(2)标准化是实现模具 CAD 的必要条件

模具设计一般不具有惟一性。对于同一产品零件,不同设计人员设计的模具不尽相同。为了便于实现模具 CAD,减少数据的存储量。在建立模具 CAD 系统时首先要解决的问题便是标准化问题,包括设计准则的标准化、模具零件和模具结构的标准化。

(3)设计准则的处理是模具 CAD 中的一个重要问题

人工设计模具所依据的实际准则大部分是以数表和线图形式给出的。在编制设计程序时,必须对这些数表和线图进行恰当的处理,将其变为计算机能够处理的表达形式。程序化和公式化时处理数表或线图形式设计准则的基本方法。

(4)模具 CAD/CAM 系统应具有充分的柔性

模具的结构随产品的不同而变化,模具型面的几何形状复杂。最初阶段,模具的设计方法基本上属于经验设计,设计质量在很大程度上取决于设计者的技巧。模具的生产方式为单件的或小批量的,大批量生产模具情况极为少见。所有这些,要求模具 CAD/CAM 系统具有充分的柔性。即可以根据不同产品的特点和生产条件，灵活地做出抉择，方便地修改设计，因此，在开发模具 CAD/CAM 系统时，不仅要考虑全面的功能、较高的效率，还应提供充分的柔性。这是实用化的模具 CAD/CAM 系统所应具备的基本条件之一。

8.2.2　CAD/CAM 技术在模具行业的应用状况

模具的设计与制造水平和产品的质量成本及生产周期息息相关。随着制造工业发展，产品对模具的要求越来越高。传统的模具设计与制造方式已无法适应工业发展的需要，CAD/CAM 技术成为解决模具设计与制造中的有效途径。因此，国外先进工业国家对模具 CAD/CAM 技术的开发非常重视。

采用模具 CAD/CAM 技术的主要理由是：

1）利用几何造型技术获得几何模型，可供后续的设计分析和数控编程等方面使用。

2）可以缩短新产品的试制周期，可以缩短模具的设计制造周期。

3）提高产品质量的需要。

4）模具加工设备的效率不断提高，需要计算机辅助处理数据，提高设备利用率。

5）在企业中建立联系各个部门的信息处理系统。

模具 CAD/CAM 技术发展很快，应用范围日益扩大。在冲模、锻模、挤压模、注塑模等方面都有比较成功的 CAD/CAM 系统。采用 CAD/CAM 技术是模具生产革命的措施，是模具技术发展的一个显著特点。

我国 CAD/CAM 技术的研究起步于 20 世纪 70 年代，当时仅有少数大型企业和科研单位及部分高校参加，进展速度很慢。近年来，由于计算机价格的不断下降，加之改革开放和国内外市场激烈竞争形势的不断发展，CAD/CAM 技术的优点逐渐被更多的人们所接收。近几年来，CAD/CAM 技术有了较快的发展，主要表现在以下几个方面：

1）少数大型企业已经建立起较完整的 CAD/CAM 系统并获得较好的效益

少数大型企业在某一（和某些）专业领域大胆应用 CAD/CAM 技术后，真正提高了产品质量，缩短了生产周期，取得了较好的社会经济效益。这些企业认识到了 CAD/CAM 技术是提高生产效益必不可少的条件之一。它们在彩色电视机外壳注塑模的设计制造及电路设计中采用 CAD 技术后，十分明显地提高了经济效益。

2）中小企业开始使用 CAD/CAM 技术

进入 20 世纪 90 年代后，国家各工业部门都十分重视推广应用 CAD/CAM 技术，制定了发展计划，并对所属企业提出了具体要求。另外，少数大型企业采用 CAD/CAM 技术后产生的明显的经济效益，对中小企业的影响十分巨大。它们首先应用微机和相应的微机 CAD 软件组成 CAD 系统，进行机电产品的设计和工程图纸的绘制，与传统设计方法相比提高了效率。

3）我国已自行开发了大量实用的 CAD/CAM 软件

从 20 世纪 70 年代中后期起，国内一些高等院校和科学院的研究所以及一些大型企业在 CAD/CAM 技术领域内进行了大量的研究工作，自行开发了一些实用的模具 CAD/CAM 系统。到目前为止，先后通过国家有关部门鉴定的有精冲模、普通冲裁模、锻模和注塑模等 CAD/CAM 系统。

4）引进国外成套的 CAD/CAM 设备

在改革开放和发展市场经济的条件下，一些经济效益好的企业从国外引进一些成套的功能较强的 CAD/CAM 系统,这对提高我国 CAD/CAM 技术的水平是十分有用的。

8.3 目前国内国外流行的 CAD/CAM 商品化软件

CAD/CAM 技术经过几十年的发展,先后走过大型机、小型机、工作站、微机时代,每个时代都有当时流行的 CAD/CAM 软件。现在,工作站和微机平台 CAD/CAM 软件已经占据主导地位,并且出现了一批比较优秀、比较流行的商品化软件。下面将分别介绍国内外一些流行的软件。

8.3.1 国外软件

(1) Unigraphics(UG)

UG 是 Unigraphics Solutions 公司的拳头产品。该公司首次突破传统 CAD/CAM 模式,为用户提供一个全面的产品建模系统。在 UG 中,优越的参数化和变量化技术与传统的实体、线框和表面功能结合在一起,这一结合被实践证明是强有力的,并被大多数 CAD/CAM 软件厂商所采用。

UG 最早应用于美国麦道飞机公司。它是从二维绘图、数控加工编程、曲面造型等功能发展起来的软件。20 世纪 90 年代初,美国通用汽车公司选中 UG 作为全公司的 CAD/CAE/CAM/CIM 主导系统,这进一步推动了 UG 的发展。1997 年 10 月 UnigraphicsSolutions 公司与 Intergraph 公司签约,合并了后者的机械 CAD 产品,将微机版的 SOLIDEDGE 软件统一到 Parasolid 平台上。由此形成了一个从低端到高端,兼有 Unix 工作站版和 WindowsNT 微机版的较完善的企业级 CAD/CAE/CAM/PDM 集成系统。

(2) SOLIDEDGE

SOLIDEDGE 是真正 Windows 软件。它不是将工作站软件生硬地搬到 Windows 平台上,而是充分利用 Windows 基于组件对象模型(COM)的先进技术重写代码。

SOLIDEDGE 是基于参数和特征实体造型的新一代机械设计 CAD 系统,它是为设计人员专门开发的,易于理解和操作的实体造型系统。

(3) AutoCAD

AutoCAD 是 Autodesk 公司的主导产品。AutoCAD 是当今最流行的二维绘图软件,它在二维绘图领域拥有广泛的用户群。AutoCAD 有强大的二维功能,如绘图、编辑、剖面线和图案绘制、尺寸标注以及二次开发等功能,同时有部分三维功能。AutoCAD 提供 AutoLISP、ADS、ARX 作为二次开发的工具。在许多实际应用领域(如机械、建筑、电子)中,一些软件开发商在 AutoCAD 的基础上已开发出许多符合实际应用的软件。目前,Autodesk 公司已经发布 AutoCAD 2000,它相当于 AutoCAD R15 版。

(4) MDT

MDT 是 Autodesk 公司在 PC 平台上开发的三维机械 CAD 系统。它以三维设计为基础,集设计、分析、制造以及文档管理等多种功能为一体;为用户提供了从设计到制造一体化的解决方案。

MDT 主要功能特点如下:

1）基于特征的参数化实体造型。用户可十分方便地完成复杂三维实体造型，可以对模型进行灵活地编辑和修改。

2）基于 NURBS 的曲面造型，可以构造各种各样的复杂曲面，以满足如模具设计等方面对复杂曲面的要求。

3）可以比较方便地完成几百甚至上千个零件的大型装配。

4）MDT 提供相关联的绘图和草图功能，提供完整的模型和绘图的双向联结。

该软件的推出受到广大用户的普遍欢迎。至今为止，全世界累计销售已达 7 万套，国内已销售近千套。由于该软件与 AutoCAD 同时出自 Autodesk 公司，因此两者完全融为一体，用户可以方便地实现三维向二维的转换。MDT 为 AutoCAD 用户向三维升级提供了一个较好的选择。

（5）SolidWorks

SolidWorks 是微机版参数化特征造型软件的新秀，该软件旨在以工作站版的相应软件价格的 1/4 ~ 1/5 向广大机械设计人员提供用户界面更友好，运行环境更大众化的实体造型实用功能。

SolidWorks 是基于 Windows 平台的全参数化特征造型软件，它可以十分方便地实现复杂的三维零件实体造型、复杂装配和生成工程图。图形界面友好，用户上手快（图 2）。该软件可以应用于以规则几何形体为主的机械产品设计及生产准备工作中，其价位适中。

（6）Cimatron

CimatronCAD/CAM 系统是以色列 Cimatron 公司的 CAD/CAM/PDM 产品，是较早在微机平台上实现三维 CAD/CAM 全功能的系统。该系统提供了比较灵活的用户界面，优良的三维造型、工程绘图，全面的数控加工，各种通用、专用数据接口以及集成化的产品数据管理。CimatronCAD/CAM 系统自从 20 世纪 80 年代进入市场以来，在国际上的模具制造业备受欢迎。

（7）Pro/Engineer

Pro/Engineer 系统是美国参数技术公司（Parametric Technology Corporation，简称 PTC）的产品。PTC 公司提出的单一数据库、参数化、基于特征、全相关的概念改变了机械 CAD/CAE/CAM 的传统观念，这种全新的概念已成为当今世界机械 CAD/CAE/CAM 领域的新标准。利用该概念开发出来的第 3 代机械 CAD/CAE/CAM 产品 Pro/Engineer 软件能将设计至生产全过程集成到一起，让所有的用户能够同时进行同一产品的设计制造工作，即实现所谓的并行工程。

（8）IDEAS

IDEAS 是美国 SDRC 公司开发的 CAD/CAM 软件。该公司是国际上著名的机械 CAD/CAE/CAM 公司，在全球范围享有盛誉，国外许多著名公司，如波音、索尼、三星、现代、福特等公司均是 SDRC 公司的大客户和合作伙伴。

SDRC 也是全球最大的专业 CAM 软件生产厂商。IDEASCAMAND 是 CAM 行业的顶级产品。IDEASCAMAND 可以方便地仿真刀具及机床的运动，可以从简单的 2 轴、2.5 轴加工到以 7 轴 5 联动方式来加工极为复杂的工件表面，并可以对数控加工过程进行自动控制和优化。

8.3.2 国内软件

(1)高华 CAD

高华 CAD 是由北京高华计算机有限公司推出的 CAD 产品。高华 CAD 系列产品包括计算机辅助绘图支撑系统 GHDrafting、机械设计及绘图系统 GHMDS、工艺设计系统 GHCAPP、三维几何造型系统 GHGEMS、产品数据管理系统 GHPDMS 及自动数控编程系统 GHCAM。其中,GHMDS 是基于参数化设计的 CAD/CAE/CAM 集成系统,它具有全程导航、图形绘制、明细表的处理、全约束参数化设计、参数化图素拼装、尺寸标注、标准件库、图像编辑等功能模块。

(2)CAXA 电子图板和 CAXAME 制造工程师

CAXA 电子图板和 CAXAME 制造工程师软件的开发与销售单位是北京北航海尔软件有限公司(原北京航空航天大学华正软件研究所)。CAXA 电子图板是一套高效、方便、智能化的通用中文设计绘图软件,可帮助设计人员进行零件图、装配图、工艺图表、平面包装的设计,适合所有需要二维绘图的场合,使设计人员可以把精力集中在设计构思上,彻底甩掉图板,满足现代企业快速设计、绘图、信息电子化的要求。

(3)GSCAD98

GSCAD98 是浙江大天电子信息工程有限公司开发的基于特征的参数化造型系统。GSCAD98 是一个具有完全自主版权、基于微机、中文 Windows95/NT 平台的三维 CAD 系统。该软件是在国家"七五"重大攻关及 863/CIMS 主题目标产品开发成果的基础上,参照 SolidWorks 的用户界面风格及主要功能开发完成的。它实现了三维零件设计与装配设计,工程图生成的全程关联,在任一模块中所做的变更,在其他模块中都能自动地做出相应变更。

(4)金银花系统

金银花(Lonicera)系统是由广州红地技术有限公司开发的基于 STEP 标准的 CAD/CAM 系统。该系统是国家科委 863/CIMS 主题在"九五"期间科技攻关的最新研究成果。

该软件主要应用于机械产品设计和制造中,它可以实现设计、制造一体化和自动化。该软件起点高,以制造业最高国际标准 ISO10303(STEP)为系统设计的依据。该软件采用面向对象的技术,使用先进的实体建模、参数化特征造型、二维和三维一体化、SDAI 标准数据存取接口的技术;具备机械产品设计、工艺规划设计和数控加工程序自动生成等功能;同时还具有多种标准数据接口,如 STEP、DXF 等;支持产品数据管理(PDM)。目前金银花系统的系列产品包括:机械设计平台 MDA、数控编程系统 NCP、产品数据管理 PDS、工艺设计工具 MPP。

(5)开目 CAD

开目 CAD 是华中理工大学机械学院开发的具有自主版权的基于微机平台的 CAD 和图纸管理软件,它面向工程实际,模拟人的设计绘图思路,操作简便,机械绘图效率比 AutoCAD 高得多。开目 CAD 支持多种几何约束种类及多视图同时驱动,具有局部参数化的功能,能够处理设计中过约束和欠约束的情况。开目 CAD 实现了 CAD、CAPP、CAM 的集成,适合我国设计人员的习惯,是全国 CAD 应用工程主推产品之一。

8.3.3 模具 CAD/CAM 常用的网络系统

(1)集中式 CAD/CAM 系统

集中式 CAD/CAM 网络系统的硬件配置如图 8.2 所示。在这种系统中,如果计算机仅与一台图形终端相连，则为单用户系统。此时，用户拥有系统的全部资源，不会与其他用户争夺资源的问题。但是，因为整个计算机资源在某个时间内只为一个用户占有，所以会造成资源浪费。

在集中式 CAD/CAM 网络系统中，采用大型主机的分时系统具有很强的计算能力和比较完备的外部设备，为多用户提供了共享硬件和软件资源的环境。但是，这种系统与用户的交互能力很差，有时用户需要等待较长的时间才能得到系统得响应。

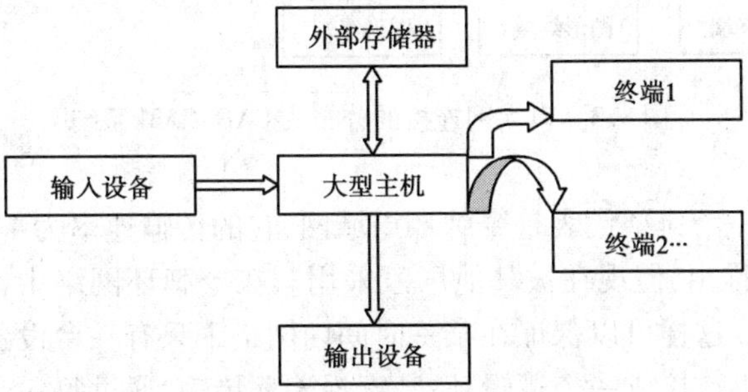

图 8.2　集中式 CAD/CAM 系统

(2)分布式 CAD/CAM 系统

随着计算机网络技术的发展，分布式的 CAD/CAM 系统得到了发展。利用局域网络技术，可以将多个独立工作的模具 CAD/CAM 工作站组织在局域网中。这种局域网具有良好的交互性能，可以快速响应用户的要求，使多用户共享软件和硬件资源。局域网还可以通过网关与其他局域网或大型主机相连，构成远程广域网(Wide Area Network，简称 WAN)。

目前局域网和广域网是网络的热点。局域网是组成其他两种类型网络的基础，城域网(Metropolis Area Network，简称 MAN)规模局限在一座城市的范围内，10 ~ 100 km 的区域，一般都加入了广域网。广域网的典型代表是 Internet 网。组织局域网的方式很多，但采用最多的是总线和环形网络结构。

1)总线形网络结构

总线形网络使用一定长度的电缆，也就是必要的高速通信链路将设备连接在一起。设备可以在不影响系统中其他设备工作的情况下从总线中取下。总线形网络中最主要的实现就是以太网，它目前已经成为局域网的标准(IEEE802.3 标准已被 ANSI 采用为美国国家标准，被 NIST 采用为政府标准，并且被 ISO 作为国际标准，称之为 ISO 8802)。连接在总线上的设备通过监察总线上传送的信息来检查发给自己的数据。当两个设备想在同一时间内发送数据时，以太网上将发生碰撞现象，但是使用一种叫做载波侦听多重访问/碰撞监测(CSMA/CD)的协议可以将碰撞的负面影响降到最低。图 8.3 是用以太网连接的分布式 CAD/CAM 系统。以太网具有很高的数据传送速度。如 100 Base-T 快速以太网(Fast Ethernet)速率为传统以太网的 10 倍，但价格只是传统 10 Base-T 以太网的 3 ~4 倍。快速以太使用光纤时传输距离可达 2 公里。它虽不像 FDDI 那样配置有内置式容错措施与链路控制，但这些对小型网络并不十分重要。值得强调的是快速以太网产品的价格是其他任何技术难以匹敌的。快速以太网是中小型网络的最佳方式。以太网的另一个优点是网中可带工作站多，存取方式不受工作站的位置和数量的限制。

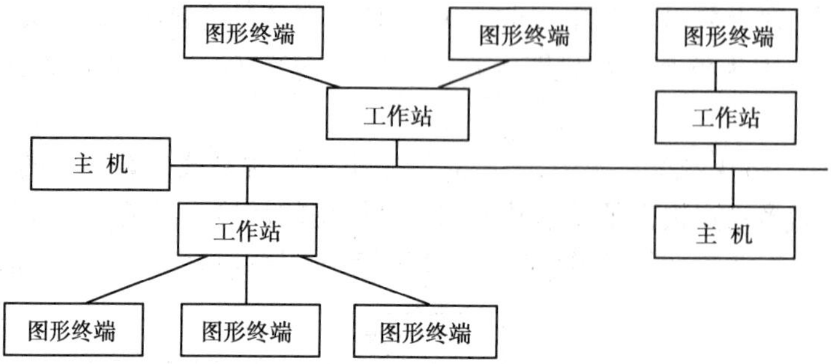

图 8.3 以太网连接的分布式 CAD/CAM 系统

2)环形网络结构

环形网络结构的一个典型代表是令牌环局域网,它的传输速率为 4 Mbps 或 16 Mbps,这种网络结构最早由 IBM 推出,但现在被其他厂家采用。在令牌环网络中,拥有“令牌”的设备允许在网络中传输数据。这样可以保证在某一时间内网络中只有一台设备可以传送信息。环形局域网中全部的计算机连接成一个逻辑环,数据沿着环传输,通过每一台计算机(图 8.4)。环形局域网数据传输的模式比较特殊:逻辑环路内始终存在一个“令牌(token passing)”信号,它沿着整个逻辑环路传输,需要发送信息的源主机首先需要捕捉到这个“令牌”信号,然后将其状态标示变为“令牌忙”,宣布占用网络传输数据,然后将“令牌”原有的数据替换其想要传输的数据,然后加上目标主机的网卡 MAC 地址发送出去,此数据包通过网络上的一台台主机传送到目的主机,目的主机收到数据后将“令牌”数据修改表明其已经成功收到数据,当此“令牌”沿环形网络回传到源主机时,源主机将“令牌”状态恢复为“令牌空闲”,清除数据,并将“令牌”交给逻辑环路中的下一台主机。环形网的优点在于网络数据传输不会出现冲突和堵塞情况,但同时也有物理链路资源浪费多,而且环路构架脆弱,环路中任何一台主机故障即造成整个环路崩溃。为了克服弱点,又出现了双环形网。它弥补了环形网容易崩溃的弱点,它一般采用光纤分布式数据接口(Fiber Distributed Data Interface,简称 FDDI),它可以用于局域网和城域网,其最大传输速率达 100 Mbps,最大环长度 62 公里。在运行原理上,双环形网与环形网不完全一样,双环网其中的一个称为主环,一个称为二环,一般情况下主环传输所有的数据二环空闲,只有当主环有了故障之后二环才开始启用。它可以拥有多个帧同时在环内传输,因此速率得到大幅度提高。

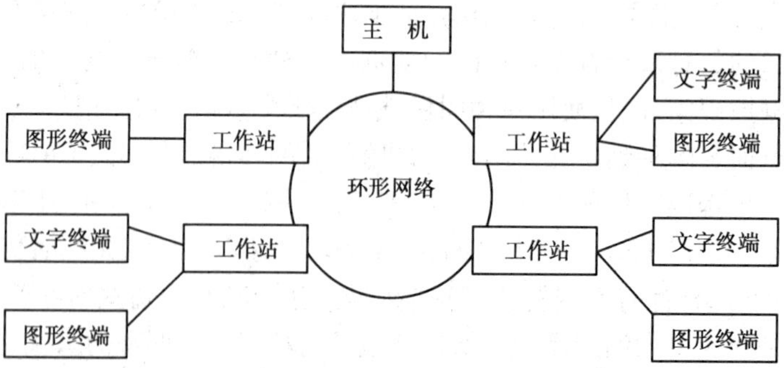

图 8.4 环形网连接的分布式 CAD/CAM 系统

8.4　模具CAD/CAM的发展趋势

模具CAD/CAM技术在近两年来发展很快,模具CAD/CAM技术向宜人化、集成化、智能化和网络化的发展趋势进步。

8.4.1　模具CAD/CAM系统专用化程度不断提高

随着模具工业的飞速发展以及CAD/CAM技术的重要性被模具界所认可，近几年来CAD/CAM开发商投入了很大的人力和物力,将通用CAD/CAM系统改造为模具行业专用的CAD/CAM系统,针对各类模具的特点,推出了宜人化、集成化和智能化的专用系统,受到了广大模具工作者的好评。例如以色列Cimafron公司推出的Quick系列产品,能在统一的系列环境下,使用统一的数据库,完成产品设计,生成三维实体模型;并在此基础上进行自动分类,生成凸、凹模,完成模具的结构设计;能方便地对凸、凹模进行自动的NC加工。又如英国DEL-CAM公司推出的Power SHAPE系统,包括有PS-Moldmaker模块,是面向模具制造的模具总装设计专家系统,可自动为复杂注塑模、吹塑模创建模具结构及抽芯机构、自动产生分模面,加工信息被自动封装,并可直接输出到Power MILL模块,自动产生加工程序。日本造船信息系统株式会社的三维CAD/CAM系统Space-E中也增加了专用于注塑模的设计模块。日本UNI-SYS株式会社推出的专用于塑料模设计和制造系统的CAD CEUS也颇具特色,该系统综合了塑料产品设计从产品形状设计、模具设计到模具生产所需要的全部功能,重点在于三维设计与二维视图的关联,体现了宜人化和集成化方面的技术进步。

8.4.2　为企业提供模具CAD/CAE/CAM技术全方位解决方案的能力不断增强

随着模具工业的科技进步和国际竞争的日益激烈,模具界对CAD/CAM系统的要求也从单纯的建模工具变为要求支持从设计、分析、管理和加工全过程的产品信息管理集成化系统。如上海交通大学国家模具工程中心在数字化制造、系统集成、反向工程、快速原型模具以及计算机辅助应用技术等方面已形成了全方位解决方案的能力,能够提供模具开发与工程服务的业务,全面地提高模具企业的水平和产品质量。又如浙江大学旭日科技开发公司能为企业提供产品设计、三维造型与NC编程、逆向工程、三坐标测量、模具设计与分析、技术培训以及模具CAD/CAE/CAM技术开发的全方位技术支持。北京航天航空大学海尔软件有限公司推出的CAXA品牌系列CAD/CAE/CAM也能够为用户提供有关模具工程的全方位解决方案。

8.4.3　塑性成型过程计算机模拟的技术不断完善

塑性成型过程计算机模拟技术在近两年来也取得了突飞猛进的发展,在数学建模、算法、前后置处理以及实验验证、工厂运用等方面,两校都有显著的进步。

华中科技大学模具技术国家重点实验室推出了基于双面和实体的三维真实感流动保压分析软件,都表明了注塑过程模拟的技术不断完善,体现了注塑过程模拟从中面流到双面流再到实体流的发展方向。

参考文献

[1] 肖景容,姜奎华. 冲压工艺学[M]. 北京:机械工业出版社,1999.
[2] 姜奎华. 冲压工艺学[M]. 武汉:武汉工学院出版社,1986.
[3] 李硕本. 冲压工艺学[M]. 北京:机械工业出版社,1982.
[4] 高鸿庭. 冷冲模设计及制造[M]. 北京:机械工业出版社,2003.
[5] 陈剑鹤. 模具设计基础[M]. 北京:机械工业出版社,2003.
[6] 陈剑鹤. 冷冲压工艺与模具设计[M]. 北京:机械工业出版社,2002.
[7] 徐政坤. 冲压模具设计与制造[M]. 北京:化学工业出版社,2003.
[8] 刘心治. 冷冲压工艺及模具设计[M]. 重庆:重庆大学出版社,1995.
[9] 王同海,孙胜,肖白白. 实用冲压设计技术[M]. 北京:机械工业出版社,1995.
[10] 成虹. 冲压工艺与模具设计[M]. 成都:电子科技大学出版社,2000.
[11] 卢险峰. 冲压工艺模具学[M]. 北京:机械工业出版社,1998.
[12] 翁其金. 冷冲压技术[M]. 北京:机械工业出版社,2000.
[13] 卢险峰. 冲压工艺模具学[M]. 北京:机械工业出版社,1997.
[14] 赵孟栋. 冷冲模设计[M]. 北京:机械工业出版社,1995.